21 世纪高等院校计算机应用技术规划教材

计算机辅助设计与绘图（AutoCAD 2015）

（第三版）

孙江宏　等编著

U0310904

中国铁道出版社
CHINA RAILWAY PUBLISHING HOUSE

内 容 简 介

本书在编写过程中参考了大学教学中的具体应用环节和 Autodesk 公司专业考试要求，尤其注重从教学角度出发，对 AutoCAD 2015 常用功能进行总结和介绍。

本书内容包括 AutoCAD 与工程制图、视图操作、二维平面绘图基础、对象修改、文字标注、块、尺寸标注、三维绘图与编辑、图形的后期处理等。

本书适合于高等学校师生使用，同时适合高职高专学生选用，对学生进行课程设计和毕业设计有一定的指导作用。本书也可作为学习画法几何和工程制图人员的参考用书。

图书在版编目（CIP）数据

计算机辅助设计与绘图 : AutoCAD 2015 / 孙江宏等编著. -- 3 版. -- 北京 : 中国铁道出版社，2015.12
21 世纪高等院校计算机应用技术规划教材
ISBN 978-7-113-20808-0

Ⅰ. ①计… Ⅱ. ①孙… Ⅲ. ①AutoCAD 软件—高等学校—教材 Ⅳ. ①TP391.72

中国版本图书馆 CIP 数据核字（2015）第 183498 号

书　　名：计算机辅助设计与绘图（AutoCAD 2015）（第三版）
作　　者：孙江宏　等编著

策　　划：刘丽丽　　　　　　　　　读者热线：010-63550836
责任编辑：周　欣
编辑助理：钱　鹏
封面设计：付　巍
封面制作：白　雪
责任校对：汤淑梅
责任印制：李　佳

出版发行：中国铁道出版社（100054，北京市西城区右安门西街 8 号）
网　　址：http://www.51eds.com
印　　刷：北京海淀五色花印刷厂
版　　次：2004 年 5 月第 1 版　　2008 年 12 月第 2 版　　2015 年 12 月第 3 版　　2015 年 12 月第 1 次印刷
开　　本：787 mm×1 092 mm　1/16　**印张**：16　**字数**：375 千
书　　号：ISBN 978-7-113-20808-0
定　　价：34.00 元

版权所有　侵权必究

凡购买铁道版图书，如有印制质量问题，请与本社教材图书营销部联系调换。电话：（010）63550836

打击盗版举报电话：（010）51873659

　　本书是在中国铁道出版社出版的《计算机辅助设计与绘图（AutoCAD 2004）》和《计算机辅助设计与绘图（第二版）（AutoCAD 2008）》两书基础上进行修订后推出的再版教材。自从第一版教材面世以来，得到了广大师生和工程技术人员的肯定，并进行了第二版修订，仍然取得了较好的使用效果反馈，令作者非常荣幸，希望所完成的第三版教材能继续得到大家的支持和指点。

　　本书的基本出发点仍然是遵循《普通高等院校工程图学课程教学基本要求》和《普通高等学校计算机图形学基础课程教学基本要求》两个指导意见，注重内容实际应用性，以及教学的可用性。

　　本版基本保持了第一版和第二版的框架和内容，并本着去粗取精的精神，将一些不常用的功能去除，重点修订了以下几项内容：

　　（1）取消了前两版以工具栏为主的操作，改为以功能面板为主，符合当前的软件操作主流习惯。

　　（2）去掉了原版中的提高绘图效率、对象选择、平面绘图案例、设计中心、Internet 通信和二次开发工具 6 章内容，因为目前这些工具大部分在普通软件操作习惯中已类似或者趋同，不再是其独有能力，而且在章节学习中的各个绘图功能已经通过例子表述清楚，无须单独以章的形式出现。且网络操作功能已经与普通操作集成很好，二次开发工具应用对目前本科和专科生而言应用较少，也将其删减。

　　（3）对第二版中增加的动态块操作，由于使用范围较小，故本版也加以删减。

　　参加本书改版工作的有孙江宏、贾晓丽、牛晓辉、刘旭、张晗、王巍、李翔龙、赵腾任、宁松、路旭强、张志涛、李刚、叶楠、黄小龙等。修订时，参考了兄弟院校师生提出的改进意见；出版社的编辑人员为本书的出版与提高质量投入了大量心血，在此一并致以衷心的感谢。

　　由于我们的水平有限，加之时间仓促，书中难免存在疏漏和不妥之处，敬请读者、同行不吝批评指正。请通过 sunjh99@bistu.edu.cn 联系。

编　者
2015 年 5 月

第二版前言

《计算机辅助设计与绘图（AutoCAD 2008）》是在中国铁道出版社《计算机辅助设计与绘图（AutoCAD 2004）》一书基础上进行修订后推出的再版教材。自从第一版面世以来，广大师生、工程技术人员和各有关部门同志提出了很多中肯的意见，经过仔细修订，现完成了第二版的编写。

本书是在第一版基础上，在满足《普通高等院校工程图学课程教学基本要求》的同时，贯彻《普通高等学校计算机图形学基础课程教学基本要求》的精神和高校教材改革的指导思想，加强学生素质教育和能力培养，并结合拓宽专业面后教学改革的需要修订而成的。

从使用习惯看，AutoCAD 2008 是对以往 AutoCAD 版本的一个阶段性总结，与现在的 AutoCAD 2009 有着很大的不同。考虑到教学习惯和教材的目的性和延续性，本书选择了 AutoCAD 2008 中文版，这样可以照顾到原有的读者群以及教学方便性。

本次修订，重点进行了以下几项工作：

（1）更正和改进了第一版中的文字、插图以及说明中的疏漏。

（2）为了方便各院校结合本课程进行教学，增加了可供下载的 CAD 应用 PPT 演示文稿，可以直接从中国铁道出版社的网站上下载查阅。

（3）为了便于学生对知识的把握和确认，本书提供的例子采用了手把手的方式，即把命令及其参数等与图形放在一起，供学生比较。

（4）AutoCAD 2008 同以前版本有很大不同。不但在操作界面上更加人性化、智能化，而且在设计思想上更加注重协同设计和网上资源的利用，对原有功能进行了适当的增减，将被动绘图转变成帮助用户设计。

在本书中进行的工作主要包括以下几项内容：

（1）界面操作进行了重大改变。相比而言，AutoCAD 2008 将原来的工具栏式操作改进为面板操作，即将多个相关工具栏组合在同一个面板中。这样用户能更加清楚直接地找到有关的操作对象。

（2）增加了工作空间的概念，将操作分为三维建模、二维草图与注释、AutoCAD 经典等。这样，无论讲解和操作上的针对性都增强了。

（3）增加了动态块操作，可以通过夹点等直接修改块，提高了操作灵活性。

（4）在三维渲染与动画处理方面，引入了原 3DS MAX 的一些操作习惯和方式，使得三维模型在显示与渲染结果等方面更加流畅。

（5）删减了一些不太常用的网络功能，如数字签名等内容。

参加本书改版工作的有孙江宏、王巍、李翔龙、赵腾任、罗坤、宁松、路旭强、张志涛、李刚、叶楠、熊鸣、段大高、潭月胜、黄小龙、张健等；大量兄弟院校的对口教研室教师和学习本书的同学们的改进意见对本书的修订起到了重要作用；出版社的编审人员为本书的出版与提高质量投入了大量心血，在此一并致以衷心的感谢。

由于我们的水平有限、时间仓促，书中难免存在误漏之处，敬烦读者、同行不吝批评指正。请通过 sunjh99@bistu.edu.cn 联系。

编者
2008 年 12 月

AutoCAD 2000/2000i/2002/2004 是 Autodesk 公司的系列产品，其中文版是专门针对中国内地开发的，是目前为止在中国国内影响最大的平面设计软件。该软件从其使用和设计思路上都秉承了工程制图人员的绘图习惯，能够非常轻松地绘制出带有平面视图和三维渲染效果的工程图纸，是绘图人员的一个理想工具。

自从 20 世纪 80 年代 AutoCAD 进入中国以来，越来越多的工作人员对 AutoCAD 良好的操作界面、规范的绘图标准、强大的辅助绘图功能感到熟悉和适应，并把它直接应用到自己的工作中来。AutoCAD 的术语和标准为今天业界广泛接受，大多数软件都为其提供数据接口模块，以便同其进行数据交换。到目前为止，国内 80%的平面绘图市场为其所占据，即使在三维工程软件盛行的今天，仍然不得不在进行出图的过程中将三维实体导入到 AutoCAD 中进行最终处理，可见其功能的成熟与完善。

AutoCAD 简单易学，本书内容也是按照用户能够把握的顺序来分类的。它将主要的绘图功能分为平面绘图和三维造型两大类。在平面绘图中，用户可以直接进行工程图的绘制和修改，并进行尺寸标注和文字说明，以及进行属性管理和打印出图。在三维造型中，用户可以进行三维立体图形的绘制，并分配其颜色、灯光、背景、配景等内容，得到理想的渲染效果图，从而达到广告的目的。

本书的最大特点如下：

- 专业性：本书针对机械类和近机械类人员而编写，内容大量采用机械类的图纸绘制。
- 可操作性：本书完全采用引导用户手工绘图的思路，任何用户只要参照我们的提示和命令操作，可以非常顺利地完成本书的内容绘制。
- 引导性：本书采用了由细到粗的过程。所谓细，就是在每个命令第一次出现时详细讲解它的应用。所谓粗，就是在重复出现同一命令时将不再给出该命令的具体内容，而是要求用户按照我们的提示和具体尺寸等自行绘制，起到了手把手的作用。
- 图形与命令参考式：在每个命令讲解的过程中，都将图形的前后结果列出来，并提供命令操作中的参数和选择对象，使读者一目了然，明白来龙去脉。
- 版本连续性：本书在讲解的过程中以 AutoCAD 2004 为基础，对其常用的功能进行讲解，对于不常用甚至不用的，不作讲解。

我们在组织本书的过程中，参考了大学教学中的具体应用环节和 Autodesk 公司专业考试要求，尤其注重从教学角度出发，对 AutoCAD 2000/2000i/2002/2004 进行了综合比较，对其常用功能进行了总结，并对其网络功能进行单独讲解。在《机械设计》课程设计中，我们发现学生使用该软件绘图时有些问题本来可以避免或者加以引导就可以明白，但往往相反。这是因为现在出版的 AutoCAD 书籍大都以软件自身特点来讲解，没有从初学者的角度来考虑。例如，往往上来就讲菜单选项。实际上，学生在使用时首先要熟悉 AutoCAD 的操作环境，否则到哪里去找这些内容呢？所以，根据学生反映的情况，对本书进行了内容安排。大体情况如下：

（1）AutoCAD 与工程制图的关系。从其界面与工程制图的对应关系来讲解该软件的特点。具体内容在第 1 章。

（2）讲解视图操作。利用 AutoCAD 提供的实例来引导读者学习和熟悉其环境操作，包括三维环境操作。具体内容在第 2 章。

（3）讲解环境设置。在熟悉了视图后，讲解怎样设计自己的界面来提高效率。具体内容在第 3 章。

（4）平面绘图的编辑和修改。具体内容在第 4、5、6、8 章。

（5）图形的尺寸标注和文本标注。具体内容在第 7 章和第 9 章。

（6）三维视图操作。具体内容在第 11 章。

（7）设计中心和图形的后期处理。具体内容在第 12 章和第 13 章。

（8）网络功能。讲解了网上发布和浏览、今日和电子传递等网络功能，具体内容在第 14 章。

（9）二次开发工具。简要介绍了 Visual LISP、ObjectARX 和 VBA 等工具的启动和应用，使读者能够进一步地得到提高，具体内容在第 15 章。

（10）在第 10 章提供了几个绘图实例。

为方便读者更好地学习，我们在本社网站"下载专区"中免费提供机械制图用计算机信息交换制图规则和系统变量下载内容，网址：http://www.tqbooks.net/download.asp。

本书是一本循序渐进的绘图实例教材，读者首先应该理解第 1 章中 AutoCAD 与工程制图的关系，然后掌握第 2 章中 AutoCAD 平面和三维绘图环境，并在第 3 章中进行环境设置，以便自己对该软件进行适当的控制。这 3 章是 AutoCAD 的操作基础，需要用户多花一些时间，反复学习，深刻理解。第 4 章及以后各章是在实践练习中学习 AutoCAD 的方法和技巧。读者可以以节为单位，先学习实例，然后回头阅读理论讲解部分，将自己感到生僻的地方进行对照学习，会达到事半功倍的效果。用户也可以首先学习第 10 章中的绘图内容，再反过来学习前面的内容。其效果基本相同。

作者在高校长期从事计算机辅助设计与制造方面的教学研究工作，并有幸参与了 Autodesk 公司的官方培训教程系列的翻译工作，尤其编译了其中《AutoCAD 2004 新功能与升级培训教程》和《AutoCAD 2004 培训教程》，所以在技术上能够保证准确性和先进性。

本书的读者定位为学习画法几何和工程制图的人员和大中专院校学生，特别适合于进行课程设计和毕业设计的学生。书中的实例均采用机械类和建筑类实例，所以要求用户具有一定的专业知识。

本书是集体创作的结晶。由北京机械工业学院机械设计与 CAD 研究室孙江宏副教授主编，并编写了本书大部分内容。由教师王雪艳、邱景宏和赵腾任等完成技术内容的编写。其他参加编写工作的人员还有罗珅、宁松、路旭强、张志涛、李刚、叶楠、熊鸣、段大高、潭月胜、黄小龙、米洁、张健等。陈贤淑、陈晓娟、廖康良等参与了本书的排版工作。还有在写作中很多关心我们的朋友，在此表示深深的感谢。

由于水平和时间所限，本书难免有疏漏之处，敬请读者不吝指教。请通过 E-mail 地址 sunjianghong@263.net 联系。

编　者
2004 年 3 月

目录

第 1 章 AutoCAD 与工程制图

AutoCAD 是工程设计人员经常使用的平面绘图软件之一。它使用和操作方便灵活，尤其在平面绘图方面功能强大。所以，现在即使使用三维参数制图的设计人员，仍然要将其工程图导入到 AutoCAD 中进行处理。根据调查，AutoCAD 是国内常用的绘图软件之一。

本书将绘图环境与工程制图的关系作为第 1 章，使用户对于 AutoCAD 有基本的了解和掌握，便于对该软件进行更深入的学习。

1.1 AutoCAD 工程制图基础

当使用 AutoCAD 进行计算机绘图时，首先必须掌握该软件的一些基础知识，并准确认识可以进行操作的部分。

1.1.1 AutoCAD 的启动

当 AutoCAD 安装完成后，会在 Windows 7/8/XP 等系统桌面上建立一个快捷图标，并在"开始"菜单中添加一个 AutoCAD 程序组。

运行 AutoCAD 大致有三种方法。

① 快捷图标方式。双击 AutoCAD 在 Windows 桌面上的相应图标。图 1-1 所示为 AutoCAD 中文版部分版本的快捷图标。本书将以 AutoCAD 2015 作为讲解环境。

图 1-1　快捷图标

② 菜单方式。菜单启动方式如图 1-2 所示，选择"开始"→"所有程序"→"Autodesk →"AutoCAD 2015-简体中文"→"AutoCAD 2015-简体中文"命令。

③ "运行"方式。选择"所有程序"→"附件"→"运行"命令，弹出"运行"对话框，如图 1-3 所示。在"打开"文本框中输入 AutoCAD 2015 中文版执行文件的路径即可。

建议：推荐使用第一种方法启动 AutoCAD，因为它可以直观并快速地启动。

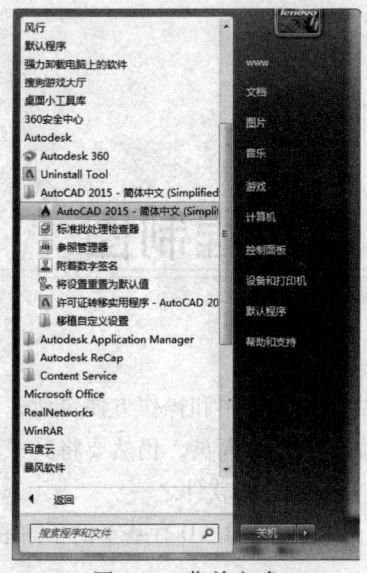

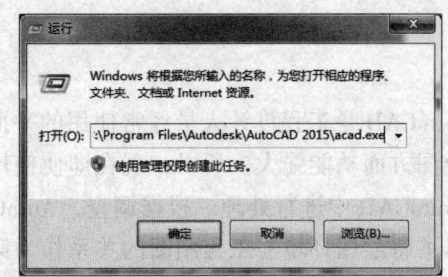

图 1-2　菜单方式　　　　　　　　　　图 1-3　"运行"对话框

1.1.2　AutoCAD 与制图关系

启动 AutoCAD 2015 后将直接进入到该软件的主界面中。这一节将介绍 AutoCAD 2015 的基本界面及其在机械制图操作中常用的部件及使用方法。

AutoCAD 2015 的主界面如图 1-4 所示。

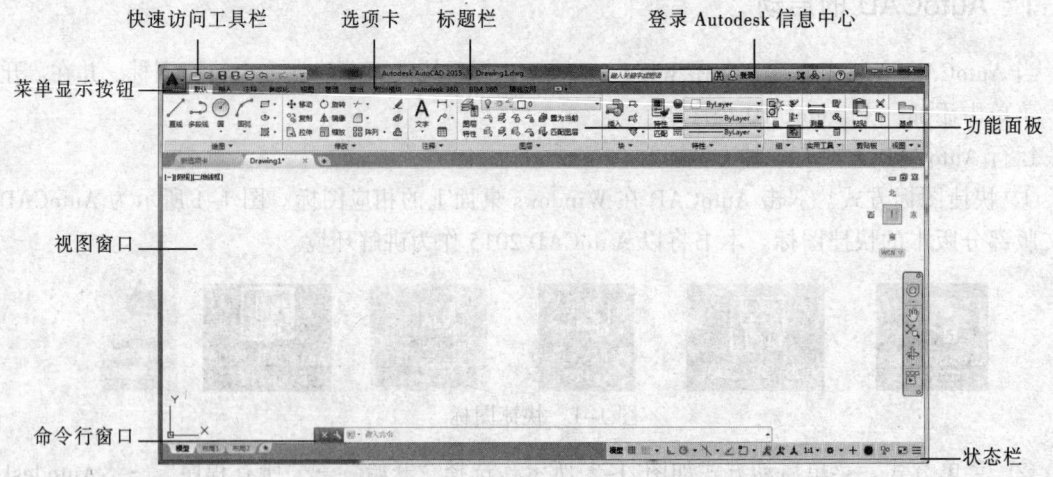

图 1-4　AutoCAD 2015 主界面

可以看到，这个界面中提供了比较完善的操作环境，主要包括标题栏、菜单显示按钮、菜单栏、快速访问工具栏、状态栏、视图窗口、功能面板、命令行窗口、选项卡、信息中心等，另外还包括文本窗口等特殊元素。简单介绍如下：

（1）标题栏——屏幕顶部是标题栏，在中间部位显示软件名称，后面紧接着的是当前打开的文件名。

（2）菜单——菜单是 Windows 程序的标准用户界面元素，用于启动命令或设置程序选项，单击左上角▲按钮可以打开常用文件菜单栏，如图 1-5 所示。AutoCAD 2015 基本上不提倡用菜单，建议使用功能面板。不过传统的快捷菜单依然是一个高效率绘图工具。

- 快捷菜单——AutoCAD 2015 提供了快捷菜单（右键菜单）方式，在没有选取实体时，可通过图形区域内的快捷菜单提供最基本的 CAD 编辑命令。用户若在命令执行中，则显示该命令的所有选项；若选中实体，则显示该选取对象的编辑命令；若在工具栏或状态栏，则显示相应的命令和对话框。

菜单相当于工程制图中的参考手册，从中可以查找到一些相关的绘图技术工具。

（3）快速访问工具栏——AutoCAD 2015 把一些与文件操作有关的常用命令按照一定的标准分类，以工具栏的方式组织在一起，使用时单击某一个按钮就可以完成单击若干次菜单才能完成的操作，这为提高工作速度提供了方便。

将鼠标指针指向某按钮并稍作停留，按钮右下方会显示该按钮的名称，并且在状态栏中会给出该按钮的功能描述及对应命令。

工具栏就相当于制图人员的工具箱，里面放置各种常用工具。

AutoCAD 2015 提供了多种工作空间，用户可以进行适当的切换来完成不同的任务。单击状态栏上的◆按钮，如图 1-6 所示，从中选择即可。当选择不同的空间时，将显示对应的工具栏及面板等基本元素。

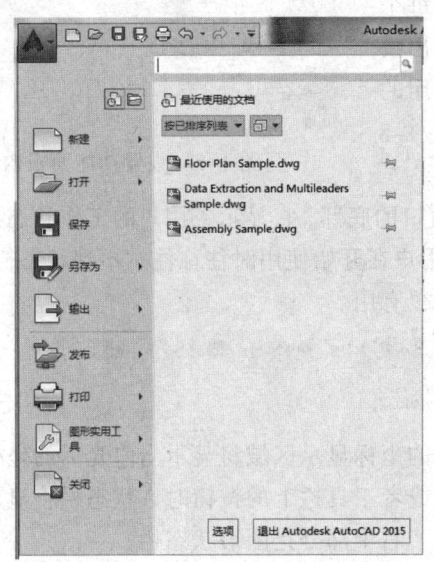

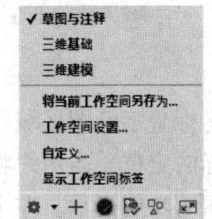

图 1-5　AutoCAD 2015 常用文件菜单栏　　　　图 1-6　【工作空间】工具栏

（4）功能面板——从 AutoCAD 2009 开始，AutoCAD 已经将工具栏和面板操作转向了功能区操作，这也是推荐用户使用的最佳方式。功能区由功能面板和选项卡组成。在功能面板中，用户可以直接选择需要的工具按钮，选择选项、输入参数或者进行设置，这大大超出了原来工具栏的单一操作方式。用户可以在熟悉工具栏操作的基础上熟悉面板操作。

如图 1-7 所示为三维建模工作空间的功能区。

在面板上端显示的为选项卡，每个选项卡都对应不同的功能面板，每个功能面板最下面的标题标识了该面板的作用。在有些控制面板上，如果单击该名称或者其右侧的箭头 ↘，将打开相应的对话框。如果没有足够的空间在一个面板行中显示所有工具，将显示一个黑色向下箭头▼，该箭头称为上溢控件，单击即可打开下拉按钮列表，从中可选择工具按钮。

图 1-7　三维建模面板

单击功能区选项卡最右侧的按钮▣，将显示不同的面板状态。第一次单击时，将只显示选项卡和功能面板标题；第二次单击时，将只显示选项卡；第三次单击时，将恢复初始状态。

可以按以下方式自定义功能面板：

- 使用"自定义用户界面"对话框可以创建和修改面板。
- 通过在面板上右击，然后在弹出的快捷菜单中选择"显示面板"命令，在子菜单中选择或取消功能面板的名称，可以指定显示哪个功能面板，如图 1-8 所示。
- 将可自定义的工具选项板组与面板上的每个控制面板相关联。在控制面板上右击将弹出快捷菜单，"工具选项板组"子菜单中有可用的工具选项板组列表，从中选择即可，如图 1-8 所示。

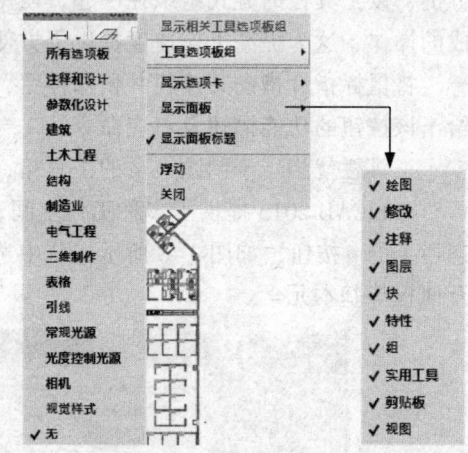

图 1-8　设置功能面板内容

（5）状态栏——状态栏位于 AutoCAD 2015 窗口的底部，它显示了用户的工作状态或相关信息，可以随时对用户进行提示，如图 1-9 所示。用户在开始使用时往往注意不到状态栏的显示，使用一段时间后才会觉出适当查看状态栏对绘图很有用。

图 1-9　状态栏

当将光标置于绘图区域中时，在状态栏左边的坐标显示区域将显示当前光标的坐标值，它有助于光标的定位。当用户将光标指向菜单选项或者工具栏上的按钮时，状态栏将显示相应菜单项或按钮的功能提示。左半部分是绘图状态栏，右半部分是图形状态栏。

状态栏中间的按钮指示并控制用户的不同工作状态。按钮有两种显示状态：凸出和凹下。按钮凹下表示相应的设置处于打开状态。

对于图形状态栏而言，由于功能比较简单，而且相对独立，在此将进行详细讲解，后面就不再重复了。

- 注释比例按钮 △1:1▾——单击该按钮，可以选择不同的注释比例，如图 1-10 所示。
- 注释可见性按钮 △——单击该按钮，将显示所有比例的注释性对象；当关闭时，将仅显示使用当前比例的注释性对象。
- 自动比例更改显示注释按钮 △——单击该按钮，将在注释比例更改时自动将比例应用到注释性对象上。

- 硬件加速按钮 ⬤——单击该按钮，将采用硬件加速的方式显示当前图形，或者调节当前图形的显示性能等。
- 隔离对象按钮 ⬚——单击该按钮，可以创建一个隔离或隐藏选定对象的临时图形视图。这样可以节省用户跨图层追踪对象的时间。如果隔离对象，则该视图中将仅显示被隔离的对象。
- 全屏显示按钮 ⬚——单击该按钮，将可以最大化显示图形，如图 1-10 所示；再次单击将恢复原状。

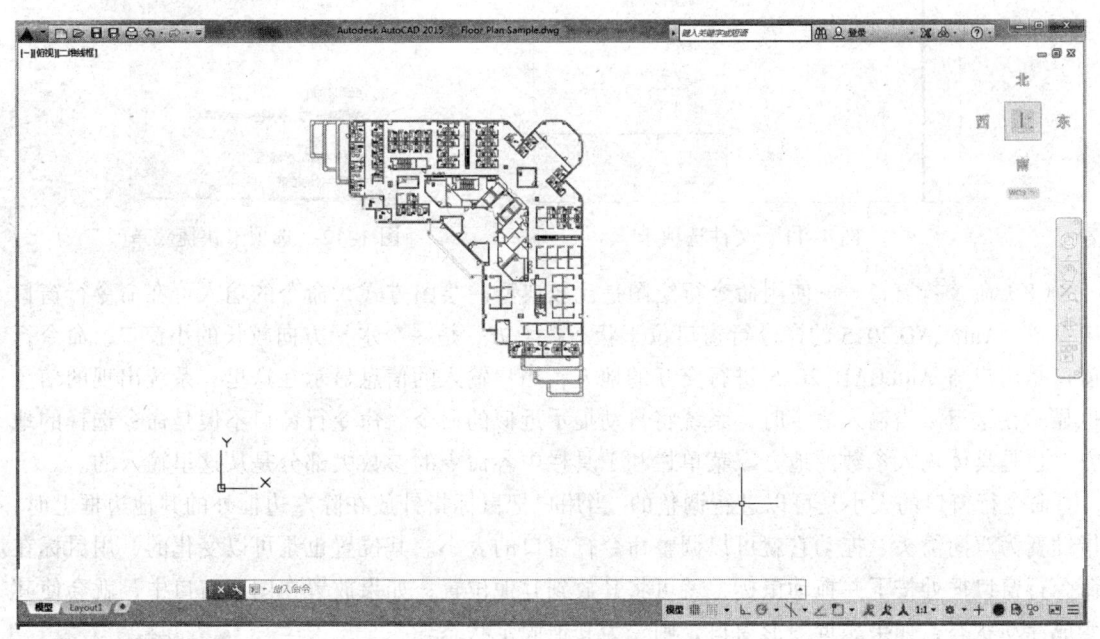

图 1-10　全屏显示

（6）登录 Autodesk 信息中心——登录 Autodesk 公司技术支持网站，或者在当前工作目录中查找一些带有关键字的图形文件。另外，信息中心将随时通知用户一些来自 Autodesk 网站的产品更新和通告等内容。

（7）绘图区——AutoCAD 2015 的界面上最大的空白窗口便是绘图区，又称视图窗口，它是用户用来绘图的地方。在 AutoCAD 2015 视窗中有十字光标、用户坐标系等。十字光标即为 AutoCAD 在图形窗口中显示的绘图光标，它主要用于绘图时点的定位和对象的选择，因此具有两种显示状态。绘图区相当于制图人员的绘图板。

AutoCAD 2015 提供了图形选项卡，它使打开图形之间切换或创建新图形变得非常方便，如图 1-11 所示。在"选项"对话框的"显示"选项卡中选中"窗口元素"区中的"显示文件选项卡"复选框，即可以显示它。文件选项卡是以文件打开的顺序依次显示的，用户可以直接拖动选项卡来更改它们之间的位置。如果选项卡上有一个锁定图标，则表明该文件是以只读方式打开的。如果有个冒号则表明自上一次保存后此文件被修改过。当把光标移到文件标签上时，可以预览该图形的模型和布局。当把光标移至预览图形上时，则相对应的模型或布局就会在图形区域临时显示出来，并且打印和发布工具在预览图中也是可用的。最右边的加号(+)图标可以更容易地新建图形。

文件选项卡的右键菜单可以新建、打开或关闭文件，如图 1-12 所示，包括可以关闭除所点击文件外的其他所有已打开的文件。也可以复制文件的全路径到剪贴板或打开资源管理器并定位到该文件所在的目录。

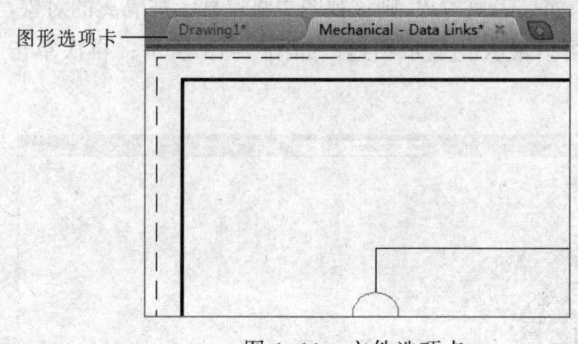

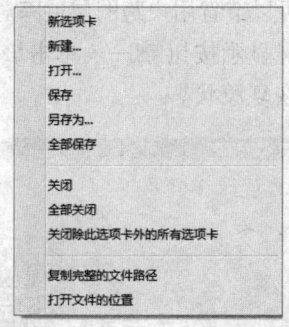

图 1-11　文件选项卡　　　　　　　　　图 1-12　选项卡快捷菜单

（8）命令行窗口——使用命令行绘图是比较典型的绘图方式，命令的输入可在命令行窗口中完成。AutoCAD 2015 的命令行窗口位于状态栏上方，是一个水平方向较长的小窗口。命令行窗口是用户与 AutoCAD 2015 进行交互的地方，用户输入的信息显示在这里，系统出现的信息也显示在这里。当输入命令时，系统将自动提示近似的命令。命令行窗口不但是命令选择的地方，也是具体输入参数的地方。菜单栏和工具栏中各命令的参数大部分是从这里输入的。

命令行窗口的大小是可以进行调整的。当用户把鼠标指针放在除左边框外的其他边框上时，指针变为双向箭头，拖动它就可以调整命令行窗口的大小。其位置也是可以变化的，用鼠标在命令行窗口框处按下并拖动鼠标，就可将其放到其他位置；如果放置在图形窗口中，就会使其变成浮动状态；如果靠近图形窗口，则变为其他固定状态。

另外，在命令行窗口上右击，系统弹出快捷菜单如图 1-13 所示。从中可以看到，用户可以对已经输入过的历史记录命令进行复制、剪切等设置，也可以设置透明状态和鼠标悬停时的透明程度。选择"透明度"选项，系统弹出如图 1-14 所示"透明度"对话框，从中设置即可。其半透明的提示历史可显示多达 50 行。

如果命令输入错误，它会自动更正成最接近且有效的 AutoCAD命令。例如，如果输入了 TABEL，那就会自动启动 TABLE 命令。

如图 1-15 所示，命令行支持中间字符搜索。例如，如果在命令行中输入 LINE，那么显示的命令建议列表中将包含任何带有　　　图 1-13　命令行快捷菜单LINE 字符的命令。另外，命令行可以访问图层、图块、阴影图案/渐变、文字样式、尺寸样式和可视样式。例如，如果在命令行中输入 Windows 且当前图纸中有一个块定义的名字为Windows，则可以快速地从建议列表中插入它。

（9）工具选项板——显示当前可选择对象及其属性，以浮动面板形式出现，可以从中选择所需要的属性，输入或者修改具体参数等。

（10）文本窗口——命令行窗口比较小，不能显示太多的信息，要想看到比较多的信息，可以直接按【F2】键放大观察。

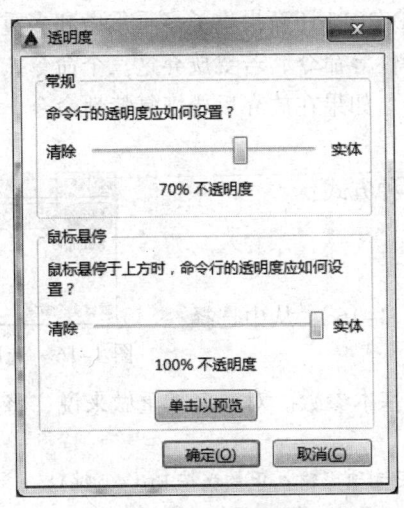
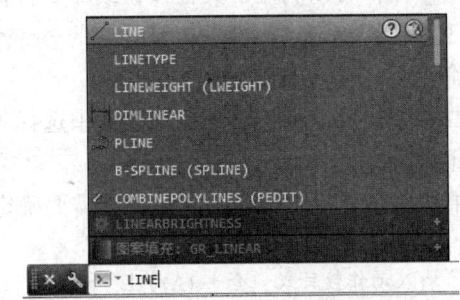

图 1-14　透明度设置　　　　　　图 1-15　中间字符搜索

AutoCAD 2015 的对话框基本上符合 Windows 标准操作习惯，在此不再赘述。

1.1.3　AutoCAD 中命令的输入

1. 启动与取消

AutoCAD 命令可以使用下拉菜单、快捷菜单、工具栏和快捷键启动，也可以在命令行中直接输入。

不管使用何种方法执行命令，都将在命令行窗口中显示提示信息，其顺序均相同。大部分命令会提供一些选项，显示在方括号中。如果要选择一个选项，只需在命令行中输入圆括号中的字母，大小写均可。输入命令或命令选项后，可以按【Enter】键、【Space】键或在绘图区域中右击，并在弹出的快捷菜单中选择"确认"命令，即可完成相应的功能。默认情况下 AutoCAD 将【Space】键视为【Enter】键。

例如，用于圆弧绘制的命令如下：

```
命令：arc
指定圆弧的起点或 [圆心(C)]:(拾取点或者输入选项)
指定圆弧的第二个点或 [圆心(C)/端点(E)]:(拾取第二个点)
指定圆弧的端点:(拾取第三个点)
```

如果选择圆心方式，只需输入 C 或 c 即可。

在 AutoCAD 中，可以按【Esc】键或【Ctrl+C】组合键取消当前命令。

2. 重复执行命令

有时，用户需要重复执行一个 AutoCAD 命令来完成设计任务，主要存在两种情况。

① 重复执行一个命令。主要包括以下方式：

a. 按【Enter】键、【Space】键或在绘图区域右击，在快捷菜单中选择"重复"命令。

b. 在命令行窗口中右击弹出快捷菜单，在"近期使用的命令"子菜单中列出了最近所使用过的六个命令，可以选择一个命令执行。

c. 在命令行中输入 MULTIPLE 并按【Enter】键，在提示下输入要重复执行的命令。

② 重复执行多个命令。为了使用方便，AutoCAD 2015 还新提供了多重重做和多重放弃命令。例如，如果用户已经依次执行了圆弧、选项、特性等命令，若要放弃这三个命令，可以直接选择放弃圆弧命令，则其后执行的所有命令均放弃。如果在放弃后要恢复特性命令，则在恢复的同时圆弧命令也将恢复。

其具体操作可以利用工具栏按钮或命令行输入两种方式：

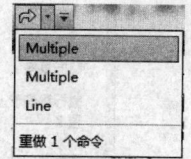

- 工具栏：单击"标准"工具栏中的 按钮。
- 命令行：输入 MREDO 或 UNDO。

工具栏方式可以从按钮下拉列表框中选择（见图 1-16），从中选择即可多重执行。

图 1-16　选取命令

如果使用命令行中输入的方式，则需要确定一些基本参数。对于多重重做来说，将显示如下命令：

输入动作数目或 [全部(A)/上一个(L)]：(指定选项、输入正数或按Enter键)

其中，"动作数目"用于恢复指定数目的操作；"全部"用于恢复前面的所有操作；"上一个"只恢复上一个操作。

3. 对话框与命令行的切换

在 AutoCAD 中，有一些命令在执行时既可以使用对话框形式，也可以使用命令行形式。通常，这两种命令执行方式中的命令选项可能会稍有不同，但这不会影响用户的使用操作。普通用户基本上不使用这种情况，本节不再赘述。

1.2　文　件　操　作

当进入了 AutoCAD 绘图环境后，就可以进行绘图了。在此之前，需要掌握有关的文件操作知识，以便对数据进行处理。

1.2.1　打开图形

使用 OPEN 命令可以打开图形。

1. 启动方法

- 菜单栏：选择"文件"→"打开"命令。
- 工具栏：单击"标准"工具栏中的"打开"按钮 。
- 命令行：输入 OPEN。

2. 操作步骤

执行命令后，弹出"选择文件"对话框，如图 1-17 所示。

具体操作步骤如下：

① 在"查找范围"下拉列表框中选择要打开文件所在的目录。

② 在"文件类型"下拉列表框中选择文件类型。

③ 在列表框中选择要打开的文件，所选择的文件名将自动出现在"文件名"下拉列表框中；也可以直接将要打开文件的文件名输入"文件名"下拉列表框中。如果要选择多个图形，可在选择文件的同时按住【Ctrl】键依次选取。

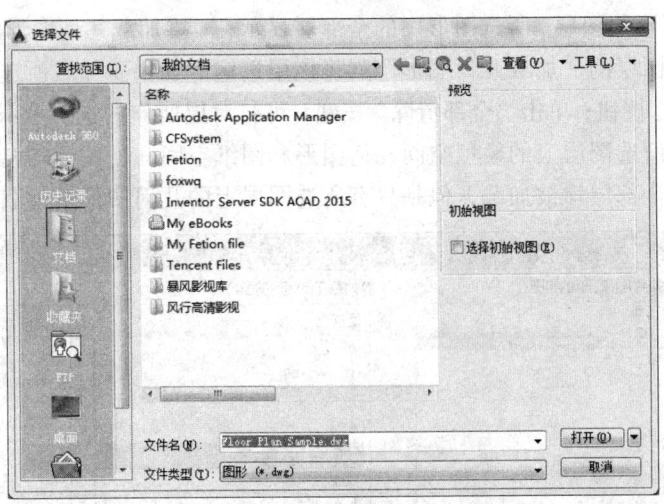

图 1-17　"选择文件"对话框

④ 如果图形包含多个命名视图，选中"选择初始视图"复选框，则在打开图形时显示指定的视图。单击"打开"按钮，系统将弹出如图 1-18 所示的对话框，从中选择一个视图后，将只显示该视图。此步可以略过。

⑤ 单击展开"打开"下拉列表，如图 1-19 所示，如果选中"以只读方式打开"选项，则图形文件将以只读方式打开。用户可以对该文件进行编辑修改，但只能另存为其他文件名。只读打开方式可以有效地防止图形文件被意外改动。

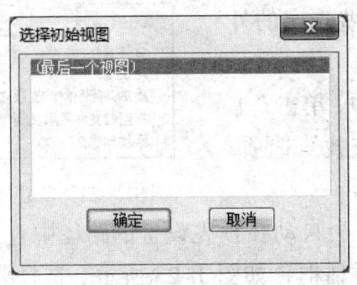

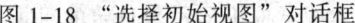

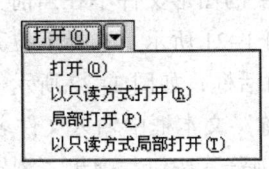

图 1-18　"选择初始视图"对话框　　　　图 1-19　"打开"下拉列表

⑥ 局部打开图形。AutoCAD 允许用户只打开图形的一部分。局部打开的图形可以是某个图形，或是部分图层上的图形，也可以是图形中的局部图形。一旦使用局部打开方式打开图形，可以使用局部装入功能按照指定的视图或图层继续装入图形的其他部分。

如图 1-19 所示，选择"局部打开"选项后，AutoCAD 将弹出如图 1-20 所示的"局部打开"对话框。AutoCAD 2015 在加载用户选择的部分图形时，该图形中的所有块、尺寸标注样式、层、布局、线型、文字样式、UCS、视图和视口的配置将一同被加载。

a. 加载几何图形的视图。在局部加载图形时，用户只能加载模型空间中的视图。视图列表中显示所选图形中的全部可用模型空间视图。如果选择某个视图，AutoCAD 将该视图添加到视图名称框中。默认情况下，AutoCAD 加载"*范围*"视图中的几何图形。在执行部分加载功能时，AutoCAD 将只加载那些同时位于所选视图和所选层中的几何图形。

b. 加载几何图形的图层。所选图形中的全部层显示在"要加载几何图形的图层"列表框中，可单击需要被加载图层的"加载几何图形"列将该层选定。如果要加载所选图形中的全部层，则单击"全部加载"按钮；单击"全部清除"按钮，可将对层所作的选择全部清除。在 AutoCAD 加载所选图层时，所选图层上的模型空间几何图形和图纸空间几何图形均会被加载。部分加载后，所选图形中的全部层均被加载，但是只有所选图层上的几何图形被加载。

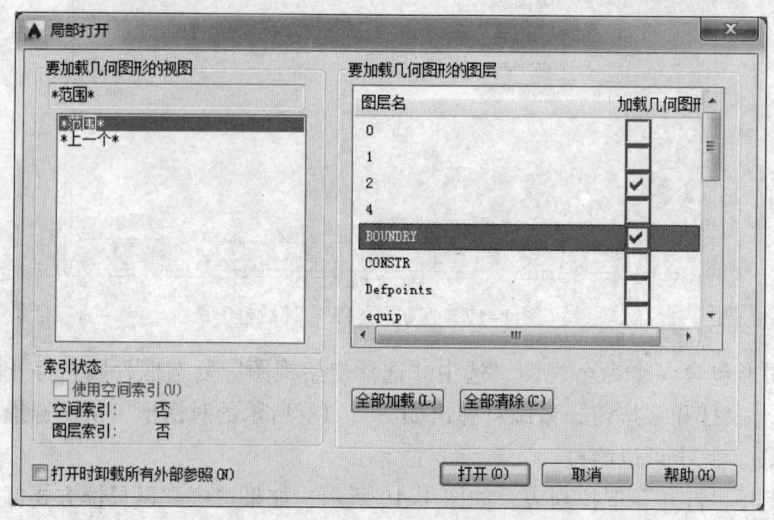

图 1-20　"局部打开"对话框

c. 卸载所有外部参照。默认情况下，AutoCAD 会加载所有的外部参照。但是，如果选择该选项，那么 AutoCAD 在部分打开图形时，只有那些选定的外部参照被加载并绑定到部分打开的图形中。

⑦　如果需要的图形文件不在当前文件列表框中，单击"工具"按钮，如图 1-21 所示。选择下拉菜单中的"查找"选项，弹出"查找"对话框，如图 1-22 所示。

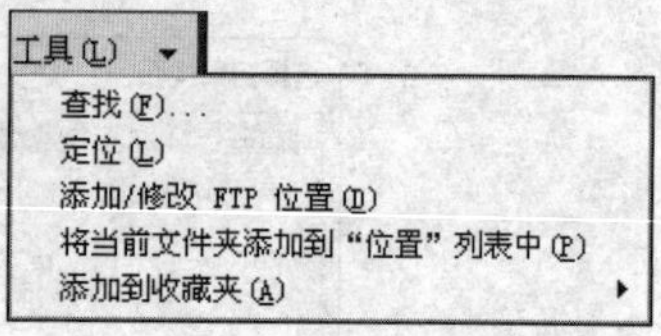

图 1-21　"工具"下拉菜单

a. 在"名称"文本框中输入文件名，AutoCAD 会自动在预先设置的路径中查找该文件。

b. 单击"浏览"按钮，弹出"浏览文件夹"对话框，如图 1-23 所示。选择要搜索的磁盘和目录，单击"确定"按钮，回到图 1-22 所示界面（搜索框里显示新选定的目录），在"名称"文本框里填入文件名称，单击"开始查找"按钮，AutoCAD 2015 会根据用户设置的文件格式、类型、位置及文件生成的时间，查找符合要求的文件。AutoCAD 2015 找出符合要求的文件后将其列在文件列表框中。在搜索过程中，随时可单击"停止"按钮停止查找。

⑧　以只读方式局部打开。如果在图 1-19 中选择"以只读方式局部打开"选项，则会将局部方式和只读方式结合起来。

选择完要加载的部分图形后，单击"打开"按钮，即可将所选图形加载进来。此后，用户可以使用 PARTIALOAD 命令将未加载进来的图形加载进部分打开的图形中。

除了上面介绍的文件打开方法外，用户可以将要打开的图形文件从 Windows 的资源管理器中拖动到 AutoCAD 中，也可以在资源管理器中以通用的双击图形文件的方法来启动。如果此时系统安装了两个以上的 AutoCAD 版本，那么系统启动其默认的那个版本。

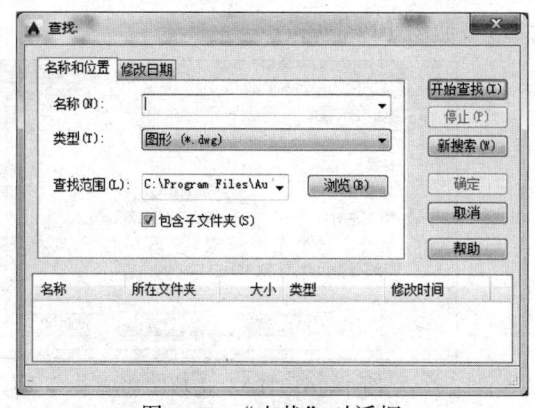

图 1-22　"查找"对话框

图 1-23　"浏览文件夹"对话框

1.2.2　保存图形

图形绘制完成后，需要将其保存到磁盘上，以便以后使用和交流。AutoCAD 2015 提供了"文件"菜单下的"另存为"命令l保存图形。打开"图形另存为"对话框，该对话框如图 1-24 所示。

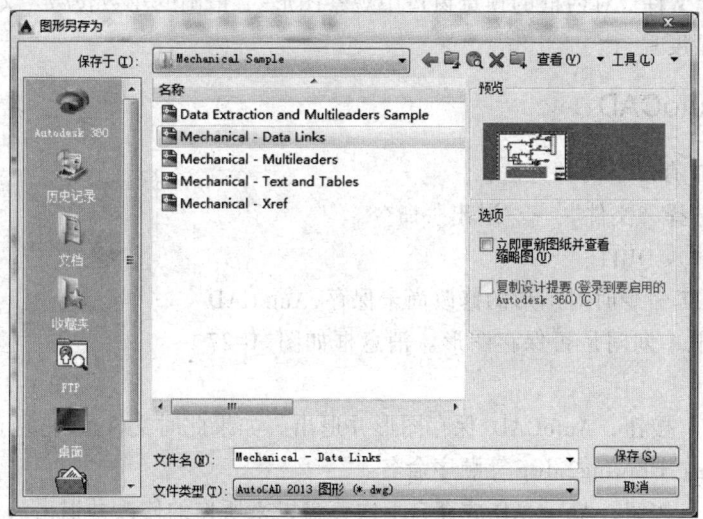

图 1-24　"图形另存为"对话框

AutoCAD 2015 可以将图形保存成如"AutoCAD 2013 图形"、"AutoCAD 2010 图形"、"AutoCAD 2007 图形（*.dwg）"、"AutoCAD 2004/LT2004 图形（*.dwg）"等 14 种类型的文件。

单击"图形另存为"对话框中"工具"下拉列表中的"选项"选项，将弹出如图 1-25 所示的"另存为选项"对话框。该对话框中共包含两个选项卡："DWG 选项"和"DXF 选项"，用户可以设置一些选项来控制 AutoCAD 在保存文件时的行为。

如果将当前图形保存为 R13 版以后的文件格式，而图形中含有应用程序自定义的对象，那么选择"保存自定义对象的代理图像"选项，将在图形中保存自定义对象的图像。否则，将只保存一个图框来代表自定义对象。

在"索引类型"下拉列表框中可以选择 AutoCAD 在保存图形时是否保存空间索引或图层索引。如果当前的图形为部分打开的图形且原来没有生成过索引，那么该选项不可用。

"另存为选项"对话框中的"DXF 选项"选项卡如图 1-26 所示。

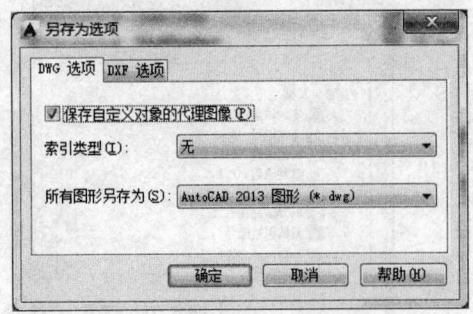

图 1-25 "DWG 选项"选项卡

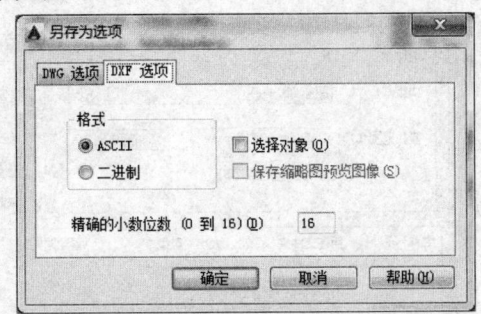

图 1-26 "DXF 选项"选项卡

在"格式"选项区域中可以选择是以 ASCII 格式还是以二进制格式创建 DXF 交换文件。选中"选择对象"复选框后，AutoCAD 在保存 DXF 文件时会同时提示选择对象。在选择后，AutoCAD 仅将所选择的对象输出到 DXF 文件中。否则，AutoCAD 会将当前图形中的全部对象保存到 DXF 文件中。"保存缩微预览图像"复选框用于确定是否保存图形的预览图像。如果保存了预览图像，那么可以在"选择文件"对话框的预览窗口中观察图形。"精确的小数位数"文本框可以确定文件保存时的数字精度。

1.2.3 退出 AutoCAD

退出 AutoCAD 有以下两种方法：

* 菜单栏：选择"文件"→"退出"命令。
* 命令行：输入 QUIT。

如果执行 QUIT 命令时对图形的修改尚未保存，AutoCAD 会弹出一个消息框，询问是否保存图形。消息框如图 1-27 所示。

图 1-27 消息框

① 单击"是"按钮，AutoCAD 保存图形并退出。如果此时文件没有进行重命名，系统就按照 Drawing1.dwg、Drawing2.dwg 等顺序命名。

② 单击"否"按钮，AutoCAD 放弃自上次存盘以来所作的修改并退出。

③ 单击"取消"按钮，AutoCAD 取消本次 QUIT 命令，回到绘图状态。

此外，还可以单击 AutoCAD 的关闭按钮来退出 AutoCAD，其执行过程与 QUIT 命令相同。

1.3 启 动 绘 图

在 AutoCAD 2015 中，用户创建新的图形有两种方式：一种是按照 AutoCAD 2015 新提供的"选择样板"对话框创建；一种是按照以前版本的"启动"对话框创建。本节以第一种方式进行讲解。

1. 启动方法

在 AutoCAD 2015 中，有三种方法可以创建新图形：

* 菜单栏：选择"文件"→"新建"命令。

- 工具栏：单击"标准"工具栏中的"新建"按钮 □。
- 命令行：输入 NEW 或 QNEW。

系统将弹出如图 1-28 所示的对话框。

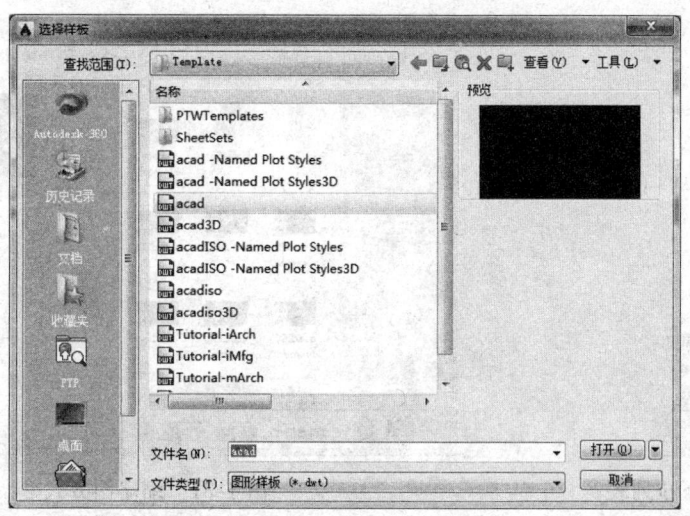

图 1-28　"选择样板"对话框

在这个对话框中，用户可以选择系统提供的样板文件作为基础创建图形，也可以按照不同的单位制度从空白文档开始创建。另外，用户还可以随时利用其他图形作为基础开始创建。

2. 创建新图形

（1）利用样板创建图形

AutoCAD 2015 的样板文件就是图形文件，其根据绘图时要用到的标准设置，预先用图形文件格式存储文件，扩展名为.dwt，而 AutoCAD 2015 中的图形文件扩展名为.dwg，这样可以防止样板文件因为粗心而被改变。

样板列表框中列出 AutoCAD 2015 的 Template 目录下的所有样板。AutoCAD 2015 包含空白样板、ISO 样板和专门用于建筑、加工方面的样板。修改样板所在默认目录可以在"选项"对话框中的"文件"选项卡上设置"图形样板设置"来指定。

选择某一样板后，"预览"框中将显示该样板中的内容。选好样板文件后单击"打开"按钮，AutoCAD 将所选样板文件中的设置及图形对象应用到新图中。

如果列表框中没有列出需要的样板，可以单击"搜索"下拉按钮选择样板目录即可。

（2）从空白样板开始创建

在样板列表中包含两个空白样板，分别为 acad.dwt 与 acadiso.dwt。这两个样板不包含图框和标题栏。acad.dwt 样板为英制，图形边界（绘图界限）默认设置成 12×9（英寸）。Acadiso.dwt 样板为公制，图形边界默认设置成 429 mm × 297 mm。

用户也可以从"打开"下拉按钮中选择无样板开始创建，如图 1-29 所示，分别选择英制或公制即可。

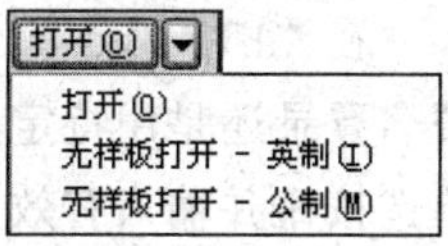

图 1-29　打开下拉列表

3. "选择样板"对话框其他操作

在"选择样板"对话框中，还有几个其他选项。

① 查看样板文件形式。"查看"下拉列表如图 1-30 所示，包括 3 种查看方式。

列表方式将只显示样板文件名称；详细资料方式将显示样板文件的名称、大小、类型、修改时间等；缩略图方式则显示样板文件的缩略图，如图 1-31 所示。

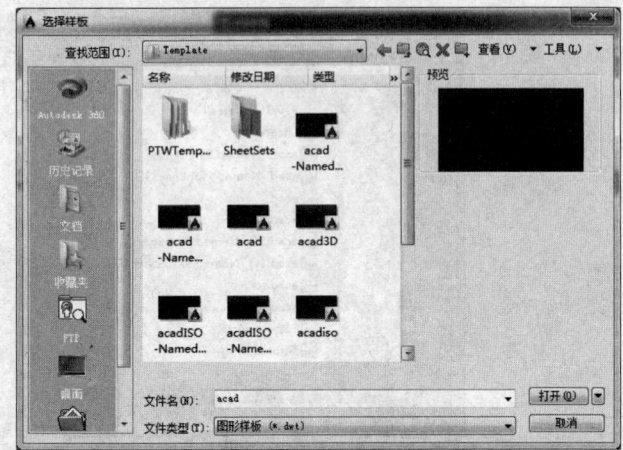

图 1-30　查看下拉列表　　　　　　　　　图 1-31　缩略图方式

② 利用工具进行其他操作。"工具"下拉菜单如图 1-21 所示。

a. 定位文件信息。如果选择"定位"选项，将显示当前样板文件所有信息中涉及的目录信息，如图 1-32 所示。

b. 定义可以在标准文件选择对话框中浏览的 FTP 站点。选择"添加/修改 FTP 位置"选项，弹出如图 1-33 所示对话框。

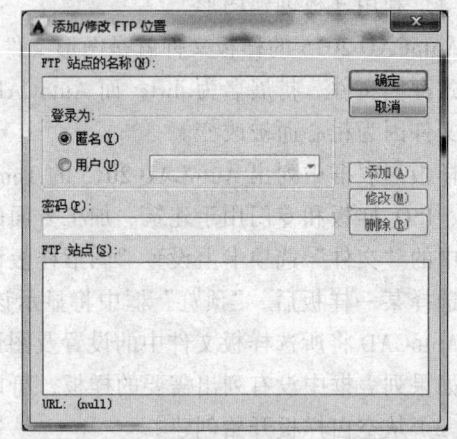

图 1-32　定位对话框　　　　　　　　　图 1-33　"添加/修改 FTP 位置"对话框

在"FTP 站点的名称"文本框中为 FTP 位置指定站点名称，在"登录为"选项区域中指定匿名登录还是用特定的用户名登录 FTP 站点。如果 FTP 站点不允许匿名登录，可选择"用户"单选按钮并输入有效用户名。在"密码"文本框中设置用于登录到 FTP 站点的密码。单击"添加"按钮，将新 FTP 站点添加到 FTP 站点列表中。如果不满意，可以单击"修改"按钮修改选定的 FTP 站点以便使用指定的站点名、登录名和密码。或者单击"删除"按钮删除选定的 FTP 站点。下面的 URL 将显示选定 FTP 站点的 URL。

c. 将当前文件夹添加到"位置"列表中。选择该选项，将在窗口左侧窗格中建立同名文件夹。

d. 将当前文件夹添加到收藏夹中。选择"添加到收藏夹"选项即可。

用户所选择的样板文件信息将保存在 MEASURE 系统变量中。用户可以随时利用设置命令更改单位、图形界限等。

1.4　绘图前的准备工作

在绘图开始之前，有几项准备工作需要工程人员完成，包括确定图纸尺寸大小、所需要的比例和测量单位（长度测量和角度测量单位）以及选择的绘图笔、颜色和分类图纸。对应在 AutoCAD 中就分别是图形界限、图形单位和图层设置。另外，在手工绘图的过程中，往往在对同一点进行操作时会由于人的视觉等误差造成偏差，尤其是在 AutoCAD 中更是如此，由于屏幕显示的分辨率不同，所以点的准确性也不相同，AutoCAD 提供了专门的设置手段来解决这一问题。

1.4.1　图形单位和界限的设置

利用"使用向导"可以完成绘图前的大多数准备工作，尤其是在长度单位和角度单位上。但是，由于该界面要求用户熟悉 AutoCAD，对于初次使用 AutoCAD 的用户来说，是很让人迷惑的，所以还是建议用户在利用默认设置进入 AutoCAD 后手工完成该准备工作的更改。

1. 设置图形单位

在绘制图形时，绘制的所有对象均是根据单位进行测量的。绘制图形以前首先应该确定 AutoCAD 的度量单位。

设置图形单位的方法有两种：

- 菜单栏：单击 ▲ 按钮→"图形实用工具"→"单位" 0.0 命令。
- 命令行：输入 UNITS。

系统将弹出"图形单位"对话框，如图 1-34 所示。

用户可以通过修改其中的值达到设置绘图单位的目的。在这个窗口中，可以设置长度和角度的测量单位，并决定它们各自的精度。在角度单位设置时，还可以选择"顺时针"复选框来决定角度的正负。

当设置好角度和长度单位后，还可以决定角度的起始测量方向。直接单击"方向"按钮，将弹出如图 1-35 所示的"方向控制"对话框。

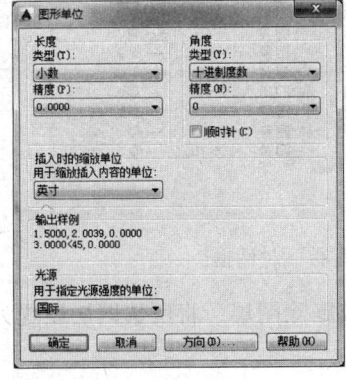

图 1-34　"图形单位"对话框

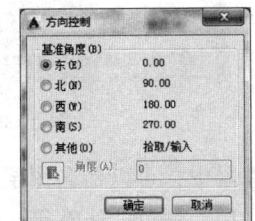

图 1-35　"方向控制"对话框

2．设置图形界限

从严格意义上来说，图形界限是由世界坐标系中的几个二维点来决定的，一般采用图形范围的左下角点的坐标和右上角点的坐标来表达。

进行图形界限手工设置的方式如下：

- 命令行：输入 LIMITS。

其结果依次如下所示：

命令：LIMITS
重新设置模型空间界限：
指定左下角点或 [开(ON)/关(OFF)] <0.0000,0.0000>：（输入点坐标或者直接确定）
指定右上角点 <420.0000,297.0000>：（输入点坐标）

通过修改上面的数值从而达到设置图形界限的目的。

注意：命令行中的命令是依次出现的，用户的命令也是分别输入的。每一次输入完命令后按【Enter】键，才会出现下一行命令提示。

当完成以上设置后，绘图将只能按比例在它的范围之内进行。

1.4.2 设置图层

1．图层设置

所谓图层，就是将图形人为地分出层次的，在不同的层上可以使用不同颜色、型号的画笔绘制线条样式不同的图形。另外，在绘制同一个图形时，可以使用不同的图层直接组合完成。

图层的具体设置方式有两种：

- 功能面板：单击"默认"选项卡→在"图层"功能面板中单击"图层特性"按钮 。
- 命令行：输入 LAYER。

系统将弹出"图层特性管理器"对话框，如图 1-36 所示。

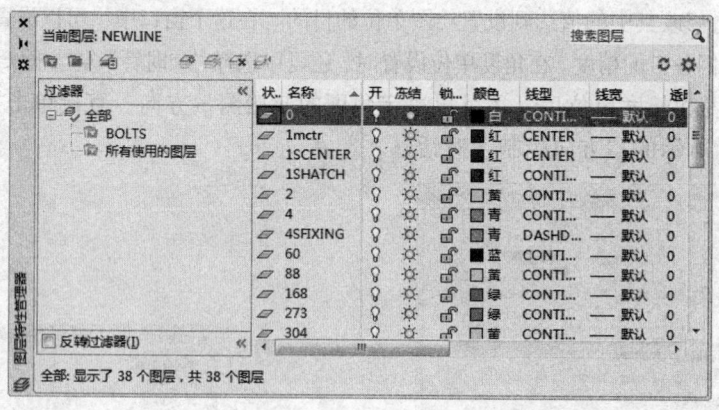

图 1-36 "图层特性管理器"对话框

在这个管理器中，可以命名图层过滤器、新建或删除图层、将所选图层设置为当前层以及设置图层中的线型、颜色、线宽等。

其中的各选项功能如下：

① 层列表框：显示当前图形中所有层以及层的特性。每一层的属性由一列来显示，如果须要修改，可以单击列下相应项，实现层的排序。单击可以显示快捷菜单，也可快速选择全部图层。

各项含义如下：

a. 状态：以图标方式显示项目的类型，包括图层过滤器、正在使用的图层、空图层或当前图层。

b. 名称：显示并修改定义层的名字。选择某一层名后单击"名称"选项，可修改该层的层名。

c. 开：打开/关闭图层。当图层打开时，它与其上的对象可见，并且可以打印；当图层关闭时，它与其上的对象不可见，且不能打印。单击该列中的图标，可以切换层开关状态。

d. 冻结：控制在所有视口中层的冻结与解冻。冻结的层及其上对象不可见。

注意：冻结层上的对象不参加重生成、消隐、渲染或打印等操作，而关闭的图层则要参加这些操作。在复杂的图形中冻结不需要的层，可以加快重新生成图形时的速度。但任何时候不能冻结当前层。

e. 锁定：控制层的加锁与解锁。加锁不影响图层上对象的显示。如果锁定层是当前层，仍可以在该层上作图。此外，用户还可在锁定层上使用查询命令和目标捕捉功能，但不能对其进行其他编辑操作。当只想将某一层作为参考层而不想对其修改时，可以将该层锁定。

f. 颜色：设置层的颜色。选定某层，单击该层对应的颜色选项，弹出如图 1-37 所示的"选择颜色"对话框。从调色板中选择一种颜色，或者在"颜色"文本框直接输入颜色名(或颜色号)，指定颜色。

g. 线型：设置层的线型。选定某层，单击该层对应的线型选项，系统弹出"选择线型"对话框，如图 1-38 所示。

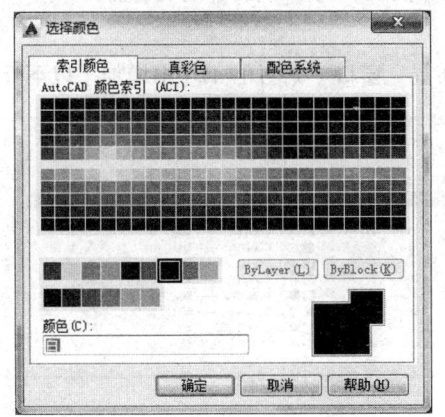

图 1-37 "选择颜色"对话框

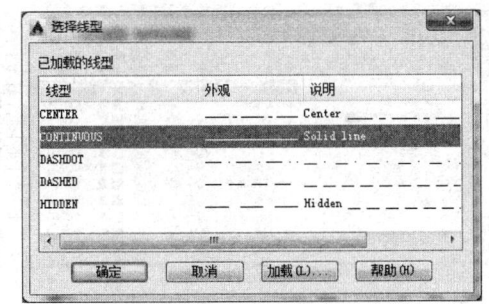

图 1-38 "选择线型"对话框

如果所需线型已经加载，可以直接在线型列表框中选择后单击"确定"按钮。如果当前所列线型不能满足要求，可单击"加载"按钮，弹出"加载或重载线型"对话框，如图 1-39 所示。

在该对话框中，列出 acad.lin 线型库中的全部线型，用户可从中选择一个或多个线型加载。如果要使用其他线型库中的线型，可单击"文件"按钮，弹出"选择线型文件"对话框，在该对话框中选择需要的线型库。

h. 线宽：设置图层上对象的线宽。单击该列，弹出如图 1-40 所示的"线宽"对话框。

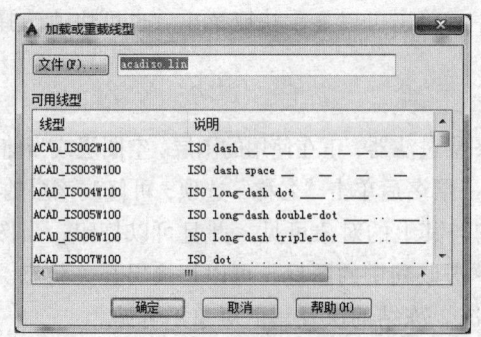

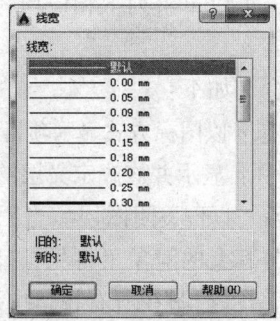

图 1-39　"加载或重载线型"对话框　　　　　　图 1-40　"线宽"对话框

"线宽"列表框中显示出当前所有可用线宽选项，并在列表框下部显示该层原有线宽和新设置的线宽。当新创建一个层时，AutoCAD 2015 赋予该层默认线宽值，该值在打印时的线宽为 0.01in 或 0.25mm。

i. 打印样式：用于设置与层相关的打印样式，打印样式是指在打印过程中所用到的属性设置集合。如果正在使用颜色相关打印样式表，就不能改变与层相关的打印样式。

j. 打印：用于设置在打印输出图形时是否打印该层。如果关闭某一层的打印设置，那么在打印输出时就不会打印该层上的对象。但是，该层上的对象在 AutoCAD 中仍然是可见的。该设置只影响解冻层。对于冻结层，即使打印设置是打开的，也不会打印输出该层。

k. 冻结新视口：用于在新布局视口中冻结选定图层。例如，在所有新视口中冻结 DIMENSIONS 图层，将在所有新创建的布局视口中限制该图层上的标注显示，但不会影响现有视口中的 DIMENSIONS 图层。如果以后创建了需要标注的视口，则可以通过更改当前视口设置来替代默认设置。

l. 说明：描述图层或图层过滤器。

图 1-36 所示为"模型"窗口中的图层设置。在"布局"窗口（见图 1-41）中增加了以下几列：

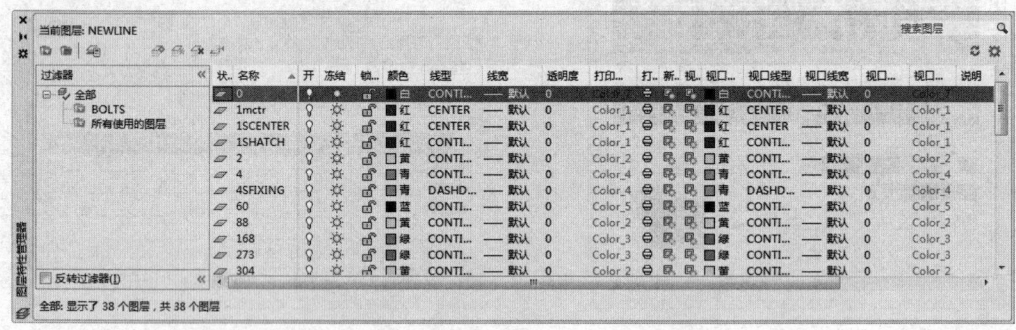

图 1-41　"布局"窗口中的"图层特性管理器"对话框

a. 视口冻结：在当前布局视口中冻结选定的图层。可以在当前视口中冻结或解冻图层，而不影响其他视口中的图层可见性。

"视口冻结"设置可替代图形中的"解冻"设置。如果图层在图形中处于解冻状态，则可以在当前视口中冻结该图层，但如果该图层在图形中处于冻结或关闭状态，则不能在当前视口中解冻该图层。当图层在图形中设置为"关"或"冻结"时不可见。

b. 视口颜色：使用与活动布局视口上的选定图层关联的颜色替代。

c. 视口线型：使用与活动布局视口上的选定图层关联的线型替代。

d. 视口线宽：使用与活动布局视口上的选定图层关联的线宽替代。

e. 视口打印样式：使用与活动布局视口上的选定图层关联的打印样式替代。当图形中的视觉样式设置为"概念"或"真实"时，替代设置将在视口中不可见或无法打印。如果正在使用颜色相关打印样式，则无法设置打印样式替代。

② 创建新层："图层特性管理器"对话框中的"新建"按钮 ✎ 功能是创建新图层。

单击该按钮后，在列表框中将显示图层名，例如"图层 1"，并且为可更改状态。可以在图层列表框中右击，弹出快捷菜单，在快捷菜单中选择"新建图层"选项来建立图层。

图层命名应有实际意义，并且要简单易记。对于新建的层，使用在层列表框中所选择的图层设置作为新建层的默认设置。如果在新建图层时没有在层列表框中选择任何层，那么 AutoCAD 将默认指定该层的颜色为白色，线型为 CONTINUOUS（实线），线宽为默认。新层建好后，可以根据需要进行修改。

③ 设置当前层：用户只能在当前层上绘制图形，AutoCAD 在图层列表框上面显示当前层名。对于含有多个层的图形，必须在绘制对象之前将该层设置为当前层。

选中某层，单击"置为当前"按钮 ✓，或者在某一层右击，弹出快捷菜单，在其中选择"置为当前"命令。当前层的层名保存到 clayer 系统变量中。

④ 删除层：选择要删除的图层，单击"删除"按钮 ✗，然后单击"应用"按钮，即可将所选择的图层删除。

注意：不能删除 0 层、当前层以及包含图形对象的层。

⑤ 创建所有视口中已冻结的新图层，单击 ▱ 按钮创建新图层，然后在所有现有布局视口中将其冻结，也可在"模型"选项卡或"布局"选项卡中使用此按钮。

⑥ 设置图层过滤器：用户可以使用图层过滤器将不需要的图层过滤掉，只显示需要的图层。

单击"新特性过滤器"按钮 ▱，弹出"图层过滤器特性"对话框，如图 1-42 所示，可以根据图层的一个或多个特性创建图层过滤器。在该对话框中，用户可以设定过滤条件，显示符合条件的图层。过滤条件中的图层名称、颜色、线宽、线型和打印样式等文本框中可以使用通配符。

完成设置过滤器后，单击"确定"按钮将新建的过滤器添加到"图层特性管理器"对话框左侧的树状图中。

在使用过滤器时，如果选中"反转过滤器"复选框，AutoCAD 2015 将只显示不符合过滤器条件的图层。

如果选中了"指示正在使用的图层"复选框，在列表视图中将显示图标用于指示图层是否正被使用。在具有多个图层的图形中，取消选择此选项可提高性能。

⑦ 创建新的图层过滤器：单击 ▱ 按钮创建图层过滤器，其中包含选择并添加到该过滤器的图层。

⑧ 设置图层状态管理器：单击"图层状态管理器"按钮 ▱ 弹出"图层状态管理器"对话框，如图 1-43 所示，可以将图层的当前特性设置保存到一个命名图层状态中，以后可以再恢复这些设置。

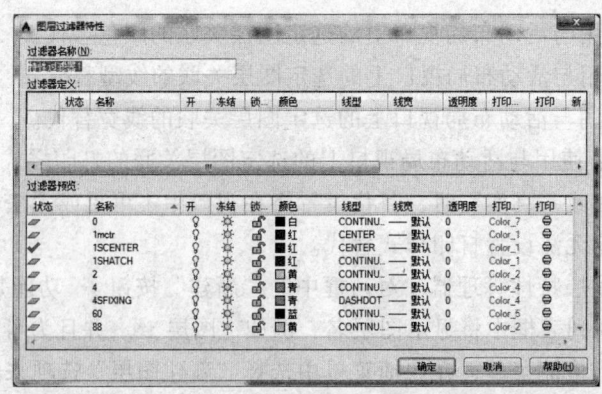

图 1-42 "图层过滤器特性"对话框

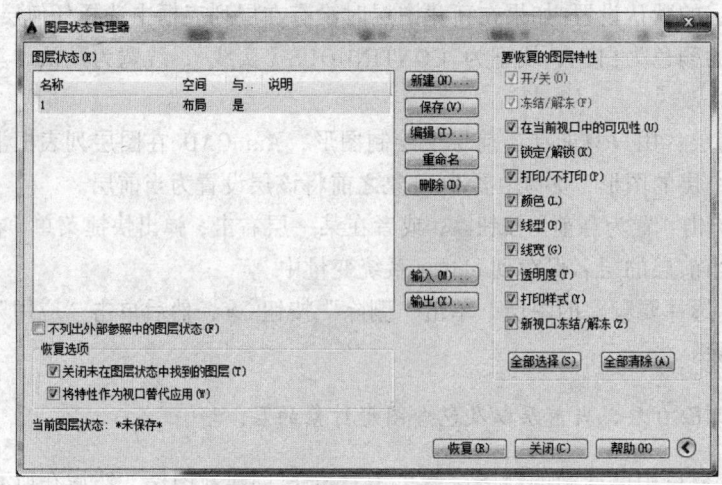

图 1-43 "图层状态管理器"对话框

a. 图层状态：在该列表框中，列出已保存在图形中的命名图层状态、保存它们的空间（模型空间、布局或外部参照）、图层列表是否与图形中的图层列表相同以及可选说明。

b. 控制是否显示外部参照中的图层状态：通过选中"不列出外部参照中的图层状态"复选框来确定状态。

c. 新建图层状态：单击"新建"按钮，弹出"要保存的新图层状态"对话框（见图 1-44），从中可以提供新命名图层状态的名称和说明。

d. 保存图层状态：单击"保存"按钮，保存已选择的命名图层状态。

e. 编辑图层状态：单击"编辑"按钮，弹出"编辑图层状态"对话框（见图 1-45），从中可以修改选定的命名图层状态。

f. 重命名图层：单击"重命名"按钮，可编辑图层状态名。

g. 删除图层：单击"删除"按钮，删除选定的命名图层状态。

h. 输入已有图层状态：单击"输入"按钮，弹出标准文件选择对话框，从中可以将先前输出的图层状态（LAS）文件加载到当前图形中。可输入 DWG、DWS 或 DWT 文件中的图层状态。输入图层状态文件可能导致创建其他图层。选定 DWG、DWS 或 DWT 文件后，将弹出"选择图层状态"对话框，从中可以选择要输入的图层状态。

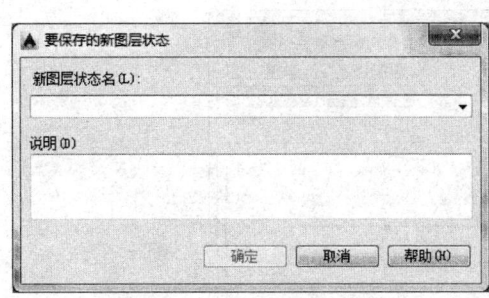

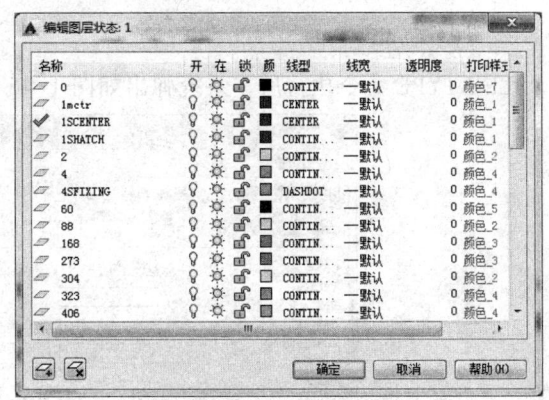

图 1-44　图层状态管理器　　　　　图 1-45　修改图层状态

i. 输出图层状态：单击"输出"按钮，弹出"标准文件选择"对话框，从中可以将选定的命名图层的状态保存到图层状态（LAS）文件中。

j. 设置恢复选项。

- 关闭图层状态中未找到的图层：恢复图层状态后，必须关闭未保存设置的新图层，使图形与保存命名图层状态时一样。
- 将特性作为视口替代应用：将图层特性替代应用于当前视口。仅当布局视口处于活动状态并访问图层状态管理器时，此选项才可用。

k. 设置要恢复的图层特性：在该列表中，可以指定恢复选定命名图层状态时的状态，及恢复图层状态设置和图层特性。在"模型"选项卡中保存图层状态时"当前视口中的可见性"复选框不可用。

l. 恢复图层状态：单击"恢复"按钮，将图形中所有图层的状态和特性设置恢复为以前保存的设置。仅恢复使用复选框指定的图层状态和特性设置。

2. 命令说明

如果在命令行输入 -layer 并按【Enter】键，AutoCAD 2015 将不会弹出"图层特性管理器"对话框，而只在命令行中显示以下选项：

　　　　当前图层："当前层的层名"
　　　　输入选项 [?/生成(M)/设置(S)/新建(N)/重命名(R)/开(ON)/关(OFF)/颜色(C)/线型(L)/线宽(LW)/透明度(TR)/材质(MAT)/打印(P)/冻结(F)/解冻(T)/锁定(LO)/解锁(U)/状态(A)/说明(D)/协调(E)]:

命令行中的选项对应"图层特性管理器"对话框中的相应选项，用户可以根据需要选择其中的选项来完成有关图层的操作。

1.4.3　线型操作

AutoCAD 中提供了 LINETYPE 命令用于加载、建立及设置线型。

1. 启动方法

- 功能面板：单击"默认"选项卡→在"特性"功能面板中单击"线型"列表中的"其他"命令。
- 命令行：输入 LINETYPE。

2. 操作方法

LINETYPE 命令执行后，系统弹出如图 1-46 所示的"线型管理器"对话框。

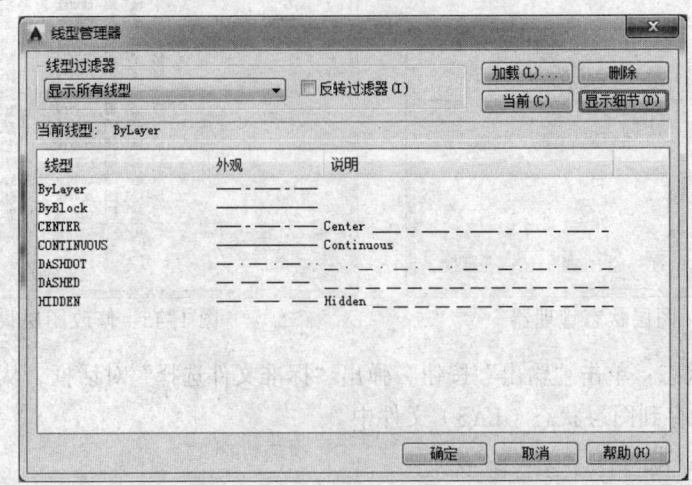

图 1-46 "线型管理器"对话框

在这个对话框中，可以进行如下操作：

① 选择线型：在"线型"列表框中列出当前图形中所有可用的线型。右击后可使用快捷菜单中的命令，快速选择全部线型。

a. 线型：显示已加载线型的名称，单击此按钮，可将所有调入的线型排序。

b. 外观：显示线型形状。

c. 说明：对线型的特性进行简单说明。

AutoCAD 提供了两种特殊的线型，即 ByLayer 和 ByBlock 线型，又称逻辑线型。如果某一图形对象的线型为 ByLayer，那么该图形对象的线型将使用其所属层的线型。如果某一图形对象的线型为 ByBlock，那么该图形对象的线型将使用其所属块插入到图形中时的线型。

② 加载线型：如果当前图形所加载的线型中没有所需要的线型，可以单击"加载"按钮，从线型库中加载。单击"加载"按钮后将弹出"加载或重载线型"对话框。从中选择适当的线型并单击"确定"按钮，将返回到图 1-46 所示的对话框。所选择的线型也将显示在其中的"线型"列表框中。

③ 设置当前线型：在图 1-46 中选择线型然后单击"当前"按钮，以后所绘对象均使用当前线型。

④ 删除不需要的线型：在图 1-46 中选定不需要的线型，然后单击"删除"按钮即可。此时只是将所选的线型从当前图形中卸载，而并没有将其从线型库中删除。

⑤ 使用线型过滤器：使用线型过滤器可以过滤掉一些线型。AutoCAD 提供了三个预定义的线型过滤器，"显示所有线型""显示所有使用的线型"和"显示所有依赖于外部参照的线型"过滤器。用户只能使用这三个预定义的过滤器和"反转过滤器"选项，而不能创建自定义的线型过滤器。

⑥ 显示线型的详细信息：单击"显示细节"按钮，AutoCAD 将会在"线型管理器"对话框中列出线型的具体特性，此时该对话框变为图 1-47 所示的对话框，"显示细节"按钮也变为

"隐藏细节"按钮。单击"隐藏细节"按钮将返回图 1-46 所示的对话框。

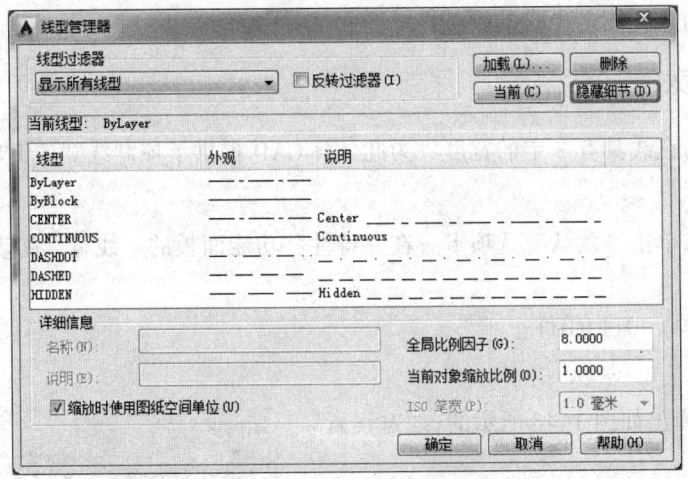

图 1-47　"线型管理器"对话框的详细信息

⑦ 设置线型的相关比例：在 AutoCAD 中，除了 Continuous 线型外，其他线型都是由线段、空白段或点组成的序列。此序列的密集程度受到一些线型比例因子的控制。如果线型比例选择不合适，则有时不能正确显示或输出线型。

a. 全局比例因子：用户可以根据实际绘图需要设置该参数。此比例因子将影响所有已经存在的对象以及以后要绘制的新对象。

b. 当前对象缩放比例：对于每一个对象，要受到全局线型比例因子和当前缩放比例因子的共同影响。

c. 缩放时使用图纸空间单位：此选项与系统变量 PSLTSCALE 相对应。当 PSLTSCALE 值为 0 时，模型空间和图纸空间的线型比例都由 LTSCALE 控制；如果 PSLTSCALE 设为 1 且 TILEMODE 设为 0，则由视图的比例来控制线型比例。

1.4.4　设置颜色

图形中的每一个图元均具有自己的颜色，AutoCAD 提供了 COLOR 命令为新建实体设置颜色。

1. 启动方法

- 功能面板：单击"默认"选项卡→在"特性"功能面板中单击"对象颜色"列表中颜色命令。
- 命令行：输入 COLOR。

2. 操作方法

COLOR 命令执行后，弹出"选择颜色"对话框。可以在"索引颜色"选项卡、"真彩色"选项卡或"配色系统"选项卡中单击某一颜色进行选择。AutoCAD 会自动将用户所选择的颜色名称或颜色号显示在"颜色"框中，用户可以直接在该编辑框中输入颜色序号。单击"确定"按钮后，当前的设置会被保存到 CECOLOR 系统变量中，用户也可以直接修改该系统变量来完成相同的操作。

AutoCAD 提供了两种特殊的颜色，ByLayer 和 ByBlock。如果某一图形对象的颜色为 ByLayer，那么该图形对象的颜色将使用其所属层的颜色。如果为使用 ByBlock，那么该图形对象的颜色将使用其所属块插入到图形中时的颜色。

1.4.5　设置线宽

通常图纸中的直线具有一定的宽度，为此 AutoCAD 提供了控制线宽的 LWEIGHT 命令。

1．启动方法

- 功能面板：单击"默认"选项卡→在"特性"功能面板的"线宽"列表中单击"线宽设置"命令。
- 命令行：输入 LWEIGHT。

2．操作步骤

命令执行后,弹出如图 1-48 所示的"线宽设置"对话框。

用户可根据需要在"线宽"列表框中选择可用的线宽。当前线宽显示在"线宽"列表框下面，单击"确定"按钮即可完成线宽的设置。同线型和颜色一样，AutoCAD 提供了 ByLayer 和 ByBlock 两种逻辑线宽。此外，AutoCAD 还提供了"默认"线宽选项，用户可在"默认"下拉列表框中设置默认线宽的宽度。

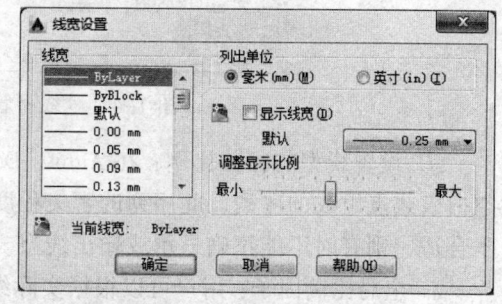

图 1-48　"线宽设置"对话框

在默认情况下，AutoCAD 不会在图形中显示线的宽度。如果要显示线的宽度，可在该对话框中选择"显示线宽"复选框，或者在状态栏中单击"线宽"按钮切换线宽的显示状态。为了方便观察线宽，AutoCAD 允许使用对话框中的"调整显示比例"滑块来调整线宽的显示比例。该操作不会影响线的实际宽度。

本 章 小 结

本章首先讲解 AutoCAD 2015 的工作界面及其各元素在机械制图中的应用，并介绍命令的输入方式；然后讲解文件操作，包括文件的多种打开方式和保存方式；最后分析如何创建新的文件，并对绘图环境进行具体设置，包括图形界限、图层、线宽、线型、颜色等，为后面的绘图工作打下良好的基础。

习 　 题

1．熟悉 AutoCAD 2015 主界面，了解其中绘图区、下拉菜单、工具栏、命令窗口、状态栏及文本窗口的作用。

2．如何打开和保存一个图形？

3．如何设置图形单位和图形界限？

4．如何设置图层？

5. 如何载入线型？

6. 可以使用哪些方法执行命令？

7. 可以使用哪几种方式执行同一个命令？

8. 如何局部打开图形？

9. 可以将图形保存成哪几种类型的文件？

10. 如何利用样板创建图形？

11. 启动 AutoCAD 2015，设置图形界限为 297mm×210 mm，左下角点坐标为(-5,-5)。

12. 局部打开 AutoCAD 2015 中的一个示例文件。

第2章 视图操作

当用户在使用 AutoCAD 时，首先接触到的是图形窗口。在这个窗口中，用户可以进行 Windows 的标准操作，例如图形的复制、移动和删除等。而且，可以同时打开多个窗口，通过各个窗口观察图形的不同部分，在这些窗口之间也可以实现复制、移动等操作。这些功能都极大地提高了用户的工作效率。另外，在图形显示的过程中，由于缩放比例的不同，造成图形的失真，所以，还需要对它们进行显示精度的处理和刷新，从而保证图纸的精确和正确性。

AutoCAD 的视图控制命令分布在多个操控面板中。另外，在绘图区中的导航工具栏与此对应，如图 2-1 所示。平面视图和三维视图的观察既有共同点也有差别。所以，本章将按照平面视图操作、三维视图操作、通用视图操作和其公共工具进行讲解。

图 2-1 "视图"工具

建议：对于视图操作，建议用户尽量使用工具栏按钮。

2.1 平面视图操作

2.1.1 图形的缩放

改变视图最常见的方法是放大或缩小图形区中的图像。放大图像可以更详细地观察细节，缩小图像可以更全面地观察图形。但是，缩放并不改变图形的实际大小，只是改变了图形区中视图的大小。

AutoCAD 2015 在安装目录的 HELP 和 Sample 文件夹中自带了一些文件，读者可以参照使用。在此处打开 08 floor plan.dwg 文件，如图 2-2 所示。

1. 启动方法

- 功能面板：单击"视图"选项卡→在"导航"功能面板中单击"缩放"列表中的相应命令，如图2-3（a）所示。
- 工具栏：单击"导航栏"中相应按钮，如图2-3（b）所示。
- 命令行：输入 ZOOM。

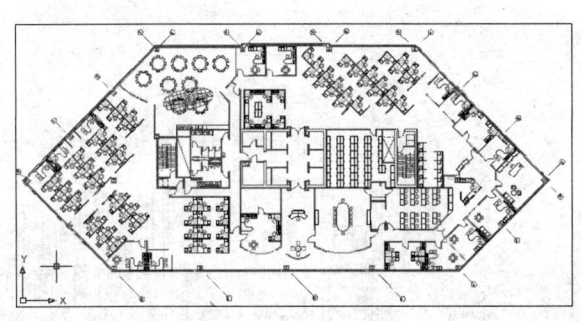

图 2-2　全窗口显示

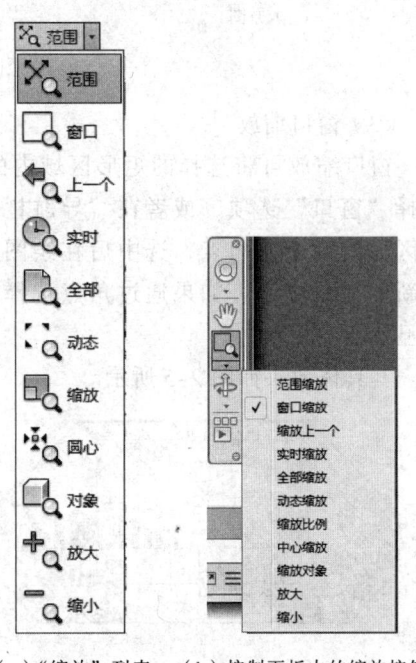

（a）"缩放"列表　（b）控制面板中的缩放按钮

图 2-3　"缩放"工具

2. 操作方法

（1）实时缩放

实时缩放可将图形任意放大或缩小。在"缩放"列表中选择"实时"选项，或者在"导航栏"中选择"实时缩放"选项，鼠标指针变为 ，进入实时缩放模式。在图形窗口中向上拖动可使图形放大；向下拖动光标可使图形缩小，如图2-4所示。

三键鼠标的用户，有更简单的方法来实现上述功能。向下滚动鼠标滚轮使图形缩小，向上滚动鼠标滚轮图形放大，此时图形的放大与缩小是以鼠标指针所在位置为中心进行的。

（2）显示前一个缩放的视图

在"缩放"列表中选择"上一个"选项，或者在"导航栏"中单击"缩放上一个"选项，可以快速返回到前一个视图。如果当前正处于实时缩放模式，就可返回实时缩放模式之前的缩放视图。AutoCAD可依次还原前10个视图，这些视图不仅包括缩放视图，而且还包括平移视图、还原视图、透视视图和平面视图。例如，在图2-4中，如果刚刚进行了如图2-4（b）所示的放大，进行"缩放上一个"操作，可以还原到如图2-4（a）所示的效果。

注意： "缩放上一个"操作只能还原视图的大小和位置，而不能还原前一个视图的编辑环境。

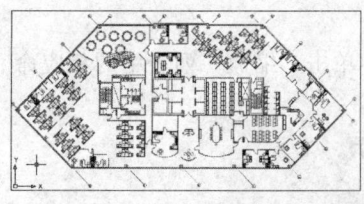

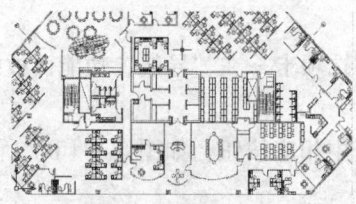
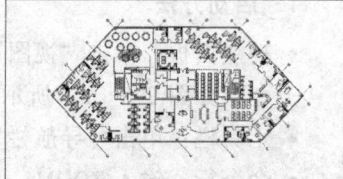

（a）原图　　　　　　　　（b）放大图　　　　　　　　（c）缩小

图 2-4　实时缩放效果

（3）窗口缩放

窗口缩放可将选择的矩形区域内的图像最大化地显示在图形窗口中。在"缩放"列表中选择"窗口"选项，或者在"导航栏"中单击"窗口缩放"选项，系统提示选择要进行缩放区域的两个对角点，选中后在绘图窗口内全屏显示该窗口内的图形，矩形区域的中心变成新的显示中心。如果通过角点选择的区域与缩放视口的宽高比不匹配，那么该区域会居中显示。

其具体效果如图 2-5 所示。

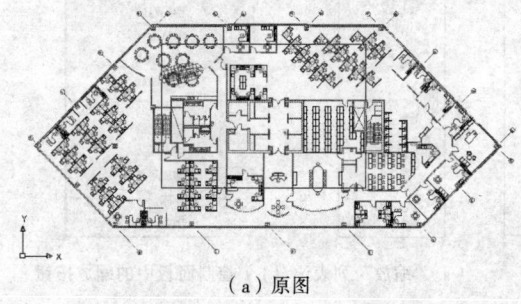

（a）原图　　　　　　　　　　　　　　（b）放大图

图 2-5　窗口缩放

（4）动态缩放

在"缩放"列表中选择"动态"选项，或者在"导航栏"中单击"动态缩放"选项，系统将显示一个视图框来代表当前视口的部分图形。通过移动和改变视图框的大小即可实现移动或缩放图形。在视图框中当前视图所占区域用绿色的虚线标明，蓝色的虚线框标明了图形范围。

① 进入动态缩放模式后，AutoCAD 首先显示平移视图框。平移视图框的中心处显示一个"×"标记，用户可以使用鼠标将其移到需要的位置。此时用户不能改变平移视图框的大小，如图 2-6（a）所示。可将其拖动到所需位置后单击显示缩放视图框，如图 2-6（b）所示。

② 进入缩放视图框后，视图框中心的"×"消失。用户可以改变视图框大小，此时不能移动视图框，只能改变大小。

上述两种状态可通过单击进行转换。用户选好图形区域后，按【Enter】键完成操作。AutoCAD 将用当前视图框中的窗口布满当前视口。

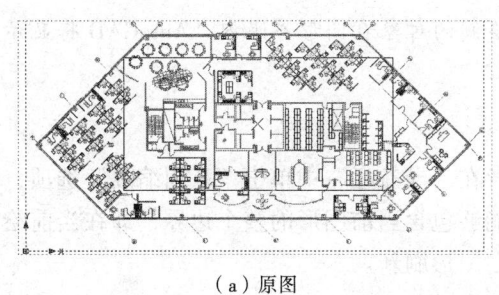 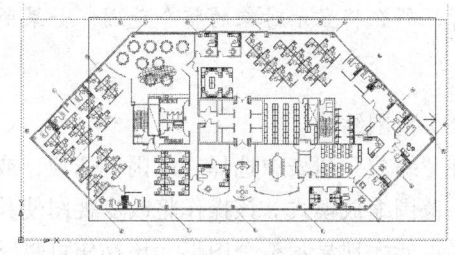

（a）原图　　　　　　　　　　　　　　（b）放大视图框

图 2-6　动态缩放效果

（5）比例缩放

在"缩放"列表中选择"缩放"选项，或者在"导航栏"中单击"缩放比例"选项，系统将进入比例缩放模式。AutoCAD 允许用户使用三种方法指定缩放比例。

① 相对当前视图：如果要相对当前视图按比例缩放视图，只需在输入的比例值后加上字母 x 即可。例如，输入 0.5x，则以一半的尺寸显示当前视图，效果对比如图 2-7 所示。

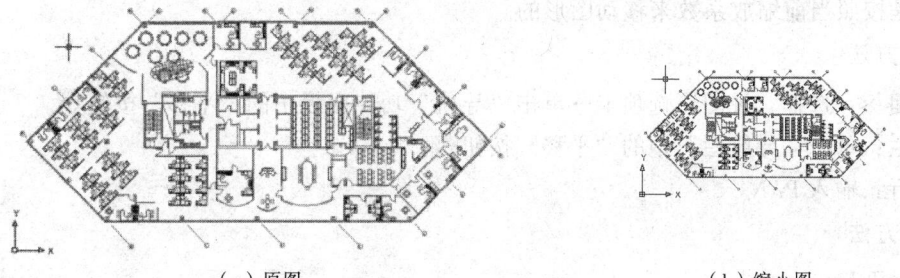

（a）原图　　　　　　　　　　　　　　（b）缩小图

图 2-7　比例缩放效果

② 相对图形界限：如果要相对图形界限按比例缩放视图，只需要输入一个比例值。

③ 相对图纸空间单位：如果要相对图纸空间单位按比例缩放视图，只需要在输入的比例值后加上 xp。

（6）中心缩放

中心缩放是改变视图的中心点或高度来缩放视图。在"缩放"列表中选择"圆心"选项，或者在"导航栏"中单击"中心缩放"选项，系统将进入中心缩放模式。指定一点作为显示中心，输入显示高度或相对于当前图形的缩放系数（后跟字母 x），系统将缩放显示中心点区域的图形。如果用户指定的高度小于当前图形的高度，图形将被放大；反之，图形将被缩小。

（7）全部缩放

全部缩放用于在图形窗口中显示整个图形。在"缩放"列表中选择"全部"选项，或者在"导航栏"中单击"全部缩放"选项，系统将进入全部缩放模式，效果如图 2-8 所示。

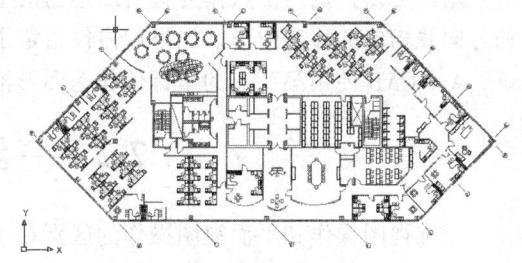

图 2-8　全部缩放

提示：如果所绘制的图形对象延伸到图形界

限之外，那么将显示对象的整个范围；如果所绘制的对象在图形界限内，AutoCAD 将显示图形界限。

（8）范围缩放

在"缩放"列表中选择"范围"选项，或者在"导航栏"中单击"范围缩放"选项，系统将进入范围缩放模式。该操作将改变视图使其能够包含当前图形的整个边界，即在当前绘图区域中尽可能大地显示整个图形。该操作可将整个图形刷新。

（9）缩放对象

在"缩放"列表中选择"对象"选项，或者在"导航栏"中单击"缩放对象"选项，系统将提示选择一个单独的图形对象，如一个圆、一个矩形或者一个图块，然后会将该对象放大到整个图形窗口范围。

2.1.2 图形的平移

当进行视图观察时，有时候需要在视图的不同部分之间进行观察，这时可以通过平移操作来实现。它是按照当前缩放系数来移动图形的。

1. 启动方法

- 功能面板：选择"视图"选项卡→单击"导航"功能面板中的"平移"按钮。
- 工具栏：单击"导航栏"中的"平移"按钮。
- 命令行：输入 PAN。

2. 操作方法

（1）实时平移

单击"平移"按钮后，光标变为手形光标。拖动可使窗口中的图形随着光标沿鼠标移动方向移动。如果将光标移到了逻辑边界处，则在手形光标的相应边出现一条线段，表明到达了相应的边界，如图 2-9 所示。释放鼠标停止平移，图形停留在当前位置。另外，用户可以使用图形窗口的滚动条来移动图形。

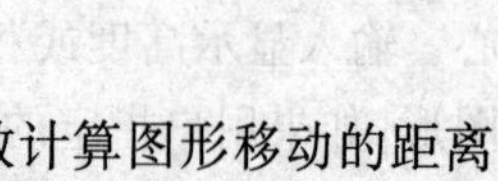

图 2-9　手形光标

（2）按指定距离移动图形

在命令行中输入-PAN命令，AutoCAD 将会提示用户：

指定基点或位移：(拾取点或者输入位移值)
指定第二点：(拾取第二个点)

用户可以指定两个点作为移动图形的两个端点，使用这两点作为参数计算图形移动的距离和方向并相应的移动图形。如果用户仅指定了一个点，即在系统提示输入第二点时按【Enter】键，AutoCAD 使用第一点的坐标值作为图形沿 X 轴和 Y 轴移动的距离来移动图形。

2.2　三维视图操作

三维视图操作和平面视图操作的区别在于三维视图是空间的，其观察角度可以随时改变，而且，由于它是一个立体图像，就需要从不同的方向进行观察。因此，观察三维视图需要特殊功能来完成。

在模型空间中，允许用户从不同位置观察图形，这些位置称为视点。在一个选定的视点上，用户可以添加新对象、编辑已有对象或进行消隐等操作。

在 AutoCAD 中，观察三维视图的方法主要有两种：一种是视图方式，即选择标准的工程视图；另一种是通过三维动态观察器来观察。

AutoCAD 将有关控制三维显示的命令放置在"视图"选项卡的"导航"功能面板、"可视化"选项卡的"视图"功能面板和"模型视口"功能面板以及"导航栏"工具栏中，分别如图 2-10 所示。

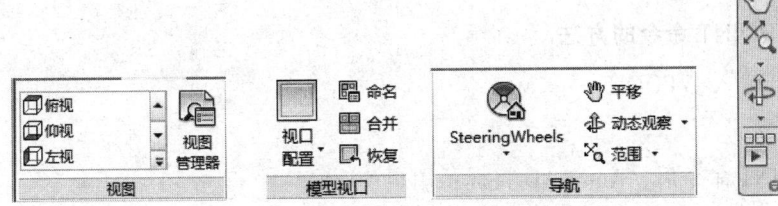

图 2-10　三维视图操作工具

读者可打开一些 AutoCAD 2015 自带的三维文件进行实际操作。

2.2.1　视图观察

AutoCAD 提供了一些标准视图，如主视图、俯视图等。用户可以通过"视图"功能面板中"视图"列表中的命令选择需要的视图。

表 2-1 列出了标准视图及相应的参数设置。

表 2-1　标准视图

视　　图	列 表 选 项	方 向 矢 量	与 X 轴的夹角	与 XY 平面夹角
俯视图	顶视	(0,0,1)	270°	90°
仰视图	底视	(0,0,−1)	270°	90°
左视图	左视	(−1,0,0)	180°	0°
右视图	右视	(1,0,0)	0°	0°
主视图	前视	(0,−1,0)	270°	0°
后视图	后视	(0,1,0)	90°	0°
SW 轴侧视图	西南等轴侧	(−1,−1,−1)	225°	45°
SE 轴侧视图	东南等轴侧	(1,−1,1)	315°	45°
NE 轴侧视图	东北等轴侧	(1,1,1)	45°	45°
NW 轴侧视图	西北等轴侧	(−1,1,1)	135°	45°

图 2-11 显示了各种视图不同的效果。

另外，用户可以调用自定义过的一些视图进行观察，具体参见 2.3.1 节。

除了使用标准视图观察外，还可以从空间中的一个指定点向原点(0,0,0)方向观察。具体的方法是输入 VPOINT 命令。

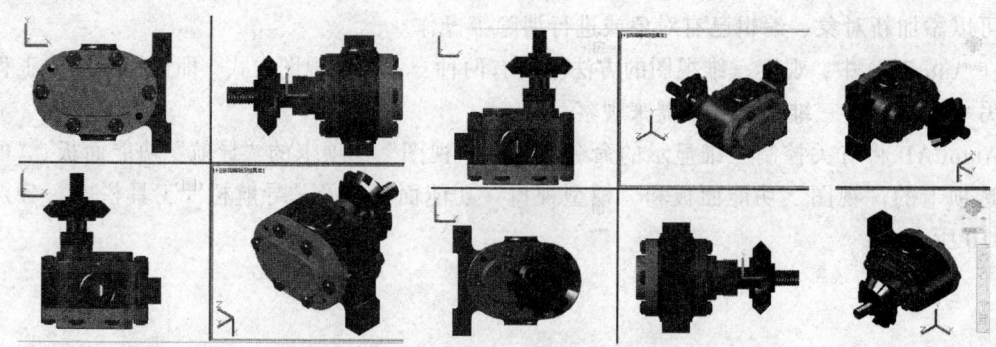

图 2-11　效果图

1. 启动 VPOINT 命令的方法

● 命令行：输入–VPOINT。

2. 操作方法

执行–VPOINT 命令后，AutoCAD 将提示用户：

　　当前视图方向：　VIEWDIR=当前值
　　指定视点或［旋转(R)］<显示指南针和三轴架>：

同时，图形窗口将变为如图 2-12 所示情况。

① 通过矢量点来观察：直接在命令行中输入点的(X,Y,Z)坐标值，或者在图形窗口中单击所需点，则用户观察的角度就是从该点向原点(0,0,0)方向观察。如图 2-13 所示，就是从(1,2,3)点观察的结果，可以看到它同标准视图之间的区别。

图 2-12　执行–VPOINT 命令后的坐标球和三轴架　　　　图 2-13　(1,2,3)向原点观察

② 通过旋转角度设置观察方向：在命令行中输入 R，则提示用户：

　　输入 XY 平面中与 X 轴的夹角 <当前值>：
　　输入与 XY 平面的夹角 <当前值>：

用户依次设置观察方向的角度，AutoCAD 将使用这两个角度指定新的方向。

③ 使用坐标球和三轴架设置观察方向：如图 2-12 所示，在绘图区域右上角所显示的图标为坐标球，另一图标为三轴架，代表 X、Y、Z 轴方向。坐标球是三维空间的二维表示，其中心点是北极(0,0,n)，其内环是赤道(n,n,0)，整个的外环是南极(0,0,-n)。坐标球上出现一个小十字光标，可以使用鼠标将这个十字光标移动到球体的任意位置上。当用户相对于坐标球移动十字线时，三轴架自动进行调整以显示 X、Y、Z 轴对应的方向。用户通过在罗盘上拾取点来设置视点，它同时定义视点与 X 轴的角度及与 XY 平面的角度。坐标球的中心点和两圆定义了与 XY 平面的角度。当设置完后，单击即可完成设置。

说明：坐标球的中心点角度为 90°，即用户位于 XY 平面的正上方，此时得到的视图为平面视图。内圆的角度为 0°，即用户位于 XY 平面上。外圆的角度为-90°，即用户位于 XY 平面的正下方。十字线位于中心点与内圆之间或内圆与外圆之间，将得到 90°～0°或 0°～-90°之间的角度。坐标球的水平和垂直线代表 XY 平面内的 0°、180°及 90°、270°。

2.2.2 视点预置

在视点设置中，只设置了视点的具体位置。如果感觉视点位置不合适，或者希望从特定角度观察三维模型时，需要设置图形的观察方向。使用 DDVPOINT 命令，可以设置三维空间的观察方向。

1. 启动方法

• 命令行：输入 DDVPOINT 命令。

2. 操作方法

执行 DDVPOINT 命令后，AutoCAD 显示"视点预设"对话框，如图 2-14 所示。

按照图中的两种设置方式，可以分别决定观察方向与 X 轴的角度及与 XY 平面间的角度。另外，用户可以决定观察方向相对的坐标系，主要有 WCS 和 UCS 两种。

如果要观察图形的平面视图，可单击"设置为平面视图"按钮。平面视图的查看方向为：XY 平面角度为 270°，与 XY 平面夹角为 90°。

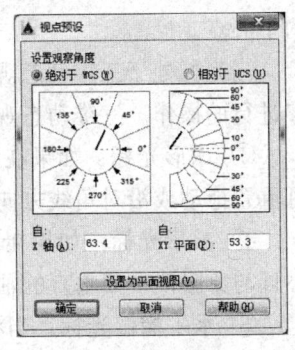

图 2-14 "视点预置"对话框

2.2.3 显示平面视图

在三维模型中，UCS 坐标是用户坐标系，除了可以按照预置视点的方式观察视图外，还可以利用 PLAN 命令将当前视区设置为平面视图。它提供了用平面视图(视点 0,0,1)观察图形的便捷方式。

1. 启动方法

• 命令行：输入 PLAN。

2. 操作方法

执行 PLAN 命令后，AutoCAD 提示用户：

　　　输入选项 [当前 UCS(C)/UCS(U)/世界(W)] <当前 UCS>：

① 显示当前 UCS 平面视图：在命令行中输入 C，AutoCAD 将视图设置为当前 UCS 的平面视图并重生成显示。如果要从三维切换到平面视图，建议使用这个命令。

② 显示世界坐标系平面视图：在命令行中输入 W，AutoCAD 将视图修改为世界坐标系的平面视图并重生成显示，

③ 显示某一保存的 UCS 的平面视图：在命令行中输入 U，AutoCAD 提示用户：

　　　输入 UCS 名称或 [?]：

直接输入一个已保存过的 UCS 名称，将当前的视图修改为以前保存的用户坐标系平面视图并重

生成显示。如果忘记 UCS 名称，可以输入"?"来显示所有命名过的 UCS。

2.2.4　三维动态观察器观察视图

在前面的介绍中，都是按照固定的角度和方向来观察视图的，AutoCAD 还提供了另外的更加灵活的观察视图的方式——三维动态观察器，使用户可以拖动鼠标来观察三维对象的视图。

1. 启动方法

- 工具栏：在"动态观察"工具栏中选择使用相应工具，如图 2-15 所示。
- 命令行：输入 3DORBIT。

2. 操作方法

在使用三维动态观察器（见图 2-16）时，视图中的目标点保持不变，用户可以围绕目标点移动相机（即视点）的位置。此时，将以象限仪的中心点作为目标点，而不是用户所观察对象的中心点。

当光标处于三维动态观察器的不同位置时，AutoCAD 将显示不同的光标表明当前用户所能够进行的操作。三维动态观察器的光标及其对应位置如图 2-16 所示，每一种光标的意义如下：

① 球形光标：如果在象限仪内拖动，则可以在对象的周围任意移动，即可以水平拖动，可重置拖动或沿对角线方向拖动光标来改变相机的位置。

② 圆形光标：如果在象限仪的外部沿象限仪的圆周拖动，可将视图围绕通过象限仪的中心且与象限仪平面垂直的轴线旋转，即滚动。

③ 水平椭圆光标：当将光标移动到象限仪左侧或右侧的坐标球中时拖动，AutoCAD 将视图围绕通过象限仪中心且与 Y 轴平行的轴线旋转。

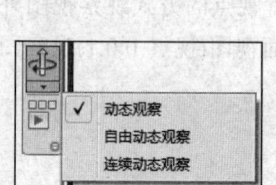

图 2-15　三维动态观察器

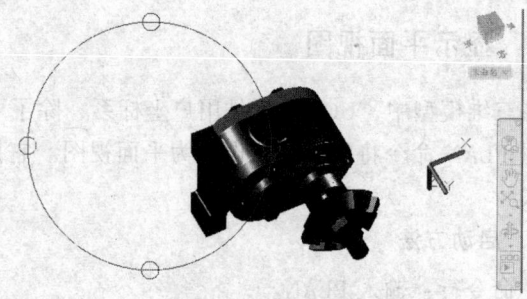

图 2-16　三维动态观察器

④ 垂直椭圆光标：当将光标移动到象限仪上面或下面的坐标球中拖动时，AutoCAD 将视图围绕通过象限仪中心且与 X 轴平行的轴线旋转。

调整好视图观察方向后，松开鼠标并按【Esc】键或【Enter】键即可退出三维动态观察器。

在三维动态观察器中右击，将弹出快捷菜单。在该快捷菜单中，用户可以通过加载其他功能来调整显示视图。

具体的操作如下：

① 调整相机与目标点之间的距离：在快捷菜单中选择"其他导航模式"下的"调整视距"命令，光标将切换成箭头。用户可以通过拖动上下移动光标来调整相机与目标点之间的距离。

② 旋转相机：在快捷菜单中选择"其他导航模式"下的"回旋"命令，光标将切换成。

它可以模拟在三脚架上旋转相机时的效果来获得相应的视图。

③ 连续观察：在快捷菜单中选择"其他导航模式"下的"连续动态观察"命令，光标将切换成⊗。在绘图区域单击并沿某一方向拖动然后释放，视图中的对象会沿用户拖动鼠标的方向进行连续旋转，旋转的速度由用户拖动鼠标的速度决定。

④ 窗口缩放：在快捷菜单中选择"缩放窗口"命令，光标将切换成✣□。该操作类似于平面视图操作中的"窗选"。

⑤ 范围缩放：在快捷菜单中选择"范围缩放"命令，将在视口中以最大范围显示图形。

⑥ 使用形象化辅助工具：包括"指南针""栅格"和"UCS 图标"三种，还会将着色模式变为线框。

图 2-17 三维动态观察器中的坐标球

- 显示/隐藏指南针：在"视图辅助工具"子菜单中选择"指南针"命令，将会在象限仪中显示/隐藏指南针，在指南针的球面上标记有 X、Y 和 Z 来表示当前坐标的方向如图 2-17 所示。
- 显示/隐藏栅格：在"视图辅助工具"子菜单中选择"栅格"命令，将会在三维动态观察器中显示/隐藏栅格。栅格位于当前 UCS 的 XOY 平面上，并沿 X、Y 的正方向延伸。
- 显示/隐藏 UCS 图标：在三维动态观察器中右击，在快捷菜单的"视图辅助工具"子菜单中选择"UCS 图标"命令，将会在三维动态观察器中显示/隐藏 UCS 图标。

2.3 通用视图操作

对于平面和三维视图操作来说，它们既有区别，也有一些共同点。例如，建立适当的视图并加以存储，以便以后在需要的时候调用；对当前的视图进行不同角度的观察，将图形窗口分成不同的视口加以显示等。

2.3.1 命名视图

在绘制图形时，如果图形较复杂，频繁使用 ZOOM 和 PAN 命令改变图形显示会耗费大量的时间和精力，而且有时需要多次操作才能达到满意的效果。用户可以将图形中经常用到的部分作为视图保存起来，以后随时可以调用，以加快操作提高效率。

1. 启动方法
- 功能面板：选择"可视化"选项卡→单击"视图"功能面板中的"视图管理器"按钮。
- 命令行：输入 VIEW。

2. 操作方法

（1）保存命名视图

具体步骤如下：

① 选择"命名视图"，弹出如图 2-18 所示的对话框。

② 单击"新建"按钮，弹出"新建视图"对话框，如图 2-19 所示。

③ 在"视图名称"文本框中输入新建视图的名称。

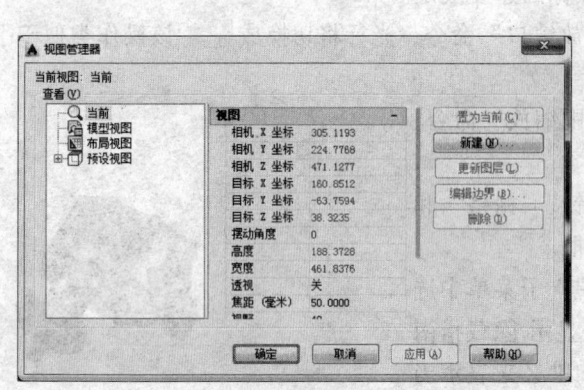

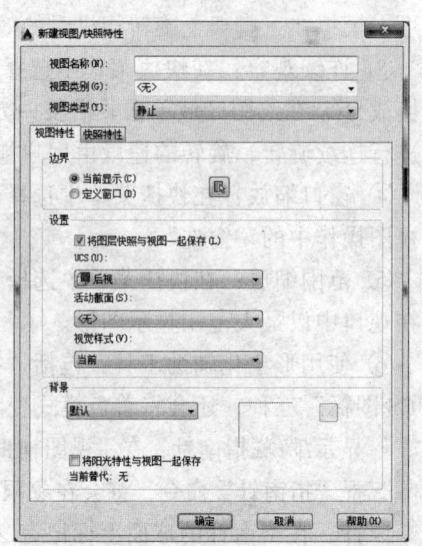

图 2-18 "视图管理器"对话框　　　　图 2-19 "新建视图"对话框

④ 如果只想保存当前视图的一部分，可以选择"定义窗口"单选按钮，然后单击右侧的"定义视图窗口"按钮，AutoCAD 将会隐藏所有打开的对话框并提示用户指定两个对角点来确定要保存的视图区域。如果选择了"当前显示"单选按钮，将保存当前绘图区域中显示的视图。

⑤ 如果想要将一个 UCS 与视图一起保存，应首先选中"将图层快照与视图一起保存"复选框，然后在"UCS"下拉列表框中选择 UCS。

⑥ 单击相应的"确定"按钮，完成保存命名视图的操作。

说明： 当用户保存一个视图时，AutoCAD 将保存该视图的中心点、观察方向、缩放比例因子和有关的透视设置。

（2）恢复命名视图

在绘图过程中，如果需要重新使用某个命名视图，可以将该命名视图恢复到当前视口中。具体操作为：在"视图管理器"对话框的视图列表中选择要恢复的视图，单击"置为当前"按钮，然后单击"确定"按钮，图形窗口会显示命名视图的内容。

（3）删除命名视图

当不再需要某个视图时，用户可以将其删除。具体步骤为：在"视图管理器"对话框的视图列表中选择要删除的视图，右击该视图弹出快捷菜单，选择"删除"命令即可。

注意： 不能删除系统提供的名为"当前"的默认视图。

2.3.2 使用多个平铺视口

到目前为止所接触到的操作都是在充满整个绘图区域的视口中进行的。如果图像比较大的话，除了使用俯瞰视图外，用户还可以将绘图区域分成几个平铺视口，同时观察编辑图形的不同部分。所谓视口，就是模型空间中显示部分图形的矩形区域。可通过 VPORTS 命令进行多视口的操作。

1. 启动方法

● 工具栏：单击"模型窗口"功能面板中的"命名"按钮。

● 命令行：输入 VPORTS。

2. 操作方法

（1）基本操作

在"视口配置"菜单中提供了多种默认视图方式（见图 2-20），选择其中任意的视口，则图形窗口中将显示相应的图形，如图 2-21 所示。在任意一个视口中单击，则该视口变为当前窗口，在其中可以进行任何操作。例如，可以进行视口显示操作。

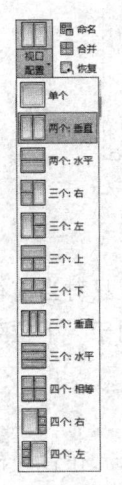

图 2-20 "视口"子菜单

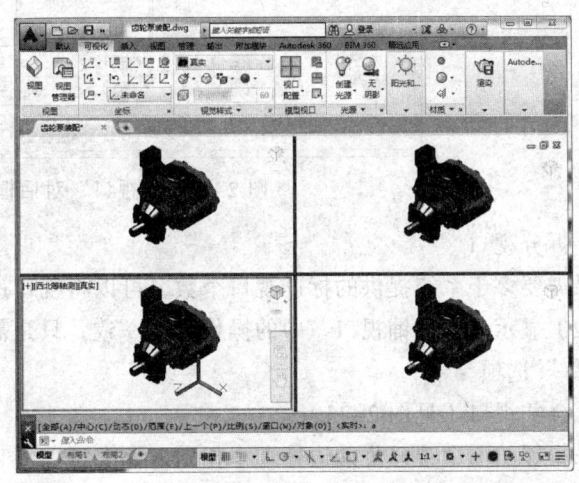

图 2-21 同时显示多个视口

这些窗口之间的操作是相互关联的。如果图形太大，用户可以分别在不同的视口中显示图形的不同部分。然后，可以在不同的视口中执行相同的操作任务。例如，如果要绘制一个圆，可在第一个视口中找到圆心，而决定其半径的点在另一个视口中设置，用户可以在第一个视口中操作后，直接激活另一个视口，找到该点即可。

在一个视口中所做的改动会立即反映在其他的视口中。

（2）显示多个平铺视口

除了默认的视口外，AutoCAD 还提供了一些其他形式的视口。用户可以随时对当前视口进行操作：

① 单击"模型窗口"功能面板中"命名"按钮，弹出"视口"对话框，如图 2-22 所示。

② 在"视口"对话框中选择"新建视口"选项卡。

③ 在"标准视口"列表框中选择需要的配置。

④ 在"预览"列表框中选择一个视口，然后在"修改视图"下拉列表框中选择一个平面正交视图或等轴测视图，该视口将变为相应视图。这样可以定义不同的视图，避免四个视图完全相同的情况。

⑤ 如果将多个平铺视口用于二维操作，可在"设置"下拉列表框中选择"二维"选项。此时，将使用当前视图的设置创建每个视口中的视图。如果用于三维操作，可以选择"三维"选项。

⑥ 单击"确定"按钮，关闭"视口"对话框，图形窗口将相应改变。

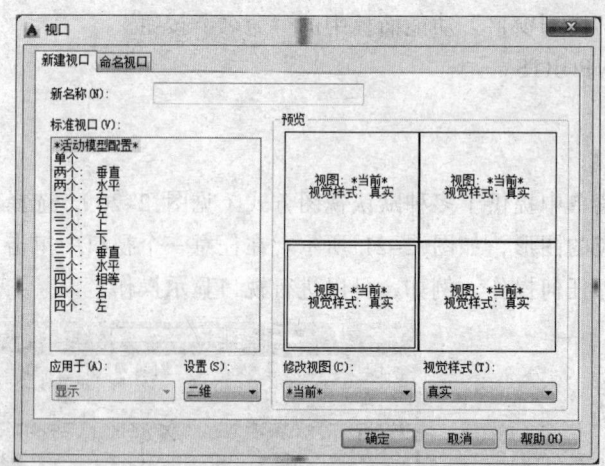

图 2-22　"视口"对话框

（3）拆分视口

如果需要多于系统提供的标准视口个数，可以将视口进一步拆分，只对当前视口有效。操作和"（2）显示多个平铺视口"中的操作基本一致，只是需要在"应用于"下拉列表框中选择"当前视口"选项。

（4）合并视口（见图 2-23）

如果相邻的两个视口公共边界大小相同，那么可以将它们合并起来。在合并视口时，视图设置基于第一个选择的视口，即合并后将显示第一个视口状态。

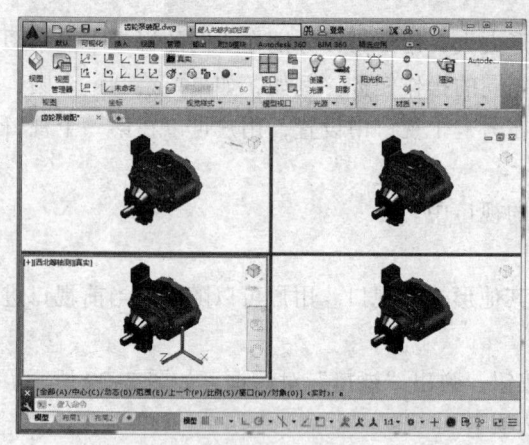

（a）合并前　　　　　　　　　　　　　（b）合并后

图 2-23　合并视口的效果

① 选择"模型视口"功能面板中的"合并"命令，命令行提示用户：

命令：_-VPORTS

输入选项 [保存(S)/恢复(R)/删除(D)/合并(J)/单一(SI)/?/2/3/4/切换(T)/模式(MO)]
<3>: _j

选择主视口 <当前视口>：

② 选择要进行合并操作的主视口，然后命令行会提示用户：

选择要合并的视口：

③ 选择要进行合并操作的相邻的从视口，AutoCAD 将其与第一个视口合并。图 2-23 为合并视口的示例。

（5）保存视口配置

为当前图形命名并保存其视口配置时，将会保存视口的数量、屏幕上的位置和每个视口的配置等信息。具体步骤为：在"视口"对话框的"新名称"文本框中输入要保存的名称，在"标准视口"列表框中选择一个选项，单击"确定"按钮，关闭对话框。

（6）恢复视口配置

保存视口配置后，用户可在重命名时将其恢复。具体步骤为：在"视口"对话框中选择"命名视口"选项卡，如图 2-24 所示。在"命名视口"列表中选择要恢复的视口配置，单击"确定"按钮即可。

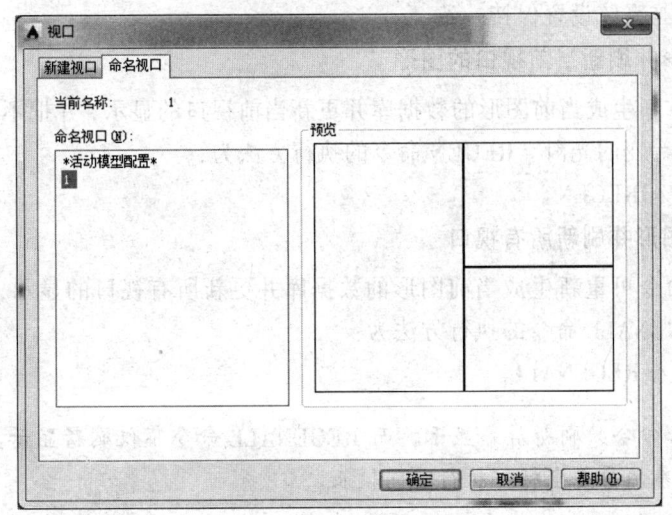

图 2-24　"命名视口"选项卡

（7）删除与重命名视口配置

这两个操作和前面的命名视图操作类似，只需要在"命名视口"选项卡中右击进行操作，在此不再赘述。

提示：在多视口的情况下，用户保存的视图为当前视口中的图形；用户恢复的视图将被恢复到当前的视口中。

2.4　图形的刷新

在绘图时，由于删除等操作会产生一些临时点标记，时间长了就使画面显得非常杂乱，因此，需要刷新图形来清除这些标记。另外，在进行缩放的过程中，很多图形会由于视图比例的关系发生变形，例如原来的圆可能会变成多边形。这并不是根本的变形，而是屏幕显示精度已经和缩放前的不同，因此需要重新调整。

2.4.1 重画图形

1．重画当前视口中的图形

REDRAW 命令用于重画当前视口中显示的图形，清除所有绘图和编辑时留下的辅助符号。REDRAW 只能在命令行中执行。

2．重画所有视口中的图形

REDRAWALL 命令用于重画所有视口中显示的图形，功能与 REDRAW 类似。REDRAWALL 命令的执行方法为：

- 命令行：输入 REDRAWALL。

2.4.2 重生成图形

当用户改变了一些系统设置后，图形窗口中并不发生相应的改变。只有重新生成图形后，才能使显示的图形与系统设置保持一致。

1．重生成图形并刷新当前视口的图形

REGEN 命令重新生成当前图形的数据库并更新当前视口的显示，并把不光滑的曲线，如圆（弧）、椭圆（弧）等变的光滑。REGEN 命令的执行方法为：

- 命令行：输入 REGEN。

2．重新生成图形并刷新所有视口

REGENALL 命令可重新生成当前图形的数据库并更新所有视口的显示，该命令的功能与 REGEN 类似。REGENALL 命令的执行方法为：

- 命令行：输入 REGENALL。

注意：REGEN 命令只刷新屏幕显示，而 REGENALL 命令不仅刷新显示，而且更新图形数据库中所有图形对象的屏幕坐标，执行时间较长。

2.4.3 设置图形对象的分辨率

VIEWRES 命令用于设置在当前视口中生成对象的分辨率。
该命令的执行方法为：

命令行:VIEWRES
是否需要快速缩放?[是(Y)/否(N)] <Y>:

如果输入 N，在执行 ZOOM、PAN 命令或恢复视图时，AutoCAD 都要重新计算新图形；如果输入 Y，AutoCAD 不进行重新计算并尽可能地以重画的速度执行视图操作。然后，AutoCAD 会提示用户：

输入圆的缩放百分比 (1-20000) <200>:

AutoCAD 用直线段来显示圆、弧、椭圆和样条曲线。显示分辨率用于控制显示时的平滑程度。直线段的数目越多，曲线越光滑。该设置只影响显示的平滑程度，不影响绘图输出时的平滑程度。图 2-25 所示为圆的显示分辨率。

VIEWRES=10　　　VIEWRES=100

图 2-25　圆的显示分辨率

本 章 小 结

本章重点讲解了 AutoCAD 2015 中的视图操作，可使读者快速学会 AutoCAD 的一些基本操作，避免以后由于观察使操作出现问题。本章主要内容包括平面视图观察、三维视图观察、多视口操作以及在绘图过程中解决由于放大缩小等操作造成的显示比例失真问题。

习 题

1. 可以使用几种方式缩放图形？

2. 打开示例文件 db_samp，如图 2-26 所示，并使用不同的缩放工具进行缩放练习。

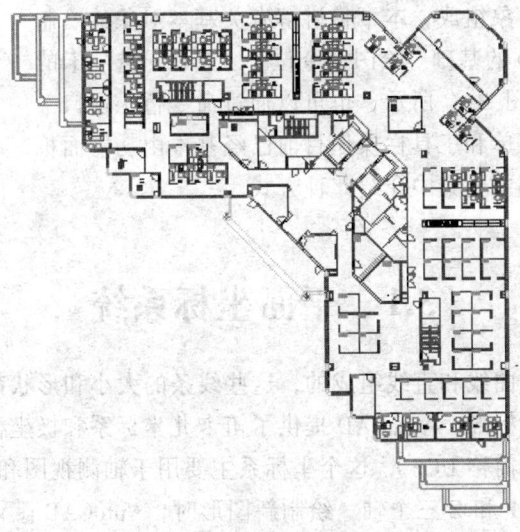

图 2-26 db_samp 文件

3. 有几种平移图形的方式？使用不同的平移工具对上面打开的图形进行平移练习。

4. 通过俯瞰视图查看图 2-26 的局部。

5. AutoCAD 2015 有几种标准视图？

6. 使用三维动态观察器查看 AutoCAD 2015 文件夹下 Sample 目录中的示例文件。

7. 如何新建视图和新视口，如何进行视口的合并、拆分、保存及恢复操作？

8. 打开 AutoCAD 2015 文件夹下 Sample 目录中的示例文件，并使用缩放工具、平移工具、放大视图来改变图形对象的分辨率，观察圆形部分在不同分辨率下的显示效果。

第3章 二维平面绘图基础

使用 AutoCAD 绘制的任何图形都是由点、线、圆、椭圆、弧、矩形、正多边形等基本对象组成，本章将讲解有关基本对象的绘制方法，这是学习 AutoCAD 的基础。绘图命令位于"默认"选项卡的"绘图"功能面板中，如图 3-1 所示，也可以通过命令行（窗口）输入方式完成。传统的菜单和工具栏操作目前已经基本由功能面板操作方式所取代，故本书主要集中介绍此种方式。

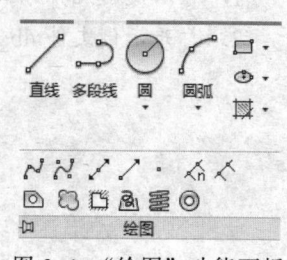

图 3-1 "绘图"功能面板

3.1 平面坐标系统

二维平面图形都是由曲线和直线组成的，这些线条的大小和形状都需要精确指出。因此，坐标系就成为衡量它们的标准。AutoCAD 提供了笛卡儿坐标系和极坐标系。另外，还提供了自由度很强的用户坐标系（简称 UCS），这个坐标系主要用于轴测视图和三维视图。

笛卡儿坐标系有 X、Y 和 Z 三个轴。绘制新图形时，AutoCAD 默认将用户置于世界坐标系（简称 WCS）中。WCS 的 X 轴为水平方向；Y 轴为垂直方向；Z 轴垂直于 XY 平面。图形中的任何一点都是用相对于原点(0,0,0)的距离和方向来表示的。

WCS 不能被改变，其他任何坐标系都相对于它建立。这些其余的坐标系称为用户坐标系（UCS），可以用 UCS 命令创建。

极坐标系使用一个相对于原点(0,0,0)的距离值和角度值来定位点。在平面坐标系中 Z 轴值可省略。

1．绝对坐标表示

绝对坐标系有两种：绝对直角坐标和绝对极坐标。它们都是相对于原点(0,0,0)的。

绝对直角坐标的表示方法为：(X,Y)。

绝对极坐标的表示方法为：距离值<角度值。

两种绝对坐标操作的命令提示如图 3-2 所示。

2．相对坐标表示

相对坐标就是通过输入相对于当前点的位移或者距离和角度的方法来输入新点。直角坐标与极坐标都可以采用相对坐标的方式来定位点，具体表示就是在绝对坐标的前面添加一个@号。

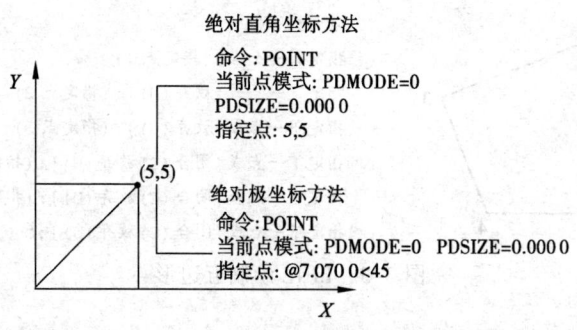

图 3-2　两种方式的命令提示

例如，"@5,5"表示距当前点沿 X 轴正方向 5 个单位、沿 Y 轴正方向 5 个单位的新点；"@5<45"表示距当前点的距离为 5 个单位，与 X 轴夹角为 45° 的点。

注意：建议读者使用对象捕捉方式等进行精确图形绘制，尽可能不用坐标输入。该操作请参见 3.10.4 和 3.10.5 节。

3.2　画　线

AutoCAD 提供了多种绘制直线的方式，其中包括直线（线段）、构造线、射线、多线、多段线等。其中，构造线和射线一般用于辅助绘制，应用较多的是直线、多线和多段线。由于多线和多段线比较复杂，所以在 3.4 节进行讲解。

3.2.1　线段

线段是图形中最基本的对象。一条线可以是一条线段也可是一系列相连的线段。但是每条线段都是独立的线对象。在 AutoCAD 中默认线型是 CONTINUOUS（连续线）。

1. 启动方法

● 功能面板：单击"绘图"功能面板中的"直线"按钮

● 命令行：输入 LINE。

2. 操作方法

具体的命令提示如下：

```
命令: LINE
指定第一个点:　（指定直线的起点）
指定下一点或 [放弃（U）]:　（指定直线的终点）
```

用户可以连续指定多个点来绘制多条线段，每个线段的起点都是上一个点，终点都是需要用户指定的点。当输入结束后，可按【Enter】键或【Space】键结束命令。

当用户在一次操作中连续输入了三个点后，系统提示将变为：

```
指定下一点或 [闭合（C）放弃（U）]:
```

如果选择"闭合"，则所绘制的多条线段将形成封闭图形。

绘制五边形的方法如图 3-3 所示。

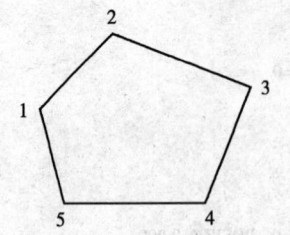

命令：LINE
指定第一个点：(指定点 1)
指定下一点或[放弃(U)]：(指定点 2)
指定下一点或[放弃(U)]：(指定点 3)
指定下一点或[闭合(C)放弃(U)]：(指定点 4)
指定下一点或[闭合(C)放弃(U)]：(指定点 5)
指定下一点或[闭合(C)放弃(U)]：C

图 3-3　LINE 绘制五边形

3．练习

在上面的操作中，没有对线型做任何调整。请用户利用前面的线型和图层命令，并结合本节的线段命令绘制如图 3-4 所示的对象。

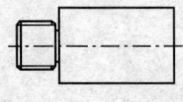

图 3-4　螺纹轴

3.2.2　绘制构造线

构造线就是没有起点和终点的直线，主要用于辅助绘图。

1．启动方法

- 功能面板：单击"绘图"功能面板中的"构造线"按钮。
- 命令行：输入 XLINE。

2．操作方法

命令提示如图 3-5 所示。过两点绘制直线的方式与前面的绘制线段的方式是一样的，所以在这里只讲解后面的 5 种操作，其具体过程和结果如图 3-6 所示。

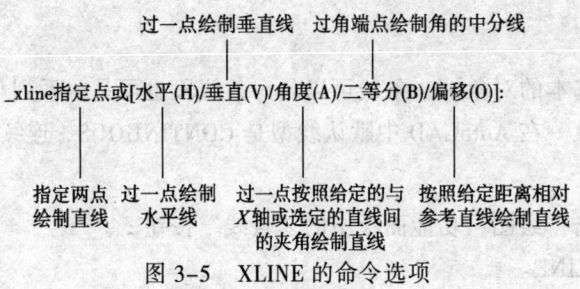

图 3-5　XLINE 的命令选项

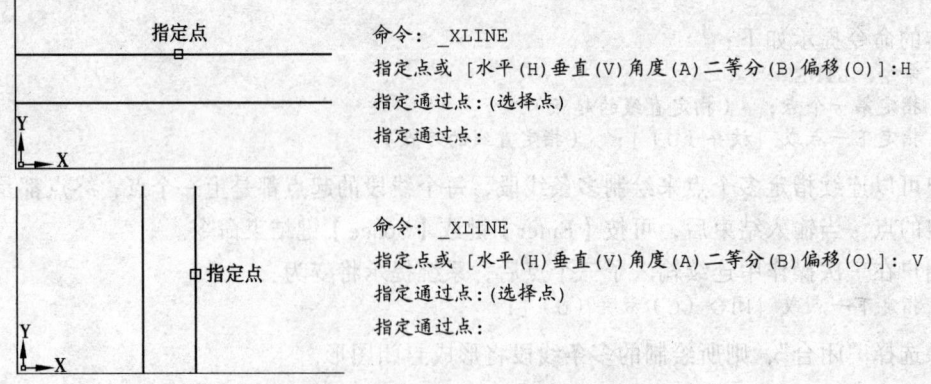

命令：_XLINE
指定点或 [水平(H)垂直(V)角度(A)二等分(B)偏移(O)]：H
指定通过点：(选择点)
指定通过点：

命令：_XLINE
指定点或 [水平(H)垂直(V)角度(A)二等分(B)偏移(O)]：V
指定通过点：(选择点)
指定通过点：

图 3-6　5 种绘制构造线的方式

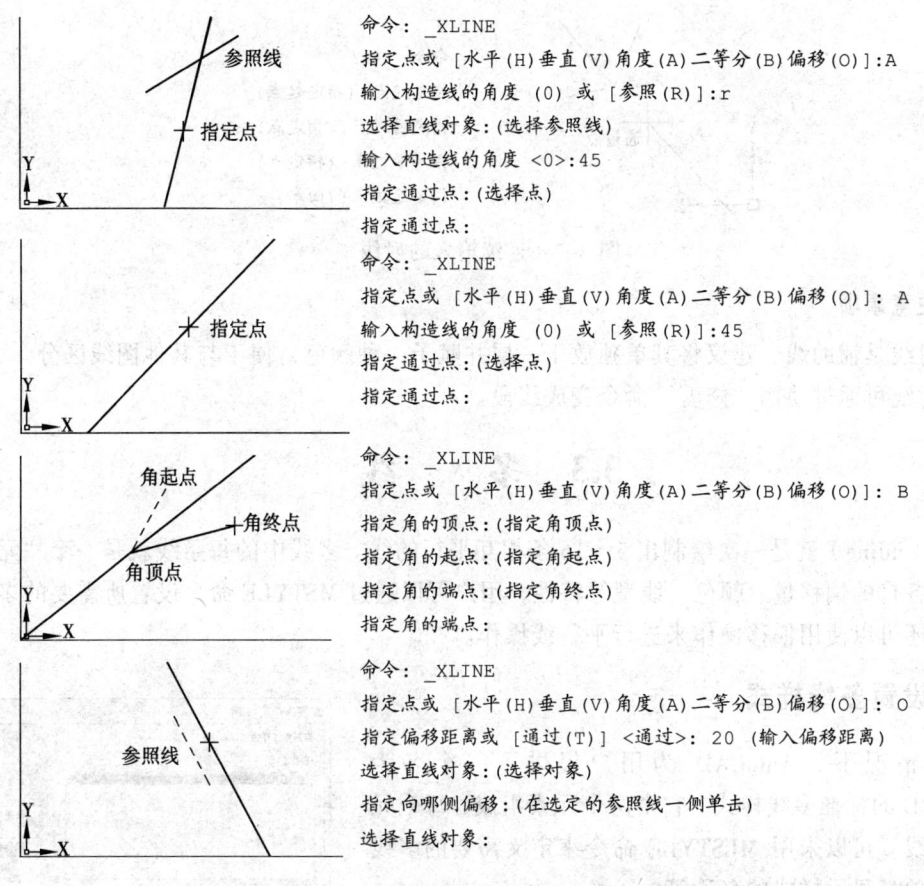

图 3-6　5 种绘制构造线的方式（续）

技巧：作为辅助线，构造线可单独放于一层，并赋予一种特殊颜色，以便区分其他图线。构造线可以通过"修剪"命令变成线段或射线。

3.2.3　绘制射线

所谓射线是指只有起点，向一个方向延伸到无穷远的直线，通常作为辅助作图线使用。

1. 启动方法

- 功能面板：单击"绘图"功能面板中的"射线"按钮 ╱。
- 命令行：输入 RAY。

2. 操作方法

具体命令提示：

```
命令：RAY
指定起点：(指定射线的起始点)
指定通过点：(指定射线通过的点)
```

连续输入点则可以绘制起点相同、方向不同的射线。可按【Enter】键或【Esc】键结束命令。注意和线段绘制中连续输入点的区别。

其结果如图 3-7 所示。

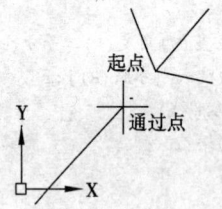

命令：_RAY
指定起点：(指定起点)
指定通过点：(指定点)
指定通过点：(指定点)
指定通过点：(回车)

图 3-7　连续输入的射线

3. 注意事项

① 射线是辅助线，建议将其单独放于一层并赋予一种颜色，便于与其他图线区分。

② 射线可通过使用"修剪"命令变成线段。

3.3　多　　线

多线（mline）就是一次绘制出 1～16 条相互平行的线。多线中的每条线就是一个"元素"，它们都有各自的偏移量、颜色、线型等特性，用户可以通过 MSTYLE 命令设置所需要的多线样式。用户还可以使用偏移操作来进行平行线操作。

3.3.1　设置多线样式

默认情况下，AutoCAD 为用户提供了一个名为 STANDARD 的标准多线样式，它由两个元素组成，每个元素均为直线。可以采用 MLSTYLE 命令来定义需要的多线样式、选项，显示样式的名称等。

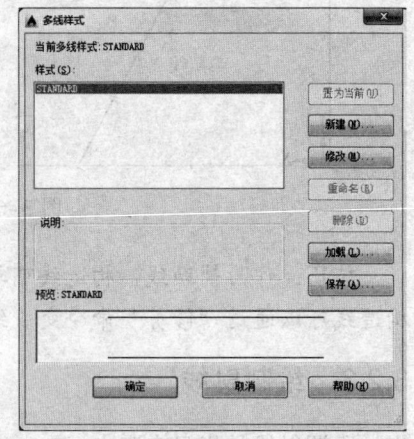

1. 启动方法

● 命令行：输入 MLSTYLE。

2. 操作方法

打开如图 3-8 所示的"多线样式"对话框。在该对话框中，可以进行名称、样式等的设置，还可以定义元素特性、多线特性。

图 3-8　"多线样式"对话框

下面通过一个实例来讲解该对话框的应用。准备创建一组如表 3-1 所示的多线样式，命名为 userdef。共包含 5 条线，相对于中间的中心线对称。

表 3-1　多线样式

偏　移	颜　色	线　型
4	蓝色	CONTINUOUS
2	随层	随层
0	红色	CENTER
-2	随层	随层
-4	蓝色	CONTINUOUS

具体的操作步骤如下：

① 在"多线样式"对话框中单击"新建"按钮，弹出如图 3-9 所示对话框。

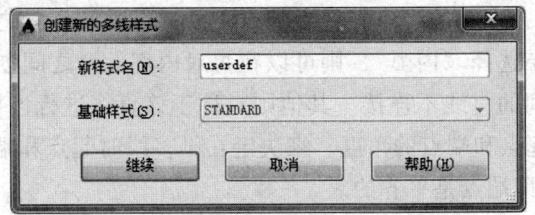

图 3-9　"创建新的多线样式"对话框

② 在"名称"文本框中输入样式名称 userdef，单击"继续"按钮，弹出如图 3-10 所示对话框。

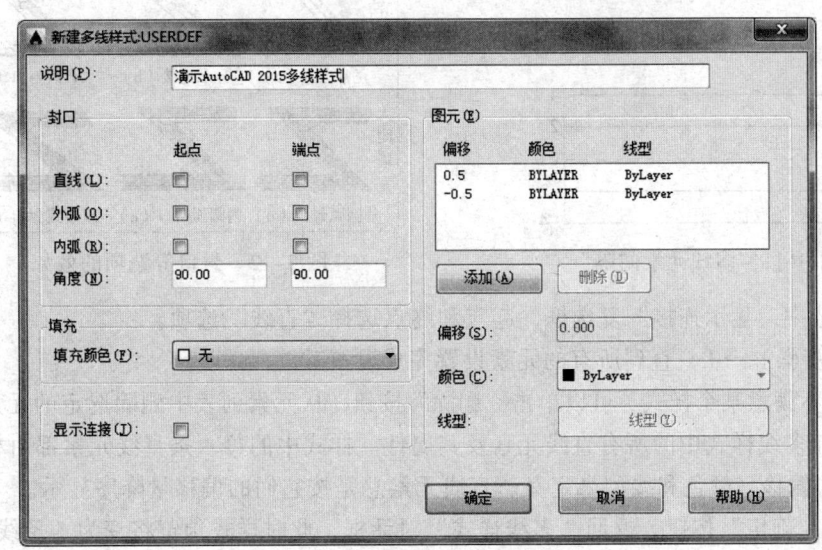

图 3-10　"新建多线样式"对话框

③ 在"说明"文本框中输入样式描述"演示 AutoCAD 2015 多线样式"。添加时，最多可以输入 255 个字符（包含空格）。

在这个对话框中的具体操作如下：

a. 单击"添加"按钮，向线型样式中增加新的直线元素，直到其数目和所需要的元素个数相同为止。

b. 在列表中选定任意一个线型，在"偏移"文本框中为选定的多线样式中的直线元素指定偏移量，多线的原点偏移量为 0.000。本例中的各元素间的间隔如图 3-11 所示。

c. 通过"颜色"下拉列表框选择颜色。

d. 单击"线型"按钮，通过"加载线型"对话框显示并设置多线样式中的直线元素的线型。其具体操作和加载线型一样。

e. 定义多线的具体属性，其中：

● "显示连接"复选框控制每条多线线段顶点处连接的显示。如果选中该复选框，将在多线各段的拐点处显示端点封线。

- 确定是否封口。封口的位置包括起点和端点。可以同时选择也可以单独选择。如果选择"直线"，就会在多线的起点（或者端点）处画上一段直线将多线的一端封口。如果选择"外弧"，就会在多线的起点（或者端点）处的最外端元素之间画上一段圆弧将多线的一端封口。如果选择"内弧"，则可以在每对内部元素之间创建一条圆弧。如果有奇数条元素，则中间的直线不连接。其他则对称于该直线进行连接。如果选择"角度"，则可以通过设置起点和端点的角度，来决定在画多线时起点和端点处的倾斜角，系统的默认值为 90.00，即端点是平齐的。

- 控制多线的背景填充。"填充"复选框用于设置将某一种颜色填充到多线内部，各不同的设置效果如图 3-12 所示。

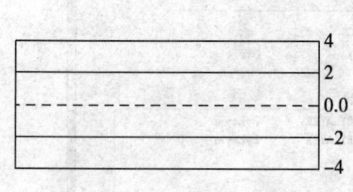

图 3-11　多线元素间隔"

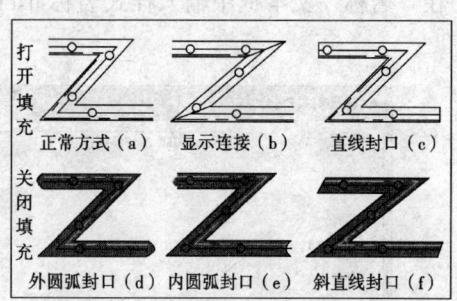

图 3-12　封口等选项的效果

在这里选中"显示连接"复选框，起点和终点选择"直线"选项。

f. 重复步骤 b.～d.，直到所有的元素设置完成。

g. 如果不满意某个样式，可以单击"删除"按钮，从元素列表中删除选定的元素。"元素"列表显示当前多线样式中的所有直线元素及其属性。样式中的每一条直线元素都由相对于多线原点(0.000)的偏移、颜色和线型来定义。直线元素总是按它们的偏移量降序显示。

h. 单击"确定"按钮，返回"多线样式"对话框，此时样式预览将变为 5 条线。

技巧：如果以前已经定义好这个样式，则可以单击"加载"按钮进行加载。系统显示"加载多线样式"对话框，如图 3-13 所示，从列表中选中某样式后单击"确定"按钮，将该样式装载到当前图形中。如果用户所需要的多线样式不在当前的多线样式库文件中，可单击"文件"按钮选择相应的多线样式库文件（MLN）。

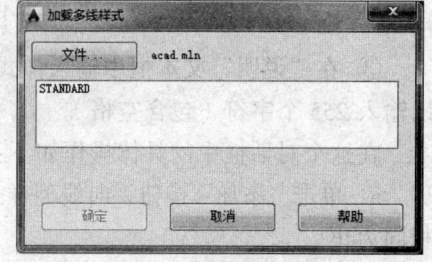

图 3-13　"加载多线样式"对话框

④ 如果对当前的样式名称不满意，可单击"重命名"按钮重新命名。

⑤ 单击"保存"按钮，将新建的多线样式保存到外部多线样式文件 acad.mln 中。

⑥ 单击"确定"按钮，关闭"多线样式"对话框。

3. 注意事项

① 不能编辑 STANDARD 多线样式，或者图形中正在使用的多线样式的元素和多线特性。

② 多线样式的名称不能超过 31 个字符。有效字符为字母、数字、中文字符和特殊字符。

在输入名称后，所有英文字符将转换成大写字母。

3.3.2　绘制多线

1. 启动方法

● 命令行：输入 MLINE。

2. 操作方法

执行 MLINE 命令后，AutoCAD 提示如下：

```
命令:MLINE
当前设置: 对正 = 上,比例 = 20.00,样式 = STANDARD
指定起点或 [对正(J)比例(S)样式(ST)]:
```

多线的绘制过程和线段的绘制完全一样，也可以连续输入形成封闭图形。由于多线的元素较多，所以存在着选择样式、选择基点和确定比例的问题。

其具体选项含义如下：

① 选择比例：当定义了多线样式后，其各自的宽度比例也确定了。这里选择的比例是将要绘制的多线和定义好的多线宽度的比值，不会影响线型的比例。在命令行中输入 S，AutoCAD 提示用户：

```
输入多线比例<20.00>:
```

说明：负的比例因子将翻转偏移线的次序。

② 选择多线样式：在绘制每一条多线时，均要使用一个多线样式作为模板。如果要使用其他的多线样式，则输入 ST，AutoCAD 会提示用户：

```
输入多线样式名或 [?]:
```

在该提示下，用户指定需要的多线样式，输入"?"，则列表中显示当前已加载的多线样式。

③ 设置多线的对齐方式：多线的对齐方式是指绘图光标和多线中的哪根直线元素的端点对应，以便绘制。输入 J，AutoCAD 提示如下：

```
输入对正类型 [上(T)无(Z)下(B)] <上>:
```

如果选择"上"，则光标对准最大正偏移量元素的端点；如果选择"无"，则光标对准原点元素的端点；如果选择"下"，则光标对准最大负偏移量元素的端点。

3.4　绘制多段线

多段线，顾名思义，就是由相互连接的直线段或弧线序列连接而成的复杂线条。它是一个单一实体，也就是说，它的所有组成部分都是统一的整体，而不是多个连接的单独线段。尽管如此，在使用时，用户仍然可以设置各个线段的宽度。

多段线的启动方法如下：

● 功能面板：单击"绘图"功能面板中的"多段线"按钮 ↪。

● 命令行：输入 PLINE。

系统提示如下：

```
命令:PLINE
```

指定起点：(输入多段线的起点)
当前线宽为 0.0000
指定下一个点或 [圆弧(A)半宽(H)长度(L)放弃(U)宽度(W)]：(指定下一点)
指定下一点或 [圆弧(A)闭合(C)半宽(H)长度(L)放弃(U)宽度(W)]：

3.4.1 绘制直线段

1．设置直线段线的宽度

多段线可以绘制任意宽度的直线段。有两种定义线段宽度的方法。

① 定义直线段宽度的一半：在上面的提示中输入 H，AutoCAD 提示用户：

指定起点半宽 <当前值>：(输入宽度值)
指定端点半宽 <当前值>：(输入宽度值)

② 定义直线段宽度：在上面的提示中输入 W，AutoCAD 提示用户：

指定起点宽度 <当前值>：(输入起点宽度值)
指定端点宽度 <当前值>：(输入端点宽度值)

二者产生的效果是一样的，如图 3-14 所示。只不过半宽输入的宽度是相对线段中心的，其数值是宽度的一半。如果继续绘制，则终点（半）宽度在再次修改之前将作为所有后续线段的统一宽度。

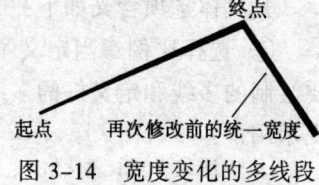

图 3-14 宽度变化的多线段

2．设置直线段长度

除了宽度外，还可以确定直线段的长度。在命令行中输入 L，AutoCAD 提示用户：

指定直线的长度：(输入长度值)

系统将按照和线段绘制相同的方式来绘制多段线，只不过它带有宽度而已。当绘制的多段线超过两段，就可以在上面的提示中输入 C，创建闭合多段线。

3.4.2 绘制圆弧段

在上面的提示中输入 A，进入多段线的绘制圆弧模式，AutoCAD 提示用户：

指定圆弧的端点（按住 Ctrl 键以切换方向）或
[角度(A)圆心(CE)闭合(CL)方向(D)半宽(H)直线(L)半径(R)第二个点(S)放弃(U)宽度(W)]：

按下【Ctrl】键，将会在完整圆上以鼠标移动所形成的弦为分界线，在两边圆弧上切换，如图 3-15 所示。另外，在提示中输入 L，将切换到绘制直线的模式，在此不再赘述。

1．设置圆弧段的宽度

在提示中输入 H 可设置圆弧段的半宽，即圆弧段的中心到它一边的宽度；输入 W 可设置圆弧段的宽度。该操作与绘制直线段时的操作相同，结果如图 3-16 所示。

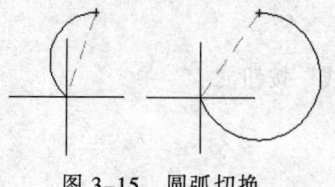

图 3-15 圆弧切换

图 3-16 圆弧宽度

2．起点、角度绘制圆弧

在提示中输入 A，AutoCAD 提示用户：

　　指定夹角：(输入圆弧的角度)
　　指定圆弧的端点（按住 Ctrl 键以切换方向）或 [圆心(CE)半径(R)]：

用户首先指定从起点开始的圆弧包角角度。如果所输入的角度值为负值，则圆弧按顺时针绘制；如果角度值为正值，则圆弧按逆时针绘制。然后用户可以通过指定圆弧段的圆心、半径或另一端点来完成圆弧的绘制，具体过程如图 3-17 所示。为了便于说明，后面的操作都没有设置线宽。

指定圆弧的端点（按住 Ctrl 键以切换方向）或[角度(A)圆心(CE)方向(D)
半宽(H)直线(L)半径(R)第二个点(S)放弃(U)宽度(W)]:A
指定夹角：70
指定圆弧的端点（按住 Ctrl 键以切换方向）或 [圆心(CE)半径(R)]:CE
指定圆弧的圆心:(指定圆心)

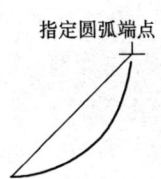

指定圆弧的端点(按住 Ctrl 键以切换方向)或[角度(A)圆心(CE)方向(D)半宽(H)
直线(L)半径(R)第二个点(S)放弃(U)宽度(W)]:A
指定夹角:90
指定圆弧的端点（按住 Ctrl 键以切换方向）或 [圆心(CE)半径(R)]:R
指定圆弧的半径:45
指定圆弧的弦方向 （按住 Ctrl 键以切换方向）<48>:

指定圆弧的端点（按住 Ctrl 键以切换方向）或[角度(A)圆心(CE)方向(D)
半宽(H)直线(L)半径(R)第二个点(S)放弃(U)宽度(W)]:A
指定夹角:90
指定圆弧的端点（按住 Ctrl 键以切换方向）或 [圆心(CE)半径(R)]:(指定端点)

图 3-17　角度绘制的三种方式

如果指定了圆心或终点，所生成的圆弧与上一段直线段或圆弧段相切；如果指定了圆弧半径，AutoCAD 会提示用户输入所绘制圆弧的弦的方向，即圆弧的方向。

3．起点、圆心绘制圆弧

在提示中输入 CE，AutoCAD 提示用户：

　　指定圆弧的圆心：
　　指定圆弧的端点（按住 Ctrl 键以切换方向）或 [角度（A）长度（L）]：

首先指定圆弧圆心，然后通过指定圆弧段的包角角度、弦长或另一端点完成圆弧绘制，如图 3-18 所示。如果前面已经绘制了多段线，则所生成的圆弧与上一段直线或圆弧相切。

指定圆弧的端点（按住 Ctrl 键以切换方向）或[角度(A)圆心(CE)方向(D)
半宽(H)直线(L)半径(R)第二个点(S)放弃(U)宽度(W)]:CE
指定圆弧的圆心:(指定一点)
指定圆弧的端点（按住 Ctrl 键以切换方向）或 [角度(A)长度(L)]:(指定端点)

图 3-18　使用起点、圆心绘制圆弧

指定圆弧的端点（按住 Ctrl 键以切换方向）或[角度(A)圆心(CE)方向(D)
半宽(H)直线(L)半径(R)第二个点(S)放弃(U)宽度(W)]:CE
指定圆弧的圆心:
指定圆弧的端点（按住 Ctrl 键以切换方向）或 [角度(A)长度(L)]:A
指定包含角:90

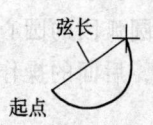

指定圆弧的端点（按住 Ctrl 键以切换方向）或[角度(A)圆心(CE)方向(D)
半宽(H)直线(L)半径(R)第二个点(S)放弃(U)宽度(W)]:CE
指定圆弧的圆心:(指定圆心)
指定圆弧的端点（按住 Ctrl 键以切换方向）或 [角度(A)长度(L)]: 1
指定弦长:200(输入弦长)

图 3-18　使用起点、圆心绘制圆弧（续）

4. 起点、方向绘制圆弧

在提示中输入 D，AutoCAD 提示用户：

> 指定圆弧的起点切向:
> 指定圆弧的端点（按住 Ctrl 键以切换方向）:

首先指定圆弧起点的切线方向，然后指定圆弧的终点即可，如图 3-19 所示。

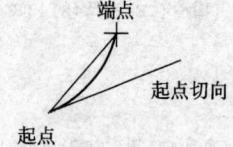

指定圆弧的端点（按住 Ctrl 键以切换方向）或[角度(A)圆心(CE)方向(D)
半宽(H)直线(L)半径(R)第二个点(S)放弃(U)宽度(W)]: D
指定圆弧的起点切向:(指定切线另一点)
指定圆弧的端点（按住 Ctrl 键以切换方向）:(指定端点)

图 3-19　起点、方向绘制圆弧

5. 起点、半径绘制圆弧

在提示中输入 R，AutoCAD 提示用户：

> 指定圆弧的半径:
> 指定圆弧的端点（按住 Ctrl 键以切换方向）或 [角度(A)]:

首先指定圆弧半径，然后通过指定圆弧的包角角度及圆弧弦的方向或终点完成圆弧的绘制，如图 3-20 所示。

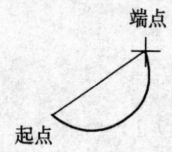

指定圆弧的端点（按住 Ctrl 键以切换方向）或[角度(A)圆心(CE)方向(D)
半宽(H)直线(L)半径(R)第二个点(S)放弃(U)宽度(W)]: R
指定圆弧的半径: 30
指定圆弧的端点（按住 Ctrl 键以切换方向）或 [角度(A)]:(指定端点)

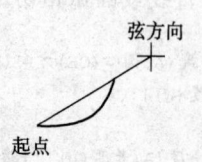

指定圆弧的端点（按住 Ctrl 键以切换方向）或[角度(A)圆心(CE)方向(D)
半宽(H)直线(L)半径(R)第二个点(S)放弃(U)宽度(W)]:R
指定圆弧的半径: 20
指定圆弧的端点（按住 Ctrl 键以切换方向）或 [角度(A)]:A
指定包含角:90
指定圆弧的弦方向 <22>:

图 3-20　起点、半径绘制圆弧

6. 三点绘制圆弧

在提示中输入 S，AutoCAD 提示用户：

> 指定圆弧上的第二个点：
> 指定圆弧的端点：

分别输入两个点，将会通过三个点绘制圆弧，如图 3-21 所示。

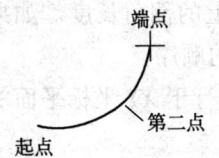

指定圆弧的端点（按住 Ctrl 键以切换方向）或[角度(A)圆心(CE)方向(D)
半宽(H)直线(L)半径(R)第二个点(S)放弃(U)宽度(W)]：S
指定圆弧上的第二个点：(指定第二点)
指定圆弧的端点：(指定端点)

图 3-21 三点绘制圆弧

7. 两点绘制圆弧

在提示中输入圆弧终点，将从上一段终点的切线方向开始绘制圆弧，如图 3-22 所示。

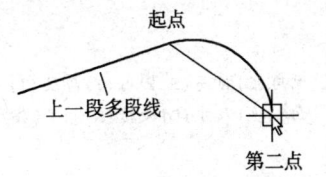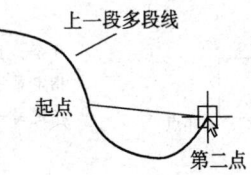

图 3-22 两点绘制圆弧

说明：● 多段线的起点和终点是指线段的中心线点。
　　　● 使用系统变量 PLINEGEN 控制多段线的线型显示方式和顶点平滑度。当设置 PLINEGEN 为 1 时，则整条多段线按顺序连续按线型绘制，如图 3-23 左图所示；当 PLINEGEN 为 0 时，将从各个顶点开始分段画出，如图 3-23 右图所示。但 PLINEGEN 不适用于变宽的多段线。用户直接在命令行输入该命令进行设置即可。

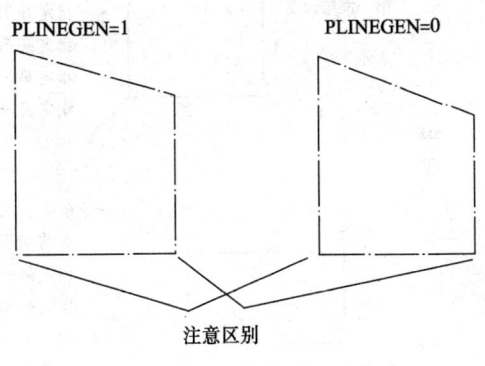

图 3-23 多段线线型显示方式

3.5　矩形与正多边形

3.5.1　矩形

1. 启动方法

● 功能面板：单击"绘图"功能面板中的"矩形"按钮 ⬚。
● 命令行：输入 RECTANG 或 RECTANGLE。

2．操作方法

系统提示如下：

　　命令：RECTANG

　　指定第一个角点或 [倒角(C)标高(E)圆角(F)厚度(T)宽度(W)]：

可以看到，绘制矩形的方式有多种，其中各方式的含义如下。

① 倒角：绘制带有倒角的矩形，这就需要确定在相邻两条边上的倒角长度。如果有一个倒角长度为 0，则不能绘出倒角。倒角是按照顺时针方向判断直线的顺序。

② 标高：是指矩形距离地平面的高度，也就是说用户可以在平行于 XY 坐标平面的任意平面上绘制矩形。

③ 圆角：对所绘制的矩形的 4 个角进行倒圆，需要给定圆角半径。

④ 厚度：它决定矩形的厚度，将生成一个三维实体。

⑤ 宽度：设置矩形的线宽。

在命令提示下的各操作及其效果如图 3-24 所示。

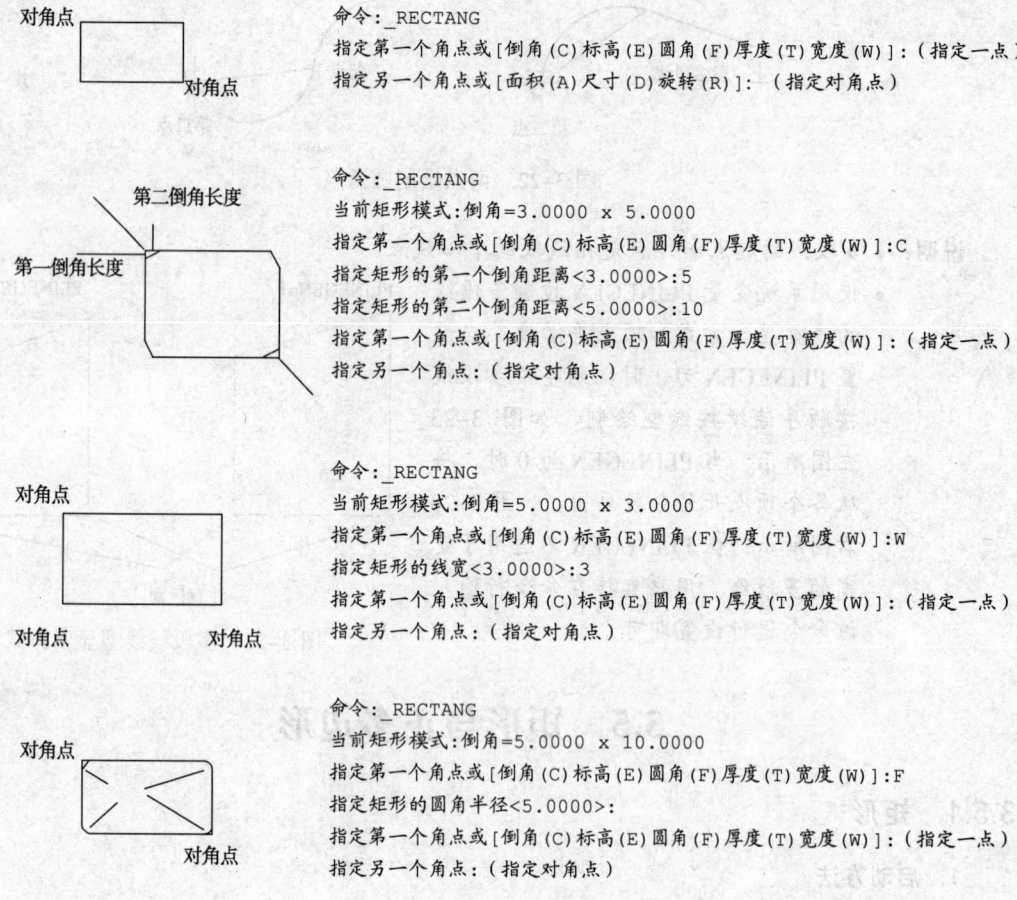

图 3-24　矩形的各种操作

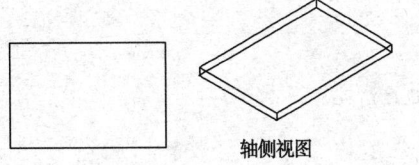
轴侧视图

命令：_RECTANG
当前矩形模式：厚度=5.0000
指定第一个角点或[倒角(C)标高(E)圆角(F)厚度(T)宽度(W)]:T
指定矩形的厚度<5.0000>:5
指定第一个角点或[倒角(C)标高(E)圆角(F)厚度(T)宽度(W)]：(指定一点)
指定另一个角点：(指定对角点)

图 3-24 矩形的各种操作（续）

3.5.2 正多边形

正多边形是具有 3～1 024 条等长边的封闭线段。用户可假想圆内接或外切来绘制正多边形，或指定正多边形某一边的端点来绘制它。

1. 启动方法

- 功能面板：单击"绘图"功能面板中的"多边形"按钮⬠。
- 命令行：输入 POLYGON。

2. 操作方法

命令执行后，AutoCAD 提示用户输入正多边形的边数：

命令：POLYGON
输入侧面数 <4>：(指定边数)
指定正多边形的中心点或[边(E)]：

① 绘制内接于假想圆的正多边形：在提示中输入多边形的中心点，即假想圆的圆心，AutoCAD 提示如下：

输入选项 [内接于圆(I)外切于圆(C)] <I>：

② 输入 I 则多边形内接于圆，输入 C 则外切于圆，系统提示：

指定圆的半径：(输入或选择圆半径)

③ 用一条边的位置与长度绘制正多边形：在提示中输入 E，AutoCAD 提示如下：

指定边的第一个端点：(指定一边的一个端点)
指定边的第二个端点：(指定另一个端点)

这三种操作方式和结果如图 3-25 所示。

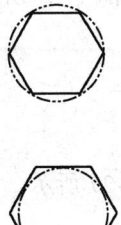

命令：_POLYGON
输入侧面数<4>:6
指定正多边形的中心点或[边(E)]：
输入选项[内接于圆(I)外切于圆(C)]<I>：
指定圆的半径：50

命令：POLYGON
输入侧面数<6>：
指定正多边形的中心点或[边(E)]：
输入选项[内接于圆(I)外切于圆(C)]<I>:c
指定圆的半径：50

图 3-25 三种正多边形绘图方式

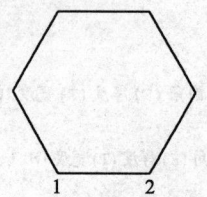

```
命令: POLYGON
输入侧面数<6>:
指定正多边形的中心点或[边(E)]:e
指定边的第一个端点:
指定边的第二个端点: @100<0
```

图 3-25　三种正多边形绘图方式（续）

注意：• 使用假想圆绘制正多边形时，如果输入半径值，则在绘制正多边形时至少有一条边是水平放置的；如果用户使用鼠标拾取，则正多边形的放置方向可随意改动。

• 在半径相等的情况下，外切正多边形比内接正多边形大，如图 3-25 所示。

3.6　绘　制　曲　线

除了上面讲解到的有关直线操作外，AutoCAD 还提供了一些标准的曲线操作，如圆、圆环、椭圆、圆弧以及样条曲线。由于样条曲线比较特殊，所以将在 3.7 节中单独讲解。

3.6.1　绘制圆

1. 启动方法

• 功能面板：单击"绘图"功能面板中"圆"按钮，如图 3-26 所示。
• 命令行：输入 CIRCLE。

2. 操作方法

命令执行后，AutoCAD 提示如下：

```
命令: CIRCLE
指定圆的圆心或 [三点(3P)两点(2P)切点、切点、半径(T)]:
```

图 3-26　"圆"子菜单

① 使用"圆心、半径"和"圆心、直径"画圆：在提示中输入圆心点，然后指定圆半径或直径即可完成画圆。

```
指定圆的半径或 [直径(D)] <默认值>: (指定圆的半径)
```

如果在上面的提示中输入 D，AutoCAD 会提示用户输入圆的直径：

```
指定圆的直径 <默认值>:
```

在该提示下，用户输入圆的直径即可完成"圆心、直径"的绘制过程，如图 3-27 所示。

② 使用"三点"画圆：在提示中输入 3P，AutoCAD 提示如下：

```
指定圆上的第一个点:
指定圆上的第二个点:
指定圆上的第三个点:
```

依次确定不在一条直线上的三个点，绘制一个通过这三个点的圆，如图 3-27 所示。

③ 使用"两点"画圆：在提示中输入 2P，将提示如下：

```
指定圆直径的第一个端点:
指定圆直径的第二个端点:
```

依次指定两个端点后，以这两个端点之间的长度作为圆直径，以它们的中点作为圆心绘制一个圆，如图 3-27 所示。

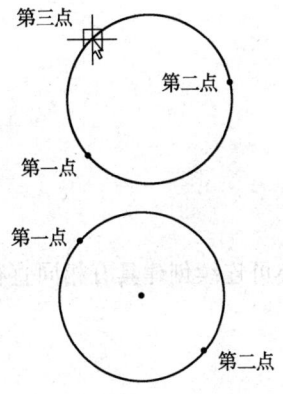

命令: CIRCLE
指定圆的圆心或[三点(3P)两点(2P)切点、切点、半径(T)]:
指定圆的半径或[直径(D)]<44.2144>:40

命令: _CIRCLE
指定圆的圆心或[三点(3P)两点(2P)切点、切点、半径(T)]:
指定圆的半径或[直径(D)]<40.0000>:d
指定圆的直径<80.0000>:

第三点
第二点
第一点

命令: CIRCLE
指定圆的圆心或[三点(3P)两点(2P)切点、切点、半径(T)]:3P
指定圆上的第一个点:
指定圆上的第二个点:
指定圆上的第三个点:

第一点
第二点

命令: CIRCLE
指定圆的圆心或[三点(3P)两点(2P)切点、切点、半径(T)]:2P
指定圆直径的第一个端点:
指定圆直径的第二个端点:

图 3-27 通过输入点绘制圆

④ "相切、相切、半径"画圆: 在提示中输入 T, AutoCAD 提示用户。

指定对象与圆的第一个切点:
指定对象与圆的第二个切点:
指定圆的半径<110.8889>:

用户根据提示首先选择与所绘制的圆相切的两个对象, 然后指定圆的半径。如果用户指定的参数不能绘制圆, 会提示用户 "圆不存在" 并结束命令。如果有不止一个圆符合用户所指定的数据, 那么将绘制出其切点与选定点最近的圆, 如图 3-28 所示。

⑤ "相切、相切、相切"画圆: 该方法实际上是 "三点" 画圆方法的扩展。在确定圆上的三个点时, 用户使用 "对象捕捉" 中的切点捕捉方式选择三个与圆相切的对象即可。有关对象捕捉功能将在 3.10 节中稍后介绍, 如图 3-28 所示。

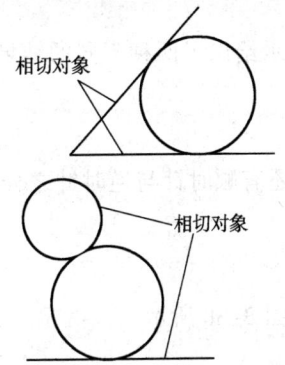

相切对象

相切对象

命令: _CIRCLE
指定圆的圆心或 [三点(3P)两点(2P)切点、切点、半径(T)]:T
指定对象与圆的第一个切点:(指定第一切点)
指定对象与圆的第二个切点:(指定第二切点)
指定圆的半径 <111.6418>:25

图 3-28 利用相切关系绘圆

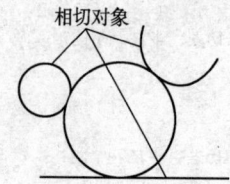

相切对象

命令：_CIRCLE指定圆的圆心或 [三点(3P)两点(2P)切点、切点、半径(T)]:3P
指定圆上的第一个点：<对象捕捉 开>(捕捉第一切点)
指定圆上的第二个点：(捕捉第二切点)
指定圆上的第三个点：(捕捉第三切点)

图 3-28　利用相切关系绘圆（续）

3.6.2　绘制圆环

绘制圆环快速创建填充圆环或实体填充圆。

1. 启动方法

- 功能面板：单击"绘图"功能面板中"圆环"按钮◎。
- 命令行：输入 DONUT。

2. 操作方法

要创建圆环，应指定它的内外直径和圆心。指定不同圆心可连续创建具有相同直径的多个圆环对象，直到结束命令。绘制圆环的操作过程如下：

命令：DONUT
指定圆环的内径 <当前值>：（指定圆环内径）
指定圆环的外径 <当前值>：（指定圆环外径）
指定圆环的中心点或<退出>：（指定圆环中心位置）

3. 注意事项

① 如果圆环内径值为 0，则绘制一个实心圆，其结果如图 3-29 所示。

FILLMODE=1   FILLMODE=0

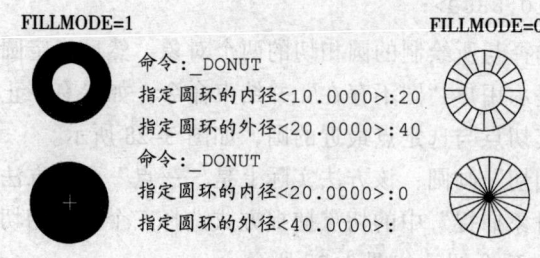

命令：_DONUT
指定圆环的内径<10.0000>:20
指定圆环的外径<20.0000>:40

命令：_DONUT
指定圆环的内径<20.0000>:0
指定圆环的外径<40.0000>:

图 3-29　DONUT 命令的应用

② 圆环是否填充受系统变量 FILLMODE 的控制，如图 3-29 所示给出了两种不同的结果。

3.6.3　绘制圆弧

同圆相比，圆弧涉及圆心、半径、起始角和终止角，此外圆弧还有顺时针与逆时针之分，因此 AutoCAD 提供了很多种画圆弧的方法。

1. 启动方法

- 功能面板：单击"绘图"功能面板中的"圆弧"按钮，如图 3-30 所示。
- 命令行：输入 ARC。

2. 操作方法

AutoCAD 提供了 10 种绘制圆弧的方法，其具体选择点的过程如图 3-31 所示。

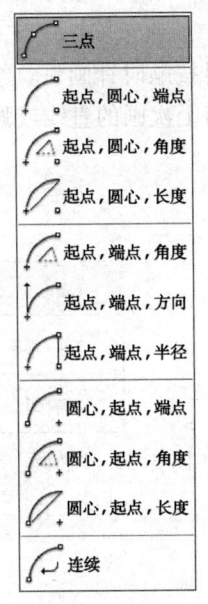

图 3-30 "圆弧"子菜单

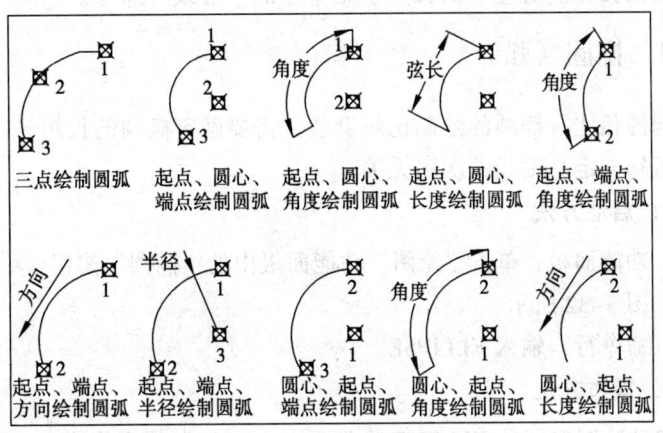

图 3-31 圆弧的绘制方法

在实际绘图过程中，还可以通过对圆进行修剪来绘制圆弧。在这些圆弧绘制方法中，根据实际经验，使用的方式较少，常用的是三点绘制、起点、圆心、端点绘制和起点、端点、半径绘制。

① 使用三点绘制圆弧是系统默认的方法。用户输入的第一点和第三点为圆弧的起点和终点，第二点为弧上任意一点，如图 3-31 所示。操作过程如下：

命令：ARC
指定圆弧的起点或 [圆心(C)]：(拾取起点 1)
指定圆弧的第二点或 [圆心(C)端点(E)]：(拾取点 2)
指定圆弧的端点：(拾取端点 3)

② 使用起点、圆心、端点绘制圆弧是通过指定圆弧的起点、圆心与终点来绘制圆弧。用户输入的第一个点和第三个点为圆弧的起点和终点，第二个点为圆弧的圆心，如图 3-31 所示。操作过程如下：

命令：ARC
指定圆弧的起点或 [圆心(C)]：(拾取起点 1)
指定圆弧的第二点或 [圆心(C)端点(E)]：C
指定圆弧的圆心：(拾取中心点 2)
指定圆弧的端点（按住 Ctrl 键以切换方向）或 [角度(A)弦长(L)]：(拾取端点 3)

③ 使用起点、端点、半径绘制圆弧是通过指定圆弧的起点、端点和圆弧的半径来绘制圆弧。用户输入的第一个点为圆弧的起点，第二个点为圆弧的终点，然后输入圆弧的半径，如图 3-31 所示。操作过程如下：

命令：ARC
指定圆弧的起点或 [圆心(C)]：(拾取起点 1)
指定圆弧的第二点或 [圆心(C)端点(E)]： E
指定圆弧的端点：(拾取端点 2)
指定圆弧的中心点（按住 Ctrl 键以切换方向）或 [角度(A)方向(D)半径(R)]： R
指定圆弧半径：(输入圆弧的半径大小)

3．注意事项

① 画弧时，角度值和弦长值的输入为正时按逆时针画弧是为负时按顺时针画弧。

② 在绘制圆弧命令的第一个提示中按【Enter】键，则所画新弧与上次画的直线或弧相切。这种画圆弧方法对应"圆弧"子菜单中的"继续"命令。

3.6.4 椭圆（弧）

同圆相比，椭圆的绘制比较麻烦，需要确定椭圆的长短轴。长轴和短轴与定义轴线的次序无关。

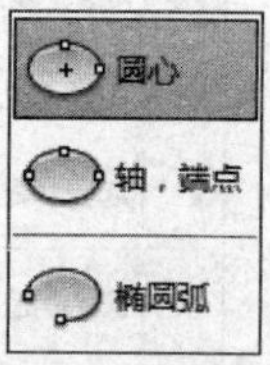

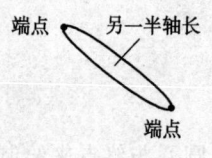

1．启动方法

- 功能面板：单击"绘图"功能面板中的"椭圆"按钮 ⊙，如图 3-32 所示。

图 3-32　"椭圆"子菜单

- 命令行：输入 ELLIPSE。

2．操作方法

启动绘制椭圆的 ELLIPSE 命令后，AutoCAD 提示用户：

```
命令:ELLIPSE
指定椭圆的轴端点或 [圆弧(A)中心点(C)]:
```

共有三种方式来绘制椭圆：

① 通过指定椭圆的轴端点和半轴长来绘制椭圆。这是默认选项，其具体的操作如图 3-33 所示。

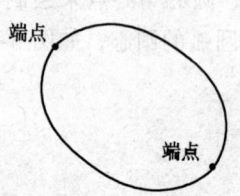

```
命令:_ELLIPSE
指定椭圆的轴端点或[圆弧(A)中心点(C)]:
指定轴的另一个端点:
指定另一条半轴长度或[旋转(R)]:5
```

```
命令:_ELLIPSE
指定椭圆的轴端点或[圆弧(A)中心点(C)]:
指定轴的另一个端点:
指定另一条半轴长度或[旋转(R)]:R
指定绕长轴旋转的角度:45
```

图 3-33　端点绘制

绕长轴旋转的角度值范围为 0～89.4°。

② 通过指定椭圆中心和椭圆的半轴长度来绘制。所谓椭圆的中心点即指椭圆长轴和短轴的交点，其具体的操作如图 3-34 所示。

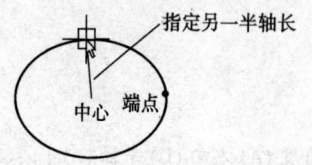

```
命令:_ELLIPSE
指定椭圆的轴端点或[圆弧(A)中心点(C)]:C
指定轴的中心点:
指定轴的端点
指定另一条半轴长度或[旋转(R)]:
```

（a）

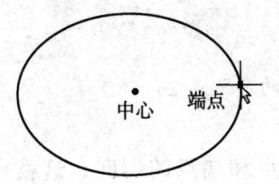

命令:_ELLIPSE
指定椭圆的轴端点或[圆弧(A)中心点(C)]:C
指定椭圆的中心点:
指定轴的端点:
指定另一条半轴长度或[旋转(R)]:R
指定绕长轴旋转的角度:45
（b）

图 3-34　中心点绘制

③ 按照角度绘制椭圆。在提示中输入 A，首先构造椭圆弧的母体椭圆，然后利用起始和终止角度来确定椭圆弧的范围，其具体的操作过程如图 3-35 所示。如果角度在 0～360°，则是一个完整的椭圆。

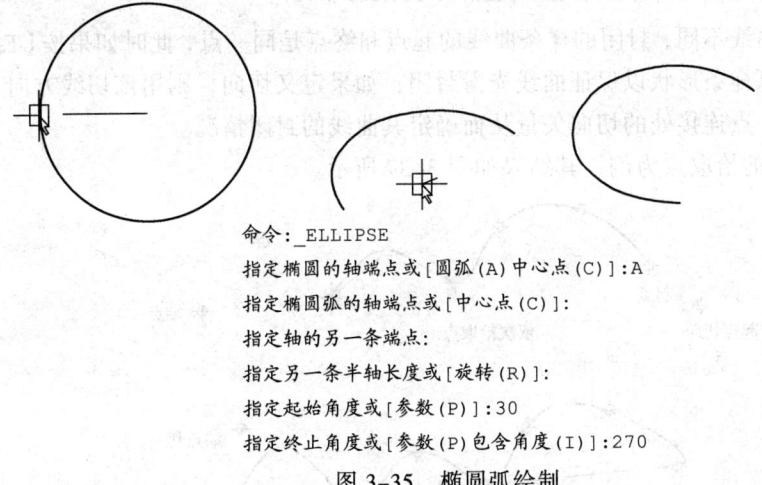

命令:_ELLIPSE
指定椭圆的轴端点或[圆弧(A)中心点(C)]:A
指定椭圆弧的轴端点或[中心点(C)]:
指定轴的另一条端点:
指定另一条半轴长度或[旋转(R)]:
指定起始角度或[参数(P)]:30
指定终止角度或[参数(P)包含角度(I)]:270

图 3-35　椭圆弧绘制

3. 注意事项

① 椭圆的起点在长轴的起始点。绘制椭圆弧时，所有角度均从起点按逆时针方向开始计算。

② 所谓"旋转"，就是以长轴为直径绘制一个假想圆，并将其绕该轴沿垂直于绘图平面的方向旋转，再将假想圆向原平面投影即得到椭圆。

3.7　绘制样条曲线

样条曲线是指经过一系列给定点的光滑曲线，可以使用非均匀有理 B 样条曲线（nurbs）来绘制。nurbs 曲线可在控制点间产生一条光滑的曲线。

1. 启动方法

- 功能面板:单击"绘图"功能面板中的"样条曲线拟合"按钮 $\curvearrowright$ 或"样条曲线控制点" $\sim$ 。
- 命令行:输入 SPLINE。

2. 操作方法

命令输入后，系统提示。
命令:SPLINE
指定第一个点或[方式(M)节点(K)对象(O)]:

（1）绘制开口式样条曲线

用户直接拾取点后，系统将提示：

  输入下一个点或[起点切向(T)公差(L)]：（拾取样条曲线的定义点2）

  输入下一个点或[端点相切(T)公差(L)放弃(U)]：

依次拾取其他定义点后按【Enter】键，系统将提示确定起点和端点的切向，这就意味着要继续选择两个点，而这两个点是用来决定样条曲线的最后形状的。

具体操作过程如图 3-36 所示，从中可以看到样条曲线的变化情况。

在拾取样条曲线的定义点时，可以输入 UNDO 来撤销已输入的定义点。

（2）绘制封闭的样条曲线

当拾取样条曲线定义点后，如果要封闭，可以按如下输入：

  输入下一个点或[端点相切(T)公差(L)放弃(U)]：T

  指定起点切向：（拾取切向定义点或直接按【Enter】键）

同开放式样条曲线不同，封闭的样条曲线的起点和终点是同一点，此时如果按【Enter】键，样条曲线将自动计算样条形状以保证曲线光滑封闭；如果定义切向，则用该切线方向来指定拾取的最后一点和第一点连接处的切向矢量从而确定其曲线的封闭情况。

仍然以图 3-36 的拾取点为例，其结果如图 3-37 所示。

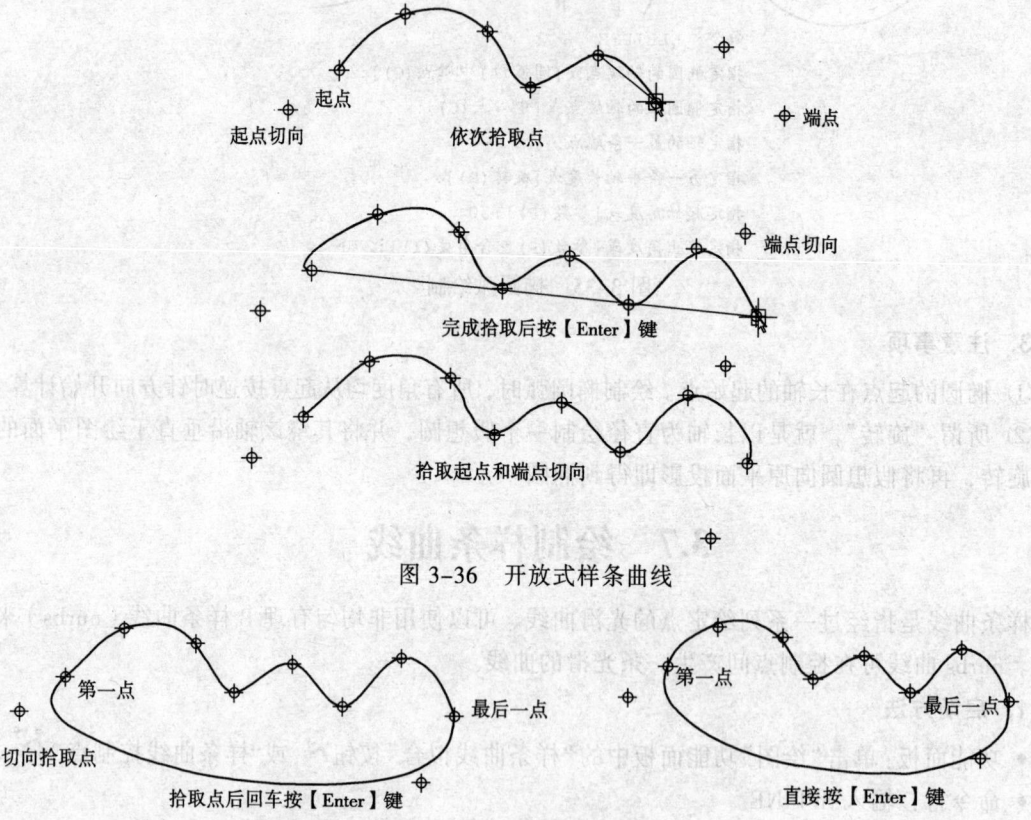

图 3-36　开放式样条曲线

图 3-37　封闭式样条曲线

（3）使用拟合公差控制样条曲线

样条曲线是一条通过一系列指定点的曲线，样条公差用于控制曲线对指定点的拟合程度。即公差把指定点映射为其周围的一个小的区域，样条曲线可以偏离指定点，但不能偏离出这个区域。

其操作方法如下：

命令：SPLINE
指定第一个点或 [方式(M)节点(K)对象(O)]：(拾取样条曲线的定义点1)
输入下一个点或[起点切向(T)公差(L)]：(拾取样条曲线的定义点2)
输入下一个点或[起点切向(T)公差(L)]：L
指定拟合公差<0.0000>：10
输入下一个点或[起点切向(T)公差(L)]：

操作过程和结果如图 3-38 所示。

（4）将由多段线拟合的样条曲线转化成样条曲线

多段线可以拟合成为样条曲线，但它实际上是二次或三次样条拟合。样条曲线操作可以将多段线拟合成高次样条曲线。

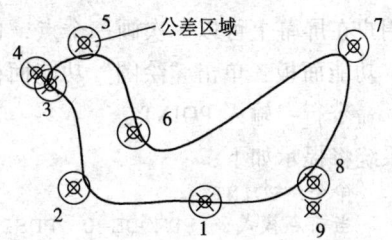

图 3-38　使用拟合公差控制样条曲线

具体操作过程如下：

命令：SPLINE
指定第一个点或 [方式(M)节点(K)对象(O)]：O
选择样条曲线拟合多段线：

3.8　在图形中绘制点

在用户绘制图形的过程中，点对象一般用来作为参考点。AutoCAD 提供了三种用于画点的命令，分别使用 POINT、DIVIDE 和 MEASURE 命令。用户可以根据屏幕大小或绝对单位来设置点样式及其大小。

画点命令位于"绘图"功能面板中，如图 3-39 所示。

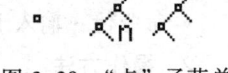

图 3-39　"点"子菜单

3.8.1　设置点的样式

在图 3-37 和图 3-38 中，点的表现形式是不同的，这些是为了方便用户观察而预先绘制的。在 AutoCAD 中绘图时，用户可以根据需要选择点对象的样式和大小。

1. 启动方法

● 命令行：输入 DDPTYPE。

2. 选择点的样式和大小

DDPTYPE 命令执行后，弹出如图 3-40 所示的"点样式"对话框。

"点样式"对话框中显示出所提供的点的所有样式以及当前正在使用的点样式，用户可以根据需要选择点的显示样式。

在点样式的列表下，用户可以设置点在绘制时的大小。点的大小既可以按照相对于屏幕的大小来设置（点的大小随显示窗口的变化而变化），也可以按绝对绘图单位来设置。

设置完成后，单击"确定"按钮，关闭"点样式"对话框。

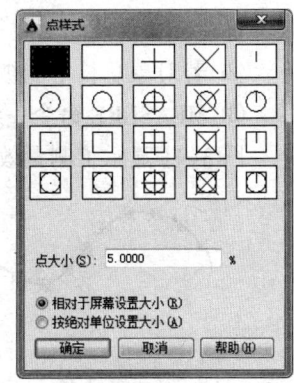

图 3-40　"点样式"对话框

3. 注意事项

① 在改变了点的样式和大小后，用户所绘制的点对象将使用新设置的值。而对于所有已经存在的点，则要等到执行重生成命令（REGEN）后才会更改为设置的值。

② 如果将点的大小设置成相对于屏幕的大小，那么在缩放图形时点的显示不会改变。如果将点的大小设置成按绝对单位的设计大小，那么在缩放显示时点大小将会相应改变。

3.8.2 直接绘制点

用户在屏幕上可以一次画一个点，也可以一次连续画多个点。

- 功能面板：单击"绘图"功能面板中的"多点"按钮。
- 命令行：输入 POINT。

系统将提示如下：

```
命令：POINT
当前点模式：PDMODE=0  PDSIZE=0.0000
指定点：
```

此时，用户可以使用键盘输入点的坐标，也可用鼠标直接在屏幕上拾取点。

3.8.3 在对象上按指定距离画点

用户在一个对象上按指定的长度距离放置一些点，这些点可以作为辅助绘图的点。

1. 启动方法

- 功能面板：单击"绘图"功能面板中的"定距等分"按钮。
- 命令行：输入 MEASURE。

2. 操作方法

具体的命令提示如下：

```
命令：MEASURE
选择要定距等分的对象：(选择要放置点的对象)
指定线段长度或 [块(B)]：(输入定距等分的距离，或用鼠标在屏幕上指定两点来确定长度)
```

3. 注意事项

① 被测量的对象可以是直线、圆、圆弧、多段线和样条曲线等图形对象，但不能是块、尺寸标注、文本及剖面线等图形对象。

② 若对象总长不能被指定间距整除，则选定对象的最后一段小于指定间距数值。

③ MEASURE 命令一次只能测量一个对象。

图 3-41 显示了测量效果。

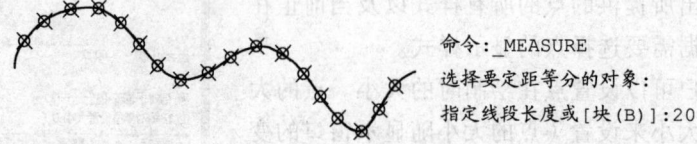

```
命令：_MEASURE
选择要定距等分的对象：
指定线段长度或[块(B)]：20
```

图 3-41 定距等分绘制点的示例

3.8.4　在对象上按数目画等分点

用户在一个对象上按指定的数目等距离放置一些点，这些点也可以作为辅助绘图的点。

1. 启动方法

- 功能面板：单击"绘图"功能面板中的"定数等分"按钮 。
- 命令行：输入 DIVIDE。

2. 操作方法

命令提示如下：

> 命令:DIVIDE
> 选择要定数等分的对象:(选择要放置点的对象)
> 输入线段数目或 [块(B)]:(输入点个数+1)

3. 注意事项

① 被等分的对象可以是直线、圆、圆弧、多段线和样条曲线等，但不能是块、尺寸标注、文本及剖面线。

② "分段数"表示输入线段等分数，而不是点的个数。例如，将一条线段等分 10 份，则只在其上标记九个点。

③ DIVIDE 命令一次只能等分一个对象，不能同时等分一组对象。

④ DIVIDE 命令最多只能将一个对象分为 32 767 份。

以图 3-41 中的样条曲线为例，图 3-42 显示了等分结果。

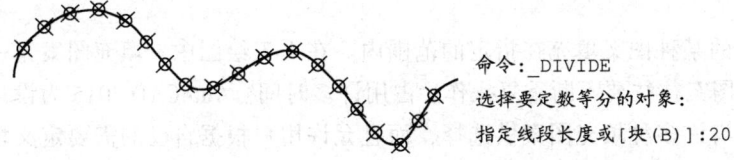

> 命令:_DIVIDE
> 选择要定数等分的对象:
> 指定线段长度或[块(B)]:20

图 3-42　定数等分绘制点的示例

3.9　图 案 填 充

在绘制图形的过程中，往往要进行图案填充操作，就是手工绘图中的画剖面线等工作。AutoCAD 提供了两种图案填充的方式，一种是在创建封闭区域时的二维填充操作，一种是绘制图形后对其进行图案填充操作。

3.9.1　绘制实体区域填充

在 AutoCAD 中，用户可以创建三角形和四边形的颜色填充区域。

1. 启动方法

- 命令行：输入 SOLID。

2. 操作方法

系统依次提示如下：

> 命令：SOLID

指定第一点：(指定第一点)
指定第二点：(指定第二点)
指定第三点：(指定第三点)
指定第四点或 <退出>：(指定第四点或按【Enter】键)

3. 注意事项

① 当提示"第四点"时按【Enter】键，会绘制一个三角形区域，如图 3-43 所示。

② 所画四边形是否填充，受系统变量 FILLMODE 的状态控制。

③ 第三点、第四点选择顺序不同，所绘图形也不一样，如图 3-43 所示。

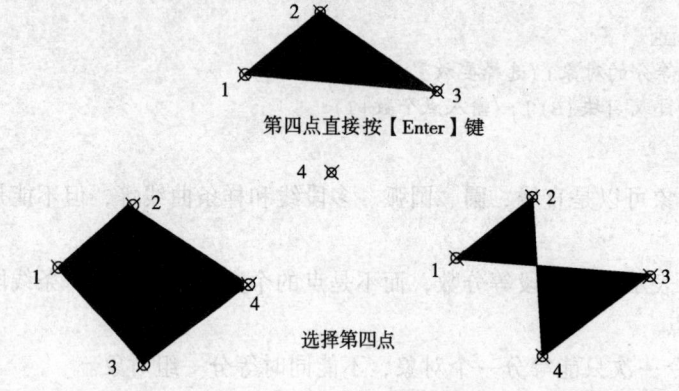

图 3-43　SOLID 命令应用

3.9.2　填充图案

图案填充是指把选定的某种图案填充在指定的范围内。在手工绘图中，填充图案是一项繁重而单调的工作，同一个图案往往要不断重复操作，占用许多时间。AutoCAD 2015 为设计者提供了极大的方便，不但拥有许多种填充图案供选择，而且允许用户根据自己的需要定义填充图案，满足各种要求。

1. 边界图案填充

- 功能面板：单击"绘图"功能面板上"图案填充"按钮 。
- 命令行：输入 BHATCH。

系统显示如图 3-44 所示功能面板，用户可以在其中直接进行需要的对象属性设置，这样可以大大提高用户的绘图效率。只是对于初学的读者而言，可能这样顺序会比较乱。所以，我们还是主要以对话框操作方式进行讲解，读者熟悉了各选项含义后可以采用功能面板方式进行修改。

图 3-44　"图案填充创建"功能面板

系统提示如下：

拾取内部点或 [选择对象(S)放弃（U）设置(T)]：(在要填充的对象内部单击)

输入 T，AutoCAD 2015 弹出"图案填充和渐变色"对话框。如图 3-45 所示是该对话框中的"图案填充"选项卡。

（1）图案填充。"图案填充"选项卡中的参数含义如下：
- "类型"——在下拉列表框中选择图案类型。有 3 个选项可供选择：
  ◆ "预定义"——用 AutoCAD 标准填充图案文件（ACAD.PAT）中的图案进行填充。
  ◆ "用户定义"——使用自定义图案进行填充。
  ◆ "自定义"——选用 ACAD.PAT 图案文件或其他图案中的图案文件进行填充。
- "颜色"——在下拉列表框中选择填充图案的颜色。
- "图案"——在下拉列表框中选择填充图案的样式。

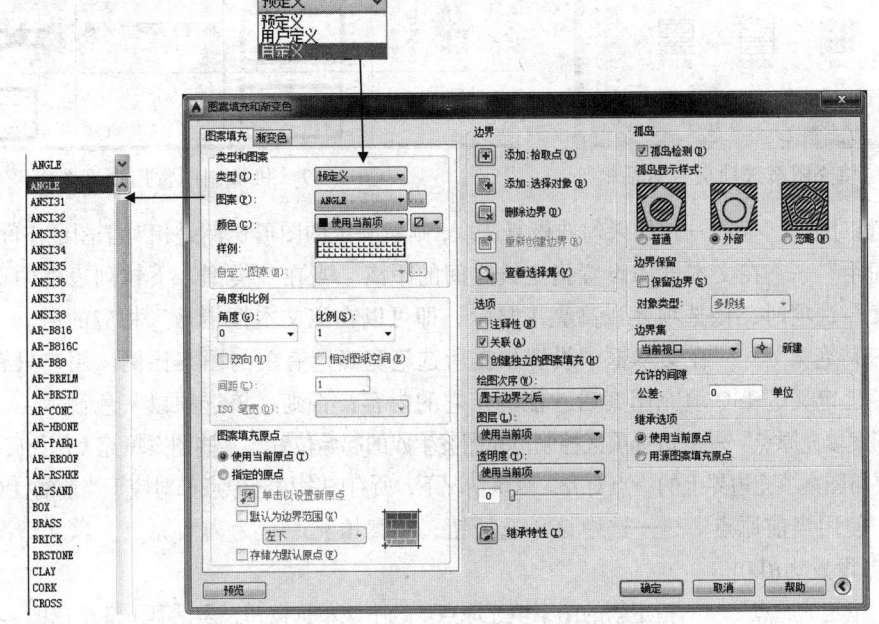

图 3-45　"图案填充"选项卡

　　单击"图案"右边的▣按钮，弹出如图 3-46 所示的"填充图案选项板"对话框，显示 AutoCAD 2015 中已有的填充样式。其中 4 个选项卡含义分别如下：
  ◆ "ANSI"——AutoCAD 带的全部 ANSI 填充图案。
  ◆ "ISO"——AutoCAD 带的全部 ISO 填充图案。
  ◆ "其他预定义"——除了 ANSI 和 ISO 外，AutoCAD 带的所有填充图案。
  ◆ "自定义"——在已经添加到 AutoCAD 搜索路径中的自定义文件（.pat）中定义的所有填充图案。
在实际绘图中，必须按照国家标准来绘制各种剖面填充图案，如图 3-47 所示。
- "自定义图案"——从自定义的填充图案中选取图案。若在类型项中未选取自定义选项，则此选项无效。
- "比例"——在下拉列表框中选择填充图案的比例值。每种图案的比例值都从 1 开始，用户可以根据需要放大或缩小，也可以直接输入所确定的比例值。
- "角度"——在下拉列表框中选择确定图案填充时的旋转角度。每种图案的旋转角度都从 0 开始，用户可以根据需要在此直接输入任意值。

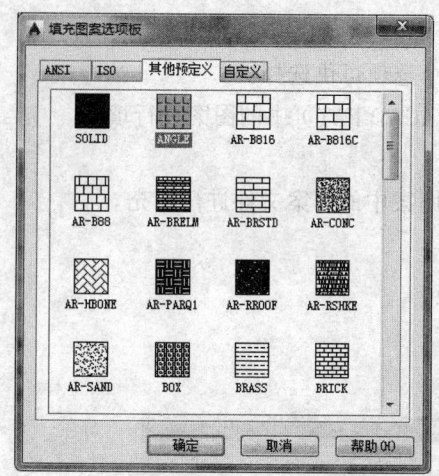

图 3-46 "填充图案选项板"对话框

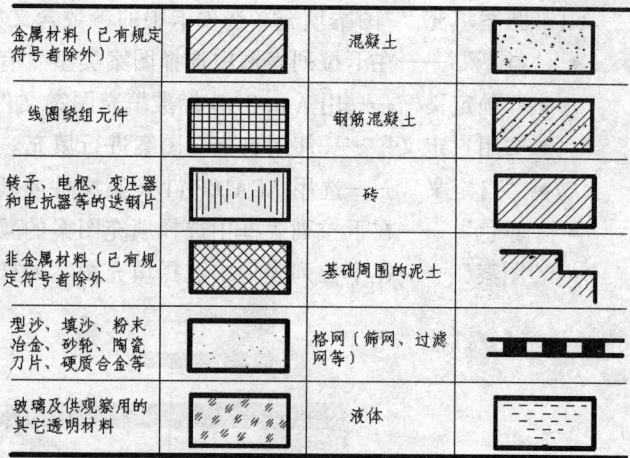

图 3-47 机械制图常用填充图案

- "相对图纸空间"——如果勾选该复选框，则所确定的图形比例是相对于图纸空间而言的。
- "间距"——在文本框中设置指定线之间的距离。当在"类型"下拉列表框中选择"自定义"选项时，该选项才以高亮度显示，即可以在该文本框中输入相应的值。
- "ISO 笔宽"——在文本框中设置根据所选笔宽确定有关的图案比例。用户只有在已选取了已定义的 ISO 填充图案后才能确定它的内容；否则，该选项以灰色显示。
- "图案填充原点"——该选项区控制填充图案生成的起始位置。某些图案填充（例如砖块图案）需要与图案填充边界上的一点对齐。默认情况下，所有图案填充原点都对应于当前的 UCS 原点。
  - "使用当前原点"——选中该单选按钮，图案填充原点为当前原点。默认情况下，原点设置为(0,0)。
  - "指定的原点"——指定新的图案填充原点。选中该单选按钮，激活其下 3 个选项。其中，单击"单击以设置新原点"按钮 直接指定新的图案填充原点。勾选"默认为边界范围"复选框，则根据图案填充对象边界的矩形范围计算新原点。可以在其下面的下拉列表框中选择该范围的 4 个角点或中心共 5 个选项，并可在预览框中显示原点的当前位置。勾选"存储为默认原点"复选框，则将新图案填充原点的值存储在 HPORIGIN 系统变量中。
- "边界"——在该选项区包含以下 5 个按钮。
  - "添加：拾取点"——以拾取点的形式自动确定填充区域的边界。单击该按钮 时，AutoCAD 2015 自动切换到绘图窗口，同时提示"选择内部点："。在希望填充的区域内任意拾取一点，如图 3-48（a）所示，AutoCAD 2015 自动确定包围该点的填充边界，且以高亮度显示，如图 3-48（b）所示。结果如图 3-48（c）所示。

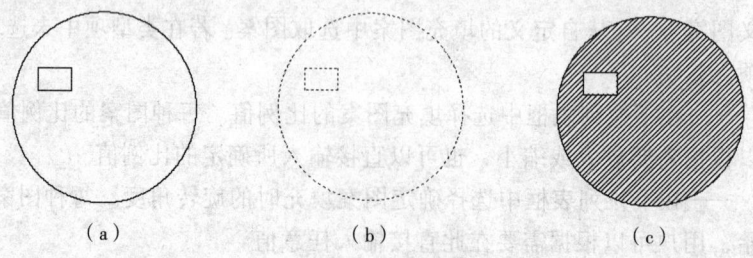

（a） （b） （c）

图 3-48 利用拾取点选项进行填充

◆ "添加：选择对象"——以选取对象的方式确定填充区域的边界。单击该按钮▣时，
　　AutoCAD 会自动切换到绘图窗口，并有如下提示。

　　选择对象：用户可根据需要选取构成区域边界的对象。如图 3-49 所示，图 3-49（b）是在
选择后高亮显示的图案填充边界，图 3-49（c）是执行图案填充的结果。

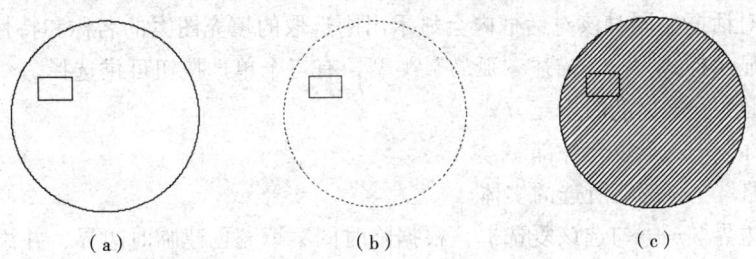

　　　　　　（a）　　　　　　　　　　（b）　　　　　　　　　　（c）

图 3-49　利用选取对象的方式进行填充

◆ "删除边界"——假如在一个边界包围的区域内又定义了另一个边界，若不选取该项，
　　则可以实现对两个边界之间的填充，即形成所谓的非填充"孤岛"。若单击该按钮▣，
　　AutoCAD 2015 会自动切换到绘图窗口，同时给出如下提示：

　　拾取内部点或 [选择对象(S)删除边界(B)]：B
　　选择对象或 [添加边界(A)]：(选取废除"孤岛"对象)
　　选择对象或 [添加边界(A)放弃(U)]：

　　执行完以上操作后，AutoCAD 2015 会根据用户的设置绘制图形。如图 3-50 所示，在图 3-50
（a）中选取填充边界，在图 3-50（b）中选取删除的"孤岛"，图 3-50（c）所示为删除孤岛后
的图案填充结果。

　　◆ "重新创建边界"——单击该按钮▣，在进行了删除边界等操作后，可以重新创建新的边界。
　　◆ "查看选择集"——查看当前填充区域的边界。单击该按钮🔍时，AutoCAD 2015 自动
　　　切换到绘图窗口，将所选择的填充边界和对象高亮度显示。若没有先选取填充边界，
　　　则该选项显示灰色。

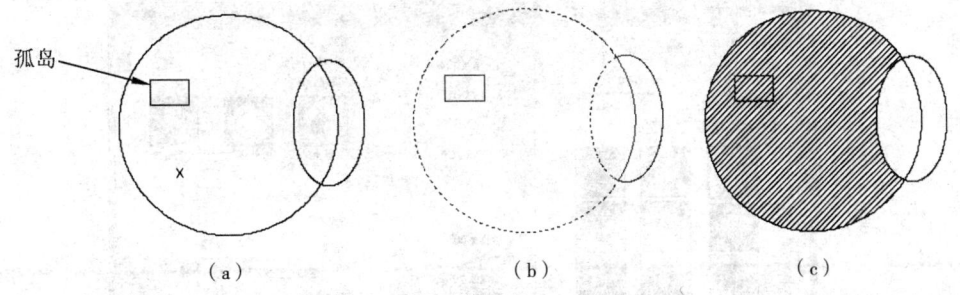

孤岛

　　　　　　（a）　　　　　　　　　　（b）　　　　　　　　　　（c）

图 3-50　删除"孤岛"的图案填充

● "选项"——该选项区主要包括以下选项。
　◆ "注释性"——单击该复选框后的按钮ⓘ，可以获取相关信息。只能勾选复选框。
　◆ "关联"——勾选该复选框，控制多个图案填充之间的关系。
　◆ "创建独立的图案填充"——勾选该复选框，当含有多个图案填充边界时，创建独立
　　　的填充。
　◆ "图层"——决定图案填充所在图层。

◆ "透明度"——决定图案填充透明程度，可以通过拖动下面的滑块实现。

◆ "绘图次序"——决定图案填充与已有绘图对象之间的关系，共有 5 个选项可供选择。

- "继承特性"——选用图中已有的图案作为当前的填充图案。单击该按钮🖼时，AutoCAD 返回绘图区，同时提示选取一个已有的填充图案。选取后，AutoCAD 2015 返回如图 3-45 所示的对话框，同时该对话框内会显示出刚选取的填充图案的名称和特性参数。

- "孤岛显示样式"——描述"孤岛"类型，有三个单选按钮可供选择。

  ◆ "普通"——标准的填充方式。

  ◆ "外部"——只填充外部。

  ◆ "忽略"——忽略所选的实体。

- "保留边界"——勾选该复选框，根据临时图案填充创建临时边界，并添加到图形中。

- "对象类型"——在下拉列表框中选择新边界的类型。同时还可以通过"保留边界"开关按钮确定是否对填充边界进行计算。

- "边界集"——可在下拉列表框中选择边界设置，也可以单击"新建"按钮🖭，选取新的边界。单击该按钮时，AutoCAD 2015 将返回到绘图区。

- "预览"——预览图案填充。单击该按钮时，AutoCAD 2015 会自动切换到绘图区域，显示图案填充情况，但并没有真的把该图案填充到图形中。如果想返回，按【Enter】键即可。

另外还可以控制边界图案填充的公差等。

（2）渐变色填充。在 AutoCAD 2015 中，对图案填充方面的内容还提供了一个"渐变色"选项卡，可以对封闭区域进行适当的渐变填充，形成比较好的修饰效果，如图 3-51 所示。

"渐变色"选项卡中各参数含义如下：

- "单色"——选中该单选按钮，指定颜色，并使用从较深着色到较浅着色平滑过渡的单色填充。AutoCAD 显示"浏览"按钮 ⋯ 和"色调"滑块 ◁ ▷ 。

  ◆ "浏览"——单击该按钮，弹出"选择颜色"对话框，从中可以选择"索引颜色""真彩色"和"配色系统"三个选项卡。显示的默认颜色为图形的当前颜色，如图 3-52 所示。

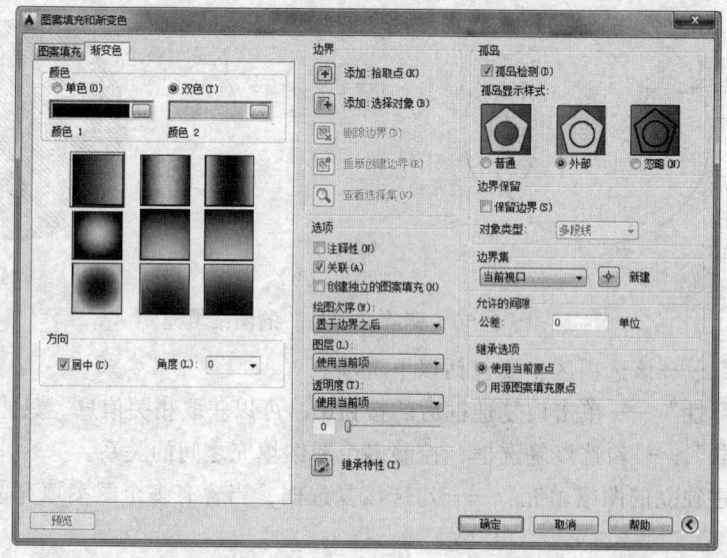

图 3-51 "渐变色"选项卡

◆ "配色系统"选项卡是新增内容，如图 3-53 所示。可以使用第三方配色系统（例如 Pantone）或用户自定义的配色系统指定颜色。选定配色系统后，"配色系统"选项卡将显示选定的配色系统名称。

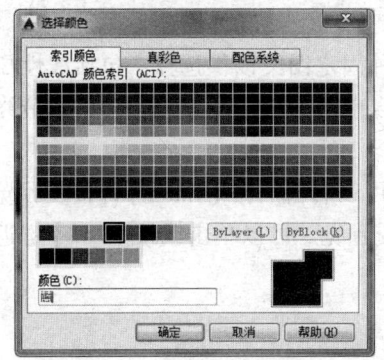

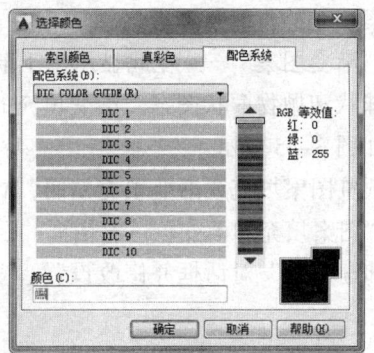

图 3-52 "选择颜色"对话框   图 3-53 "配色系统"选项卡

◆ 用户可以在"配色系统"下拉列表框中选择配色系统。选择配色系统时，将显示颜色并在"颜色"文本框显示指定的颜色名。AutoCAD 支持每页最多包含 10 种颜色的配色系统。如果配色系统没有编页，AutoCAD 会将颜色编页，每页包含 7 种颜色。

要浏览配色系统页，请在颜色滑动条上选择区域或用上下箭头浏览配色系统。浏览配色系统时，相应的颜色和颜色名将按页显示。

"RGB 等效值"将指示当前配色系统中每个 RGB 颜色分量的值。右下角的颜色对比则显示对象以前选定的颜色和当前选定的颜色。

● "色调"滑块——滑动滑块，指定一种颜色的色调（选定颜色与白色的混合）或着色（选定颜色与黑色的混合）。

● "双色"——选中该单选按钮，指定在两种颜色之间平滑过渡的双色渐变填充。此时，"渐变色"选项卡如图 3-54 所示。

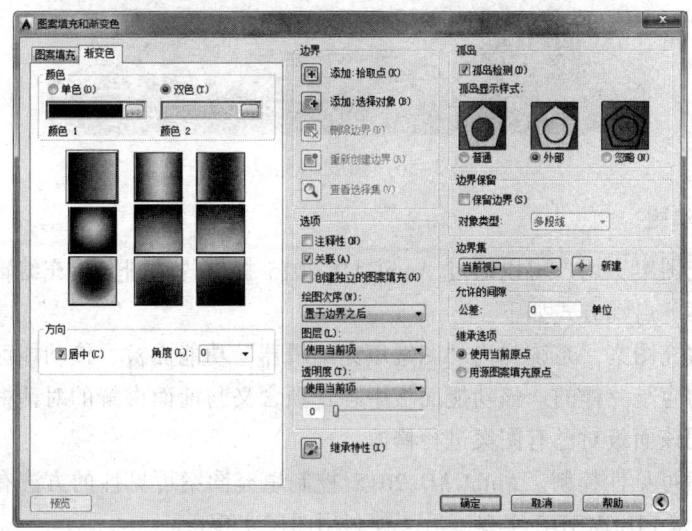

图 3-54 "双色"状态

- "居中"——勾选该复选框，指定对称的渐变配置。如果不勾选，渐变填充将朝左上方变化，创建光源在对象左边的图案。
- "角度"——在该下拉列表框中选择相对当前 UCS 渐变填充的角度。该角度与指定给图案填充的角度互不影响。
- "渐变图案"——在此显示用于渐变填充的 9 种固定图案以供选择，包括线性扫掠状、球状和抛物面状图案。渐变填充的操作过程和以前版本的图案填充一样，其最终的效果如图 3-55 所示。

在预览图案填充或渐变填充期间，AutoCAD 2015 可以右击后按【Enter】键接受预览，不必再返回"图案填充和渐变色"对话框并；如果不想接受预览，可以单击或按【Esc】键返回"图案填充和渐变色"对话框并修改设置。

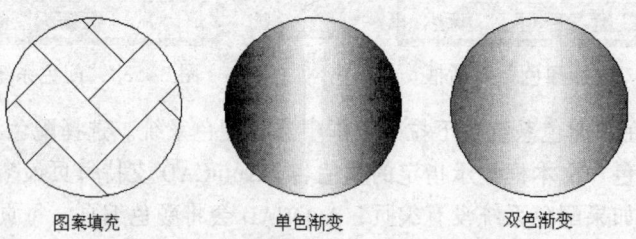

图案填充　　　　单色渐变　　　　双色渐变

图 3-55　图案填充和渐变填充效果

"渐变色"方式对 AutoCAD 的帮助非常大。以前用户需要将 AutoCAD 文件导入到 Photoshop 等专业软件中进行渲染，以演示给客户。但是，当源文件发生变化的时候，就需要完全重复这个过程，所以效率非常低下。通过"渐变色"方式，可以在 AutoCAD 中进行一些渲染处理，得到最终结果。如图 3-56 所示为 AutoCAD 提供的一个例子。

图 3-56　渐变填充效果

2．图案填充编辑

（1）编辑填充图案。用户可以通过 AutoCAD 2015 提供的"图案填充编辑器"功能面板重新设置填充的图案。启动方式如下：

单击选中已填充图案，系统弹出"图案填充编辑器"功能面板，该功能面板与"图案填充创建"功能面板内容是一样的。该功能面板中各选项含义与前面讲解的对话框同名选项含义相同，用户可以利用该面板对已有图案进行修改。

（2）填充图案可见性控制。AutoCAD 2015 控制填充图案可见性的方法有两种，一种利用 Fill 命令或系统变量 FILLMODE 实现，另一种利用图层实现。

① 利用 Fill 命令或系统变量 FILLMODE。将命令 Fill 设为 OFF，或将系统变量 Fillmode 设

为 1，则图形重新生成时所填充的图案将会消失，如图 3-57 所示为不同 Fill 状态的图形。

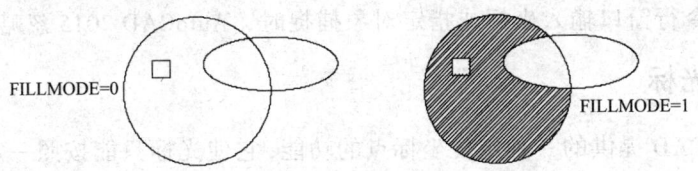

图 3-57 设置不同 Fill 状态的图形

② 利用图层。若填充图案放在单独一层，当不需要显示该图案时，则将图案所在层关闭或冻结即可。利用图层控制填充图案的可见性时，不同的控制方法使得填充图案与其边界的关联关系发生变化。当填充图案所在的层关闭后，图案与其边界仍保持着关联关系。

边界修改后，填充图案会自动根据新边界进行调整，但填充图案所在层被冻结后，图案与其边界脱离关联关系，则当边界修改后，填充图案不会根据新的边界自动调整。

3.10 精 确 绘 图

在前面学习了如何进行基本绘图，但是，在绘图时会遇到在两个对象之间有交叉内容的情况。例如，以一个线段的端点作为另一条线段的起点，如果只通过输入的方式就非常麻烦，需要准确知道该点坐标值。为此，AutoCAD 2015 为用户提供了精确绘图工具和命令。

精确绘图主要有命令行操作、状态栏操作、快捷菜单和功能键等方式。建议用户使用状态栏方式。在状态栏中列出了有关的系统工作状态，如图 3-58 所示，单击相应按钮可以完成该状态的开/关切换。

图 3-58 状态栏

3.10.1 正交绘图

正交模式决定着光标只能沿水平或垂直方向移动，所以绘制的线条只能是完全水平或垂直的。这样无形中增加了绘图速度，免去了自己定位的麻烦。它是可以透明执行的。

1．启动

- 命令行：输入 ORTHO，并按【Enter】键。
- 状态栏：单击"正交"按钮 ⌐。
- 快捷键：按【F8】键。

2．操作方法

```
命令：ORTHO
输入模式 [开(ON) 关(OFF)] <当前值>：
```

在提示中输入 ON 或 OFF，或在弹出的快捷菜单中选择"开"或"关"命令，将打开或关闭正交绘图模式。

3．说明

（1）当坐标系旋转时，正交模式作相应旋转。

（2）光标离哪根轴近，就沿着该轴移动。

（3）当在命令行窗口输入坐标或指定对象捕捉时，AutoCAD 2015 忽略正交模式。

3.10.2　捕捉光标

捕捉是 AutoCAD 提供的一种定位坐标点的功能，它使光标只能按照一定间距的大小移动。捕捉功能打开时，如果移动鼠标，十字光标只能落在距该点一定距离的某个点上，而不能随意定位。AutoCAD 提供的 SNAP 命令可以透明地完成该功能的设置。

1．启动

- 命令行：输入 SNAP，并按【Enter】键。
- 状态栏：单击"捕捉模式"按钮▓▓。
- 快捷键：按【F9】键。

2．操作方法

```
命令：SNAP
指定捕捉间距或 [打开(ON)关闭(OFF)纵横向间距(A)传统（L）样式(S)类型(T)]
<10.0000>：
```

（1）"捕捉间距"——系统默值认项。在提示中直接输入一个捕捉间距的数值，AutoCAD 将使用该数值作为 X 轴和 Y 轴方向上的捕捉间距进行光标捕捉。

（2）"打开/关闭"——在提示中输入 ON/OFF 来打开/关闭捕捉功能。

（3）"纵横向间距"——在提示下输入 A，AutoCAD 提示用户分别设置 X 轴和 Y 轴方向上的捕捉间距。如果当前捕捉模式为"等轴测"，则不能分别设置。

（4）"传统"——指定"是"光标将始终捕捉到捕捉栅格，指定"否"光标仅在操作正在进行时捕捉到捕捉栅格。

（5）"样式"——在提示中输入 S，或在弹出的快捷菜单中选择【样式】选项。AutoCAD 提示如下。

输入捕捉栅格类型 [标准(S)等轴测(I)] <当前值>：

AutoCAD 2015 提供了两种模式：标准模式和等轴测模式。

- "标准"——AutoCAD 显示平行于当前 UCS 的 XY 平面的矩形栅格，X 和 Y 的间距可以不同。

- "等轴测"——AutoCAD 显示等轴测栅格，此处栅格点初始化为 30° 和 150° 角。等轴测捕捉可以旋转，但不能有不同的 X 轴和 Y 轴捕捉间距值。

（6）"类型"——在提示中输入 T，或在快捷菜单中选择"类型"选项，提示如下：

```
输入捕捉类型 [极轴(P)栅格(G)] <当前值>：
AutoCAD 2015 提供了两种捕捉类型："极轴"和"栅格"。
```

- "极轴"——AutoCAD 将捕捉设置成与"极轴追踪"相同的设置。
- "栅格"——AutoCAD 将捕捉设置成与"栅格"相同的设置。

在"草图设置"对话框中也可以设置捕捉栅格的功能。用户可使用如下三种方法打开"草图设置"对话框：

- 状态栏：在"捕捉模式""栅格显示""极轴追踪""对象捕捉"或"对象捕捉追踪"等
  按钮上右击，在弹出的快捷菜单中选择"设置"命令。
- 命令行：输入 DSETTINGS。

在"草图设置"对话框中选择"捕捉和栅
格"选项卡，如图 3-59 所示。在此选项卡中，
可以勾选或取消"启用捕捉"复选框来打开或
关闭捕捉功能；在"捕捉间距"选项区中，可
以设置 X 轴和 Y 轴方向的捕捉间距、捕捉旋转
角度和捕捉基点等选项；在"捕捉类型"选项
区中，可以设置捕捉类型和捕捉样式。

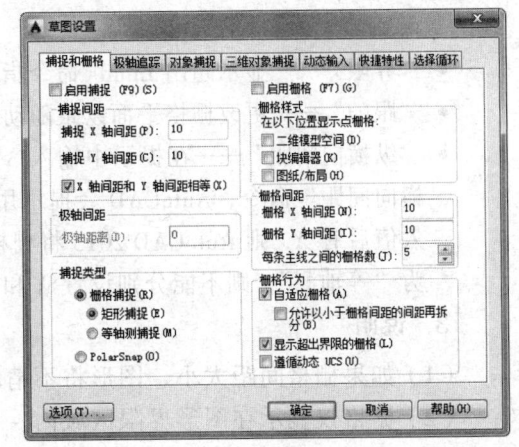

3. 说明

（1）捕捉模式功能可以让鼠标快速定位。

（2）捕捉栅格的改变只影响新点的坐标，
图形中已有的对象保持原来的坐标。

（3）透视视图下捕捉模式无效。

图 3-59 "捕捉和栅格"选项卡

3.10.3 栅格显示功能

同光标捕捉不同，显示栅格的目的仅仅是为绘图提供一个可见参考，它不是图形的组
成部分。因此，AutoCAD 在输出图形时并不会打印栅格。栅格不具有捕捉功能，但它是透
明的。下面主要讲解其设置和特殊应用。

1. 启动

- 命令行：输入 GRID。
- 状态栏：单击"栅格显示"按钮▦。
- 快捷键：按【F7】键。

2. 操作方法

```
命令：GRID
指定栅格间距(X) 或 [开(ON)关(OFF)捕捉(S)主(M)自适应(D)界限(L)跟随(F)纵横向间
距(A)] <当前值>：
```

- "指定栅格间距"——系统默认值。在提示中直接输入栅格显示的间距。如果数值后跟
  一个 X，可将栅格间距设置为捕捉间距的指定倍数。
- "开/关"——在提示中输入 ON 或 OFF，或在快捷菜单中选择"开"或"关"命令，即
  可打开/关闭栅格。
- "捕捉"——在提示中输入 S，或在快捷菜单中选择"捕捉"选项，将栅格间距设置成
  当前的捕捉间距。
- "主"——在提示中输入 M，再按提示输入各主栅格线的栅格分块数。指定主栅格
  线与次栅格线比较的频率。将以除二维线框之外的任意视觉样式显示栅格线而非栅
  格点。
- "自适应"——控制放大或缩小时栅格线的密度。在提示中输入 D，系统提示如下。

打开自适应行为 [是(Y)否(N)] <是>: (输入 Y 或 N)

限制缩小时栅格线或栅格点的密度。系统提示如下：

允许以小于栅格间距的间距再拆分 [是(Y)否(N)] <是>

如果打开，则放大时将生成其他间距更小的栅格线或栅格点。这些栅格线的频率由主栅格线的频率确定。

- "界限"——显示超出 Limits 命令指定区域的栅格。
- "跟随"——更改栅格平面以跟随动态 UCS 的 XY 平面。
- "纵横向间距"——在提示中输入 A，或在绘图区右击，在弹出的快捷菜单中选择"纵横向间距"命令，AutoCAD 会提示用户分别设置栅格的 X 向间距和 Y 向间距。如果输入值后有 X，则 AutoCAD 2015 将栅格间距定义为捕捉间距的指定倍数。如果捕捉样式为"等轴测"，则不能分别设置 X 和 Y 方向的间距。

3．说明

（1）如果栅格间距太小，图形将不清晰，屏幕重画非常慢。

（2）栅格仅显示在图形界限区域内。

例 设置 X 方向的捕捉间距为 5，栅格间距为 10；Y 方向的捕捉间距为 10，栅格间距为 20。

步骤如下：

```
命令:SNAP
指定捕捉间距或 [打开(ON)关闭(OFF)纵横向间距(A)样式(S)类型(T)] <10.0000>:A
指定水平间距 <10.0000>: 5
指定垂直间距 <10.0000>: 10
命令:GRID
指定栅格间距(X) 或 [开(ON)关(OFF)捕捉(S)主(M)自适应(D)界限(L)跟随(F)纵横向间
距(A)] <10.0000>:ON
命令:GRID
指定栅格间距(X) 或 [开(ON)关(OFF)捕捉(S)主(M)自适应(D)
界限(L)跟随(F)纵横向间距(A)] <10.0000>:A
指定水平间距 (X) <10.0000>:20
指定垂直间距 (Y) <10.0000>:20
```

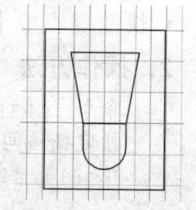

图 3-60 所示为设置结果。因为捕捉间距只是栅格间距的一半，所以必须移动两次，十字光标才能从一个栅格点移动到另一个栅格点。

图 3-60 设置显示栅格

3.10.4 对象捕捉

使用 AutoCAD 2015 提供的对象捕捉功能，可以在对象上准确定位某个点。这种方法不必知道坐标或绘制构造线，在绘图需要使用已经绘制的图形上的几何点时显得尤其重要。

每次当 AutoCAD 提示输入一个点时，用户都可以进行对象捕捉，图 3-61 所示为对象捕捉方式的参考示例。

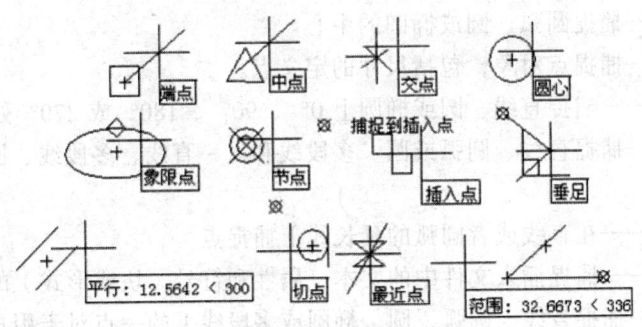

图 3-61 对象捕捉方式

1．启动

如果要绘制一个新的目标，利用输入坐标值的方法是十分有用的，但当需要通过已经绘制对象上的几何点定位新的点时，利用对象捕捉功能则是比较方便快捷的。

对象捕捉可用来选择图形的关键点，如端点、中点、圆心、节点、象限点、交点、插入点、垂足、切点、最近点、外观交点等。

对象捕捉模式的设定可以通过如下方法进行：

- 状态栏：单击"对象捕捉"按钮 □ 右侧箭头，弹出如图 3-62 所示内容。
- 命令行：在点输入提示下输入关键字（如 Mid、Cen、Qua 等）。这种捕捉模式基本上与上一功能相似，主要区别在于它可以设置多种对象捕捉模式。执行方式是在点输入提示下输入关键字，各关键字用"，"隔开。
- 命令行：输入 OSNAP，并按【Enter】键，或在点提示下透明执行这个命令，弹出"草图设置"对话框，此时自动选择"对象捕捉"选择卡，如图 3-63 所示，对关键点进行设置。

2．说明

AutoCAD 2015 共提供了 13 种对象捕捉模式，下面分别对每一种模式进行介绍。

- "端点"——捕捉直线、圆弧或多段线上离拾取点最近的点。
- "中点"——捕捉直线、多段线段或圆弧的中点。

图 3-62 状态栏设置对象捕捉

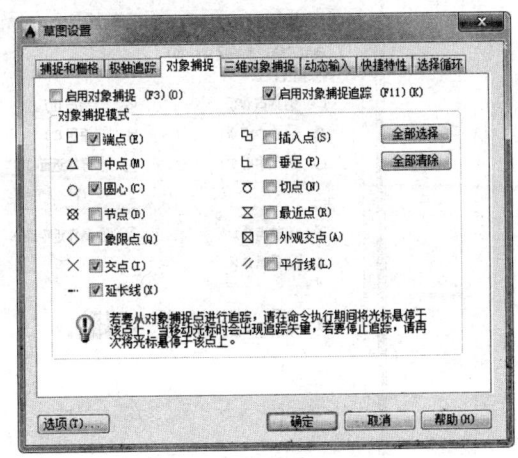

图 3-63 "对象捕捉"选项卡

- "圆心"——捕捉圆弧、圆或椭圆的中心。
- "节点"——捕捉点对象，包括尺寸的定义点。
- "象限点"——捕捉直线、圆或椭圆上 0°、90°、180° 或 270° 处的点。
- "交点"——捕捉直线、圆弧或圆、多段线和另一直线、多段线、圆弧或圆任何组合的最近交点。
- "延长线"——在直线或者圆弧的延长线上捕捉点。
- "插入点"——捕捉插入文件中的文本、属性和符号（块或形式）的原点。
- "垂足"——捕捉直线、圆弧、圆、椭圆或多段线上的一点对于用户拾取的对象相切的点。该点从最后一点到用户拾取的对象形成一条正交（垂直的）线，结果点不一定在对象上。
- "切点"——捕捉同圆、椭圆或圆弧相切的点，该点从最后一点到拾取的圆、椭圆或圆弧形成一条切线。
- "最近点"——捕捉对象上最近的点，一般是端点、垂足或交点。
- "外观交点"——该选项与交点相同，只是它还可捕捉 3 维空间中两个对象的视图交点（这两个对象实际上不一定相交，但视觉上相交）。在二维空间中，外观交点和交点模式等效。注意该捕捉模式不能和交点捕捉模式同时有效。
- "平行线"——限制当前线性对象平行于已有线性对象，如多段线、线段等。

3.10.5　三维对象捕捉

同以前版本不同的是，AutoCAD 2015 可以对三维对象执行对象捕捉。

1. 启动

三维对象捕捉用来选择三维图形中的关键点，如顶点、边中点、面中心等。

在命令行窗口输入 OSNAP，并按【Enter】键，弹出"草图设置"对话框，此时选择"三维对象捕捉"选择卡，如图 3-64 所示，可对关键点进行设置。

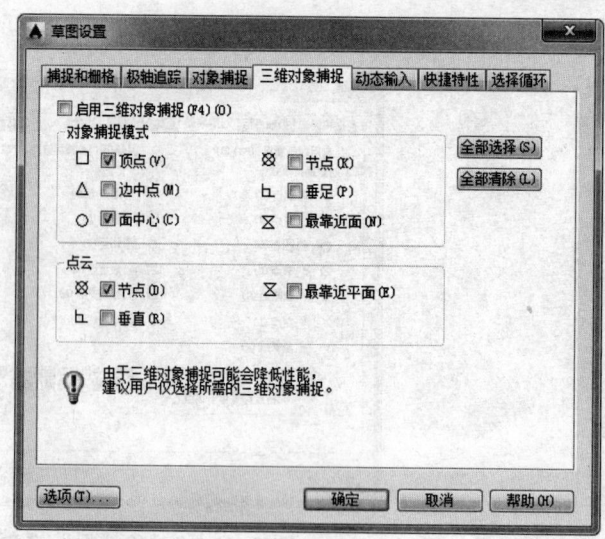

图 3-64　"三维对象捕捉"选项卡

2. 说明

AutoCAD 2015 共提供了 6 种三维对象捕捉模式，下面分别对每一种模式进行介绍。

- "顶点"——捕捉三维对象最近的顶点。
- "边中点"——捕捉面边的中点。
- "面中心"——捕捉面所在的中心。
- "节点"——捕捉样条曲线上的节点。
- "垂足"——捕捉垂直于面的点。
- "最靠近面"——捕捉最靠近三维对象面上的点。

3.10.6 极轴追踪

极轴追踪用来按照指定角度绘制对象。当在该模式下确定目标点时，光标附近将按照指定的角度显示对齐路径，并自动在该路径上捕捉距离光标最近的点，如图 3-65 所示。

1. 启动

- 在状态栏单击"极轴追踪"按钮 ⊙。
- 快捷键：按【F10】键。

2. 设置

用户可以在"草图设置"对话框的"极轴追踪"选项卡中设置该功能，如图 3-66 所示。各选项说明如下：

- "启用极轴追踪"——确定是否启用极轴追踪时，勾选或取消此复选框即可。
- "极轴角设置"——在"增量角"下拉列表框中可以选择或者输入增量角度，极轴将按此角度追踪。例如，如果选择 90°，则系统将按照 0°、90°、180°、270° 方向指定目标点位置。

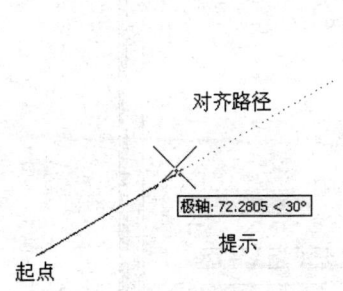

图 3-65 极轴追踪表示

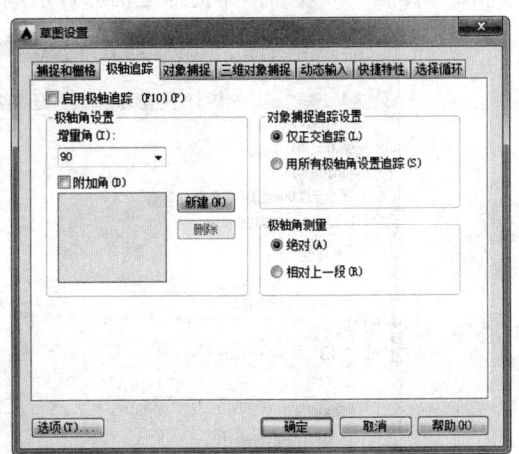

图 3-66 "极轴追踪"选项卡

另外，可以设置附加追踪角度。勾选"附加角"复选框激活列表框，然后单击"新建"按钮创建新的一些角度，使用户可以在这些角度方向上指定追踪方向。该角度最多可设置 10 个。

- "对象捕捉追踪设置"——在该选项区设置极轴追踪方式。
  - ◆ "仅正交追踪"——选中该单选按钮，则只在水平与垂直方向上显示相关提示，其他增量角和附加角均无效。
  - ◆ "用所有极轴角设置追踪"——选中该单选按钮，则所有增量角和附加角均有效。
- "极轴角测量"——在该选项区设置基准。
  - ◆ "绝对"——选中该单选按钮，以当前坐标系为基准计算极轴追踪角。
  - ◆ "相对上一段"——选中该单选按钮，以最后创建的两个点的连线作为基准。

3.10.7 自动捕捉与自动追踪

如果使用自动捕捉功能，当用户把光标放在一个对象上时，AutoCAD 2015 会自动捕捉到该对象上符合条件的特征点，同时显示该捕捉方式的提示。

用户可以在"选项"对话框的"绘图"选项卡中设置自动捕捉功能，如图 3-67 所示。有关自动捕捉的选项具体含义如下：

- "标记"——勾选该复选框，AutoCAD 2015 将显示自动捕捉的标记。当用户将光标移动到一个对象上的某一捕捉点时，AutoCAD 会显示一个几何符号捕捉到的点的位置。
- "磁吸"——勾选该复选框，AutoCAD 将打开自动捕捉的磁吸功能。磁吸功能打开后，AutoCAD 自动将光标锁到与其最近的捕捉点上。此时，光标只能在捕捉点之间移动。
- "显示自动捕捉工具提示"——勾选该复选框，AutoCAD 在对象上捕捉到点后，会在光标处显示文字，提示用户捕捉到的点的类型，如图 3-67 所示。
- "显示自动捕捉靶框"——勾选该复选框，AutoCAD 2015 在捕捉对象点时以光标中心点为中心，显示一个小正方形，即靶框，如图 3-68 所示。
- "颜色"——单击此按钮，弹出"图形窗口颜色"对话框，在该对话框中从"颜色"下拉列表框中可以选择捕捉标记框的显示颜色，再单击"应用并关闭"按钮退出。

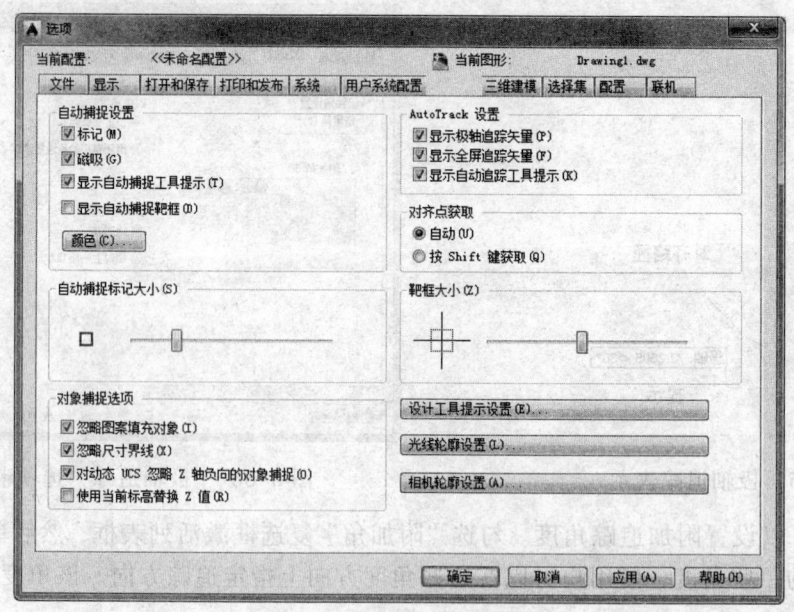

图 3-67 "绘图"选项卡

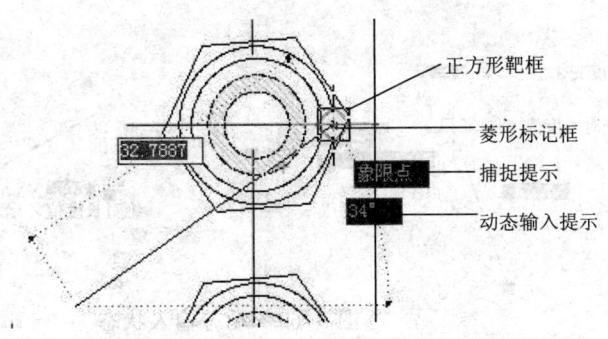

图 3-68　自动捕捉应用

- "自动捕捉标记大小"——通过拖动滑块可以设置捕捉标记的大小。

默认设置中，当用户从命令行进入对象捕捉，或使用"对象捕捉设置"对话框打开对象捕捉时，自动捕捉（AutoSnap）也自动打开。当捕捉到特征点时，将显示标记框和捕捉提示。

另外，在"草图"选项卡中还可以设置自动追踪功能，有关选项含义如下：

- "显示极轴追踪矢量"——勾选该复选框，当极轴追踪打开时，将沿指定角度显示一个矢量。使用极轴追踪，可以沿角度绘制直线。极轴角是 90° 的约数，如 45°、30° 和 15°。
- "显示全屏追踪矢量"——勾选该复选框，AutoCAD 将以无限长直线显示对齐矢量。
- "显示自动追踪工具提示"——勾选该复选框，工具栏提示作为一个标签显示追踪坐标。
- "对齐点获取"——在该选项区选择在图形中显示对齐矢量的方法。
- "自动"——选中该单选按钮，当靶框移到对象捕捉上时，自动显示追踪矢量。
- "按【Shift】键获取"——选中该单选按钮，当按【Shift】键并将靶框移到对象捕捉上时，显示追踪矢量。
- "靶框大小"——通过拖动滑块可以调整靶框显示的尺寸大小。

此外，"草图"选项卡还包括"对象捕捉选项"选项区。

- "忽略图案填充对象"——勾选该复选框，指定在打开对象捕捉时，对象捕捉忽略填充图案。
- "使用当前标高替换 Z 值"——勾选该复选框，指定对象捕捉忽略对象捕捉位置的 Z 值，并使用为当前 UCS 设置的标高的 Z 值。
- "对动态 UCS 忽略 Z 轴负向的对象捕捉"——勾选该复选框，指定使用动态 UCS 期间对象捕捉忽略具有负 Z 值的几何体。

3.10.8　动态输入

在前面的讲解中，读者可能已经注意到，在有些情况下，绘制的图元上会出现一些提示、数据输入框或选项等，这称为动态输入。相比之下，动态输入更加直接、方便，建议用户熟练掌握。

图 3-69 所示为在动态条件下的输入情况。左图为笛卡儿坐标系输入，右图为极坐标系输入。从中可以看到，动态输入在光标附近提供了一个命令界面，以帮助用户专注于绘图区域。工具栏提示将在光标附近显示信息，该信息会随着光标移动而动态更新。当某条命令为活动时，工具栏提示为用户提供输入的位置。

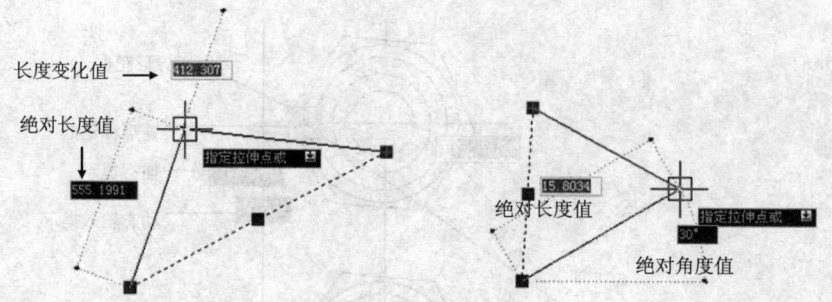

图 3-69　动态输入状态

在文本框中输入值并按【Tab】键后，文本框将显示一个锁定图标，并且光标会受用户输入的值约束。随后可以在第二个文本框中输入值。另外，如果用户输入值后按【Enter】键，则第二个文本框将被忽略，且该值将被视为直接距离输入。

完成命令或使用夹点所需的动作与命令提示中的动作类似。区别是用户的注意力可以保持在光标附近。

动态输入不会取代命令行窗口。用户可以隐藏命令行窗口以增加绘图屏幕区域，但是在有些操作中还是需要显示命令行窗口。按【F2】键可根据需要隐藏或显示命令提示和错误消息。

用户可以在"草图设置"对话框的"动态输入"选项卡中设置该功能，如图 3-70 所示。在"DYN"按钮上右击，在弹出的快捷菜单中选择"设置"命令，弹出"草图设置"对话框，此时系统自动选择"动态输入"选项卡，以控制启用动态输入时每个组件所显示的内容。

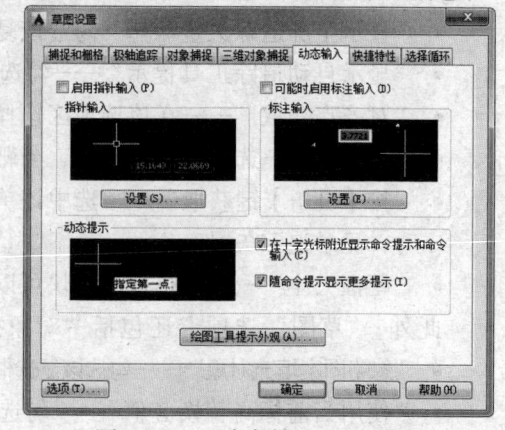

图 3-70　"动态输入"选项卡

"动态输入"有三个组件：指针输入、标注输入和动态提示。

（1）指针输入。当启用指针输入且有命令在执行时，十字光标的位置将在光标附近的工具栏提示中显示为坐标。可以在工具栏提示中输入坐标值，而不用在命令行中输入。

第二个点和后续点的默认设置为相对极坐标，不需要输入@。如果需要使用绝对坐标，需要使用"#"前缀。例如，要将对象移到原点，请在提示输入第二个点时，输入#0,0。

使用指针输入设置可修改坐标的默认格式，以及控制指针输入工具栏提示何时显示。

（2）标注输入。启用标注输入，当命令提示输入第二点时，工具栏提示将显示距离和角度值。在工具栏提示中的值将随着光标移动而改变。按【Tab】键可以移动到要更改的值。标注输入可用于 ARC、CIRCLE、ELLIPSE、LINE 和 PLINE。

在使用夹点来拉伸对象或在创建新对象时，标注输入仅显示锐角，即所有角度都显示为小于或等于180°。因此，无论 Angdir 系统变量如何设置（在"图形单位"对话框中设置），270°的角度都将显示为90°。创建新对象时指定的角度需要根据光标位置来决定角度的正方向。

（3）动态提示。启用动态提示时，提示内容会显示在光标附近的工具栏提示中。用户可以在工具栏提示（而不是在命令行）中输入响应。按【↓】键可以查看和选择选项，按【↑】键可以显示最近的输入。

注意要在动态提示工具栏提示中使用 Pasteclip，可输入字母，然后在粘贴输入之前用空格键将其删除；否则，输入将作为文字粘贴到图形中。

本节内容与图形绘制紧密相关，希望读者能够多加练习，以提高绘图效率。

另外，系统还提供了快捷特性工具，可以随时显示所选中对象的自定义特性；提供了透明度隐藏/显示工具，可以控制透明度的显示状态，在此不再赘述。

本 章 小 结

本章讲解了在 AutoCAD 中平面绘图的一些基本方法，包括坐标系、线段、多线、多段线、矩形和正多边形、圆（弧）、椭圆（弧）、圆环、样条曲线、点和图案填充的多种应用。最后介绍了如何快速精确地绘图，包括捕捉、显示栅格和正交等。

习　　题

1. 笛卡儿坐标系与极坐标系是如何表示位置的？
2. 绝对坐标和相对坐标表示方法的区别是什么？
3. 射线和构造线有何异同？
4. 多线和多段线具有什么特点？
5. 如何设置多线样式？
6. 如何绘制具有厚度和圆角的矩形？
7. 绘制正多边形的方式有哪几种？
8. 绘制圆和椭圆的主要区别在哪里？
9. 如何设置点的样式和大小？
10. 图案填充有几种方式？
11. 如何设置捕捉方式？
12. 正交模式和极轴模式有何不同？
13. 哪些对象可以设置为捕捉对象？
14. 使用直线工具绘制如图 3-71 所示的图形。
15. 使用多线工具、多段线工具和填充工具绘制如图 3-72 所示的图形。

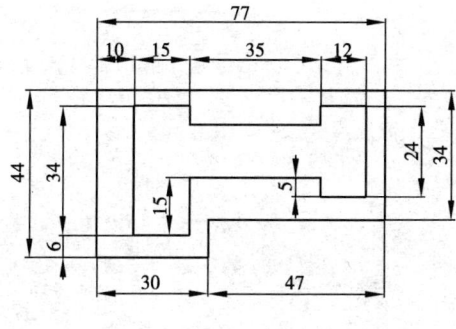

图 3-71　绘制图形一

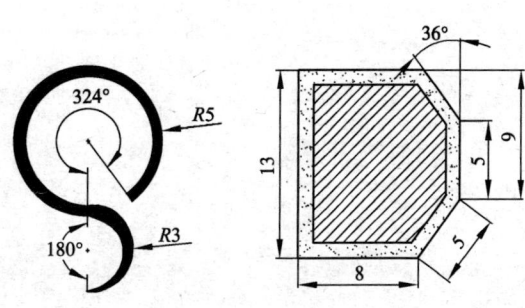

图 3-72　绘制图形二

16. 使用直线工具绘制如图 3-73 所示的图形。

17. 使用矩形、圆、圆弧、椭圆和多边形工具等绘制如图 3-74 所示图形。

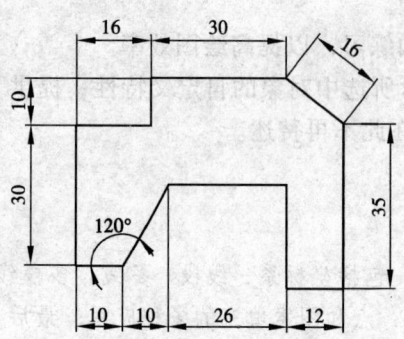

图 3-73　绘制图形三

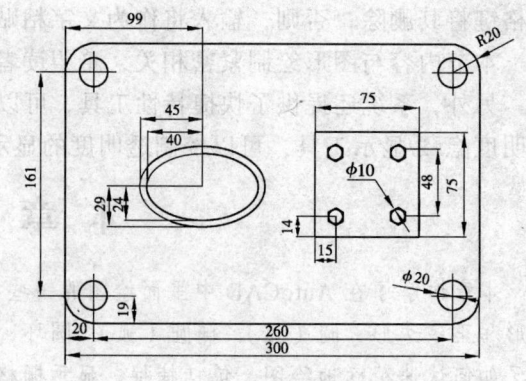

图 3-74　绘制图形四

18. 绘制如图 3-75 所示图形。

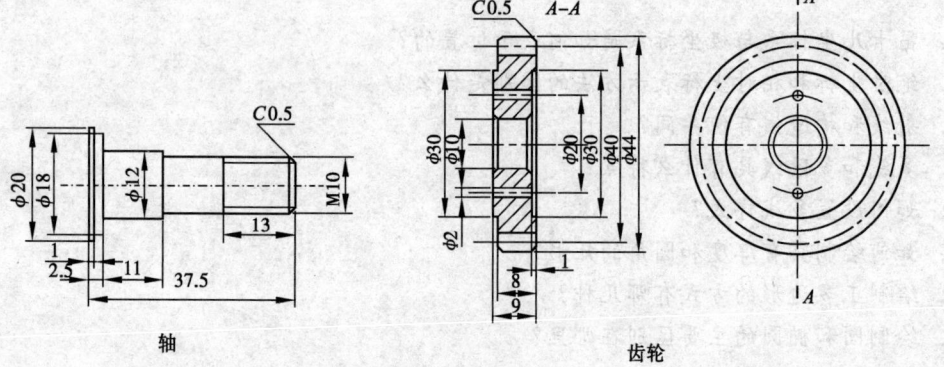

图 3-75　绘制图形五

第4章 // 对象修改

图纸在经过了大量的绘制工作后并没有完成，往往还要经过反复修改才能达到用户要求，所以掌握必要的图形编辑功能是必不可少的。如果能掌握这些功能，可以大幅度地提高绘图效率和质量。

本章主要讲解 AutoCAD 的编辑方法，如复制、移动、旋转、剪切、延伸、缩放、拉伸、偏移、镜像、打断、阵列、对齐以及倒角、编辑多段线、编辑样条曲线、编辑多线、修改、分解等。

AutoCAD 将大部分编辑命令集中在"默认"选项卡的"修改"功能面板中，如图 4-1 所示。在编辑图形时可以在命令行中直接输入编辑命令，也可以选择面板中的命令。

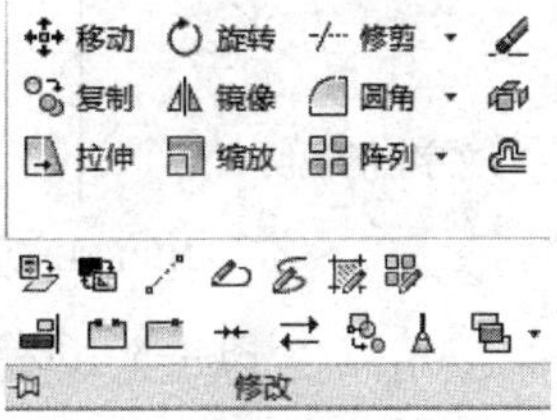

图 4-1 "修改"功能面板

4.1 复 制 操 作

除了第 5 章讲解的基本编辑命令中的复制操作外，AutoCAD 还提供了其他几种复制对象的方式，使用这些方式每次可以复制一个或者多个对象。

4.1.1 镜像复制

在绘图过程中常需绘制对称图形，调用镜像命令 MIRROR 可以完成该操作。它围绕用两点定义的轴线生成对称对象。在进行操作时，可以删除或保留原对象。镜像作用于与当前 UCS 的 *XY* 平面平行的任何平面。

1. 启动方法

- 功能面板：单击"修改"功能面板中的"镜像"按钮 ▲。
- 命令行：输入 MIRROR。

2. 操作方法

> 命令：MIRROR
> 选择对象：（选取欲镜像的对象）
> 选择对象：（也可继续选取）
> 指定镜像线的第一点：（输入镜像线上的一点）
> 指定镜像线的第二点：（输入镜像线上的另外一点）
> 要删除源对象吗？[是(Y)否(N)] <N>：（若直接回车，则表示在绘出所选对象的镜像图形的同时保留原来的对象；若输入 Y 后再回车，则绘出所选对象的镜像的同时还要把原对象删除掉。）

其具体效果如图 4-2 所示。

3．说明

① 所指定的镜像线是图形对象被镜像的轴线，它可以是任意角度。

② 当文本属于镜像的范围时，可以有两种结果：一种为文本完全镜像；另一种是文本可读镜像，即根据文本的外框做镜像，文本在框中的书写格式仍然可读。这两种状态由系统变量 MIRRTEXT 控制，如果该值为 1，则文本做完全镜像，如图 4-3 所示；若其值为 0，文本做可读镜像，其效果如图 4-4 所示。

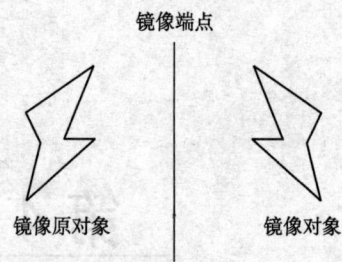

图 4-2　镜像结果

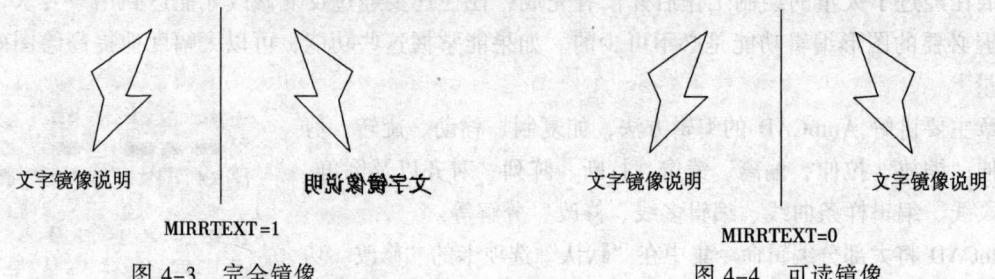

图 4-3　完全镜像　　　　　　　　　　图 4-4　可读镜像

4.1.2　偏移复制对象

用 OFFSET 命令可以建立一个与原实体相似的另一个实体，同时偏移指定的距离。在 AutoCAD 中，可以偏移的对象包括直线、圆弧、圆、二维多段线、椭圆、椭圆弧、参照线、射线和平面样条曲线。

1．启动方法

- 功能面板：单击"修改"功能面板中的"偏移"按钮 。
- 命令行：输入 OFFSET。

2．操作方法

```
命令行: OFFSET
指定偏移距离或 [通过(T)删除(E)图层(L)] <通过>:
```

若直接输入数值，则表示以该数值为偏移距离进行偏移。此时 AutoCAD 会有如下提示：

```
选择要偏移的对象，或 [退出(E)放弃(U)] <退出>:（选取要偏移的物体）
指定要偏移的那一侧上的点，或 [退出(E)多个(M)放弃(U)] <退出>:（相对于源对象，指定
要偏移的方向）
选择要偏移的对象，或 [退出(E)放弃(U)] <退出>:（也可继续选取）
```

若输入 T，则表示物体要通过一个定点进行偏移，此时 AutoCAD 会有如下提示：

```
选择要偏移的对象，或 [退出(E)放弃(U)] <退出>:（选取对象）
指定通过点或 [退出(E)多个(M)放弃(U)] <退出>:（选取要通过的点）
选择要偏移的对象，或 [退出(E)放弃(U)] <退出>:（也可继续选取）
```

AutoCAD 会重复上面两个提示，让用户可以连续创建多个偏移对象。如果要结束命令，可以在"选择要偏移的对象"提示下按【Enter】键退出。

若输入 E，则表示偏移源对象后将其删除。此时会有如下提示：

> 要在偏移后删除源对象吗？[是(Y)否(N)]<当前>：（输入 y 或 n）

若输入 L，则选择将偏移对象创建在当前图层上还是源对象所在的图层上。此时会有如下提示：

> 输入偏移对象的图层选项 [当前(C)源(S)] <当前>：（输入选项）

从中选择即可。

3. 说明

① 执行偏移命令，只能用拾取框选取实体。

② 如果用给定距离的方式生成等距偏移对象，对于多段线其距离按中心线计算。

③ 对不同图形执行偏移命令，会有不同结果：

a. 对直线、构造线、射线执行偏移命令时，实际是绘制它们的平行线，如图 4-5 所示。

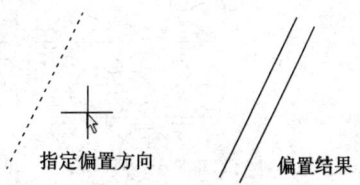

图 4-5 偏移线结果

b. 对圆弧执行偏移命令时，新圆弧的长度会发生变化，但新旧圆弧的中心角相同，如图 4-6 所示。

c. 对圆或椭圆执行偏移命令时，圆心不变，但圆半径或椭圆的长、短轴会发生变化，如图 4-6 所示。

d. 对于多段线组成的封闭多边形或正多边形执行偏移命令时，外形不变，但各边的长短会发生变化，如图 4-6 所示。

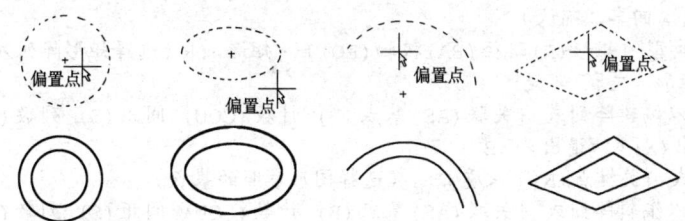

图 4-6 偏移圆、椭圆、圆弧与多边形

e. 对样条曲线执行偏移命令时，其长度和起始点要调整，从而使新样条曲线的各个端点在原样条曲线相应端点的法线方向，如图 4-7 所示。

图 4-7 样条曲线偏移

4.1.3 阵列复制

在一张图形中，当需要利用一个实体组成含有多个相同实体的矩形方阵或环形方阵时，ARRAY 命令是非常有效的。对于环形阵列，用户可以控制复制对象的数目；对于矩形阵列，用户可以控制行和列的数目、它们之间的距离和是否旋转对象。

1．启动

- 功能面板：单击在"修改"功能面板中"阵列"按钮🔲。
- 命令行：输入 ARRAY。

2．操作方法

例 4-1　绘制如图 4-8（a）所示矩形阵列。

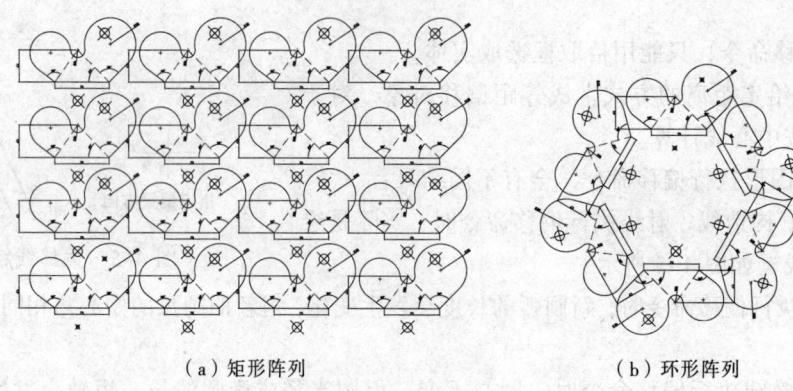

（a）矩形阵列　　　　　　　　　　　（b）环形阵列

图 4-8　阵列效果

操作步骤如下：

```
命令：ARRAY
选择对象：（选择要复制的对象）
选择对象：（回车，确认）
输入阵列类型 [矩形(R)路径(PA)极轴(PO)] <矩形>:R（选择矩形阵列方式）
类型 = 矩形 关联 = 是
选择夹点以编辑阵列或 [关联(AS)基点(B) 计数(COU) 间距(S) 列数(COL) 行数(R) 层
数(L)退出(X)] <退出>: B
指定基点或 [关键点(K)] <质心>:（选择图形参照的基点）
选择夹点以编辑阵列或 [关联(AS)基点(B) 计数(COU) 间距(S) 列数(COL) 行数(R) 层
数(L)退出(X)] <退出>: COL（选择输入具体行列数方式）
输入列数数或 [表达式(E)] <4>:（回车，确定为 4 列）
指定列数之间的距离或 [总计(T)表达式(E)] <1184.2615>:（回车或输入新列距值）
选择夹点以编辑阵列或 [关联(AS)基点(B) 计数(COU) 间距(S) 列数(COL) 行数(R) 层
数(L)退出(X)] <退出>: R（选择输入具体行列数方式）
输入行数或 [表达式(E)] <4>:（回车，确定为 4 行）
指定行数之间的距离或 [总计(T)表达式(E)] <1>:（回车或输入新列距值）
指定行数之间的标高增量或 [表达式(E)] <0>:
选择夹点以编辑阵列或 [关联(AS)基点(B) 计数(COU) 间距(S) 列数(COL) 行数(R) 层
数(L)退出(X)] <退出>:X
```

若行间距为正，则由原图向上复制生成阵列，反之向下复制生成阵列。若列间距为正，则
由原图向右复制生成阵列，反之向左复制生成阵列。

例 4-2　绘制如图 4-8（b）所示环形阵列，原图为图 4-7 的左图。

操作步骤如下：

选中"默认"选项卡中修改功能面板中的🔲环形阵列按钮，命令提示如下：

```
命令：_ARRAYPOLAR
```

选择对象：（选择阵列对象）

选择对象：（回车确认）

类型 = 极轴　关联 = 是

指定阵列的中心点或 [基点(B)旋转轴(A)]：（选择阵列中心点）

选择夹点以编辑阵列或 [关联(AS)基点(B)　项目(I)　项目间角度(A)　填充角度(F)　行(ROW)层(L)　旋转项目(ROT)退出(X)] <退出>:I

输入阵列中的项目数或 [表达式(E)] <4>: 6（输入给定范围内均分的阵列对象个数）

选择夹点以编辑阵列或 [关联(AS)基点(B)　项目(I)　项目间角度(A)　填充角度(F)　行(ROW)层(L)　旋转项目(ROT)退出(X)] <退出>: F

指定填充角度(+=逆时针、-=顺时针)或 [表达式(EX)] <360>:（输入具体需要均分的角度，即给定范围）

选择夹点以编辑阵列或 [关联(AS)基点(B)　项目(I)　项目间角度(A)　填充角度(F)　行(ROW)层(L)　旋转项目(ROT)退出(X)] <退出>:（回车，确定）

- "填充角度"——在文本框中通过定义阵列中第一个和最后一个元素的基点之间的包含角来设置阵列大小。逆时针旋转为正，顺时针旋转为负。默认值为360，不允许为0。
- "项目间角度"——在文本框中设置阵列对象的基点之间包含角和阵列的中心。只能是正值，默认方向值为90。

按照方法类型输入不同参数即可。

在上述文本框里输入 ROT，出现询问是否旋转阵列项目时输入 N，则对象将相对中心点不旋转。例如，将图 4-9 中的矩形及其内部对象进行环形阵列，观察其旋转结果和不旋转结果。用户可以直接在预览区观察到，如图 4-10 所示。

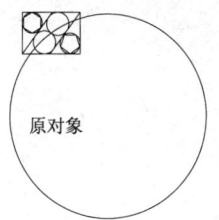
原对象
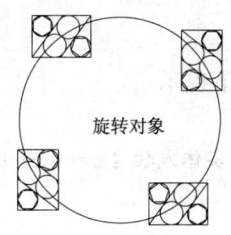
旋转对象
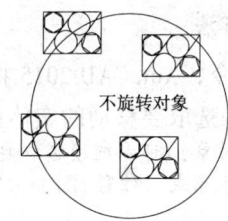
不旋转对象

图 4-9　旋转环形阵列

例 4-3　绘制如图 4-10 所示路径阵列。

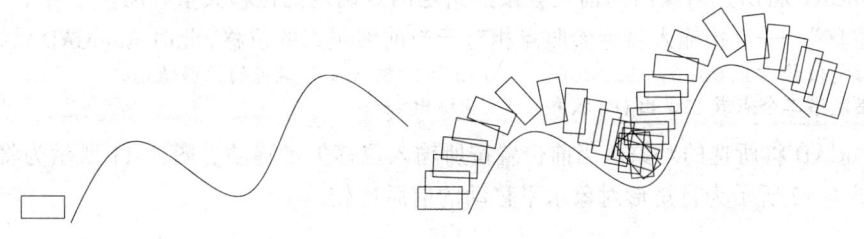

图 4-10　路径阵列

操作步骤如下：

命令：ARRAY

选择对象：（选择矩形）

选择对象：（回车，选择对象完毕）

输入阵列类型 [矩形(R)路径(PA)极轴(PO)] <路径>: PA（选择路径阵列方式）

类型 = 路径　关联 = 是
选择路径曲线：(选择样条曲线)
选择夹点以编辑阵列或[关联(AS)　方法(M)基点(B)　切向(T)项目(I)行(R)层(L)对齐项目(A)Z 方向(Z)退出(X)] <退出>:I
指定沿路径的项目之间的距离或 [表达式(E)] <330>:
最大项目数=9
指定项目数或 [填写完整路径(F)　表达式(E)] <9>:
选择夹点以编辑阵列或[关联(AS)　方法(M)基点(B)　切向(T)项目(I)行(R)层(L)对齐项目(A)Z 方向(Z)退出(X)] <退出>:

也可以按照输入起点和端点之间总距离的方式来确定阵列长度。另外，可以通过表达式方式来决定阵列对象的排列规律。

4.2　对象方位处理

4.2.1　移动对象

为了调整图纸上各实体的相对位置和绝对位置，常常需要移动图形或文本实体的位置。使用 MOVE 命令，可以不改变对象的方向和大小就将其由原位置移动到新位置。

1. 启动

- 功能面板：单击"修改"功能面板"移动"按钮。
- 命令行：输入 MOVE。

2. 操作方法

启动该命令，AutoCAD 2015 将有如下提示：
选择对象:(选取要移动的实体)
选择对象:(可以继续选取要移动的实体或按【Enter】键)
指定基点或 [位移(D)] <位移>:

各选项含义如下：

- "指定基点"——选取一点为基点，即位移的基点。此时 AutoCAD 将继续提示如下：
指定第二个点或 <使用第一个点作为位移>:(选取另外一点)

则 AutoCAD 将所选对象沿当前位置按照给定两点确定的位移矢量移动。

- "位移"——直接输入目标参照点相对于当前参照点的位移，此时 AutoCAD 将提示如下：
指定位移 <1.0000, 1.0000, 1.0000>:(输入三个坐标的位移值)
指定第二个点或 [退出(E)放弃(U)] <退出>:

则 AutoCAD 将所选的对象从当前位置按所输入位移矢量移动。图 4-11 所示为将所选实体移到新点图 4-12 所示为将矩形对象水平移动的前后比较。

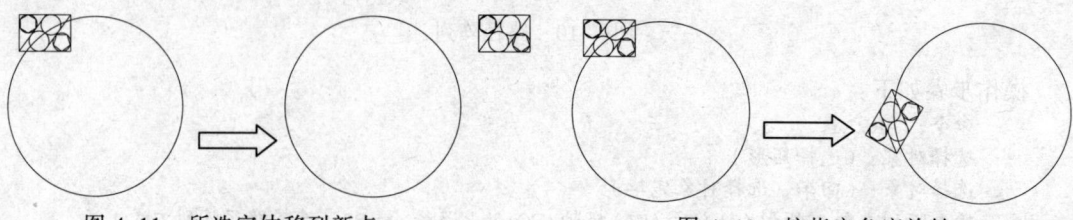

图 4-11　所选实体移到新点　　　　图 4-12　按指定角度旋转

4.2.2　旋转对象

使用 ROTATE 命令，用户可将图形对象绕某一基准点旋转，改变图形对象的方向。

1．启动

- 功能面板：单击在"修改"功能面板"旋转"按钮 ⟳。
- 命令行：输入 ROTATE。

2．操作方法

（1）将所选实体绕旋转基点，按指定的角度值进行旋转。

例 4-4　如图 4-13 所示，对矩形进行旋转 60° 操作，基点为大圆圆心。

```
命令：_ROTATE
UCS 当前的正角方向：ANGDIR=逆时针　ANGBASE=0
选择对象：(选择矩形及内部对象)
选择对象：(按【Enter】键)
指定基点：(拾取大圆圆心)
指定旋转角度，或 [复制(C)参照(R)] <0>：60
```

（2）将所选对象以参照方式进行旋转。

例 4-5　如图 4-13 所示，对矩形进行旋转参照操作，基点为圆心点，设置第一角度，点 1 和点 2（矩形中心点）连线为 0°，第二角度为点 1 和点 3 连线。

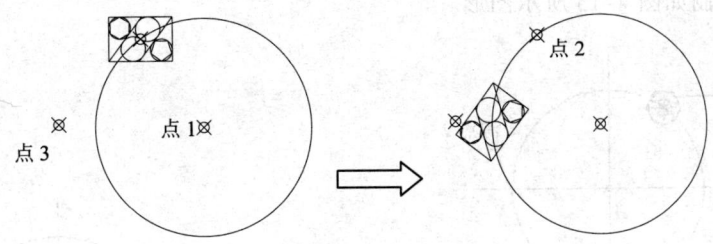

图 4-13　ROTATE 命令应用

```
命令：_ROTATE
选择对象：(选择多边形)
选择对象：(按【Enter】键)
指定基点：(拾取大圆圆心)
指定旋转角度，或 [复制(C)参照(R)] <0>：R
指定参照角 <165>：(拾取点 1) (输入参考方向的角度值)
指定第二点：(拾取点 2)
指定新角度或 [点(P)] <0>：(拾取点 3)
```

执行该操作可避免进行较为烦琐的计算，实际旋转角度=新角度-参考角度。

（3）将所选对象以复制方式进行旋转，即源对象不动，只旋转复制的副本。

例 4-6　如图 4-14 所示，对矩形进行旋转复制操作，基点为圆形中心点，仍然旋转 60°。

```
命令：ROTATE
选择对象：(选择多边形)
选择对象：(按【Enter】键)
指定基点：(拾取大圆圆心)
指定旋转角度，或 [复制(C)参照(R)] <0>：C
旋转一组选定对象。
```

指定旋转角度，或 [复制(C)参照(R)] <0>: 60

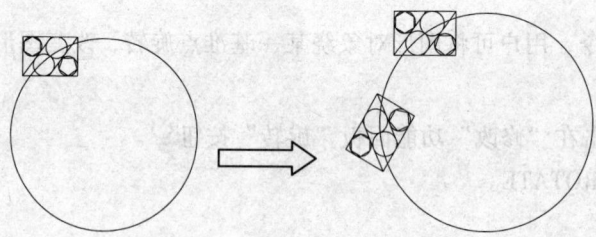

图 4-14　按指定角度旋转复制

4.2.3　对齐对象

ALIGN 命令是 MOVE 命令与 ROTATE 命令的组合。使用时，用户可以通过将对象移动、旋转和按比例缩放，使其与其他对象对齐。

1. 启动

- 功能面板：单击在"修改"功能面板中"对齐"按钮。
- 命令行：输入 ALIGN。

2. 操作方法

例 4-7　绘制如图 4-15 所示图形。

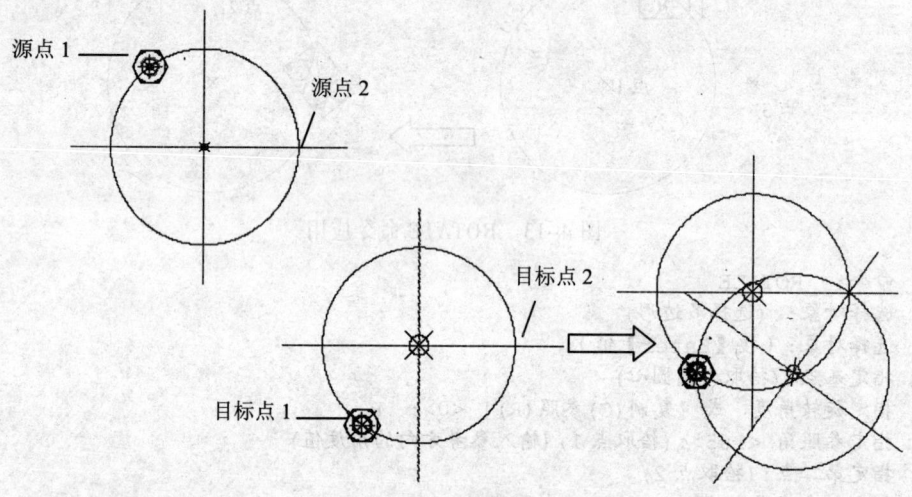

图 4-15　对齐操作示例

命令：ALIGN
选择对象：(选择左上方整个图形)
选择对象：↓
指定第一个源点：(拾取源点 1)
指定第一个目标点：(拾取目标点 1)
指定第二个源点：(拾取源点 2)
指定第二个目标点：(拾取目标点 2)
指定第三个源点或 <继续>：↓
是否基于对齐点缩放对象？[是(Y)否(N)] <否>：N↓

4.3 对象变形处理

4.3.1 比例缩放

SCALE 命令是一个非常有用且节省时间的命令，它可按照用户需要将图形任意放大或缩小，而不需重画，但不能改变它的宽高比。

1. 启动

- 功能面板：单击在"修改"功能面板"缩放"按钮 🔲。
- 命令行：输入 Scale。

2. 操作方式

例 4-8 对图 4-16 所示图形的左图进行缩放。

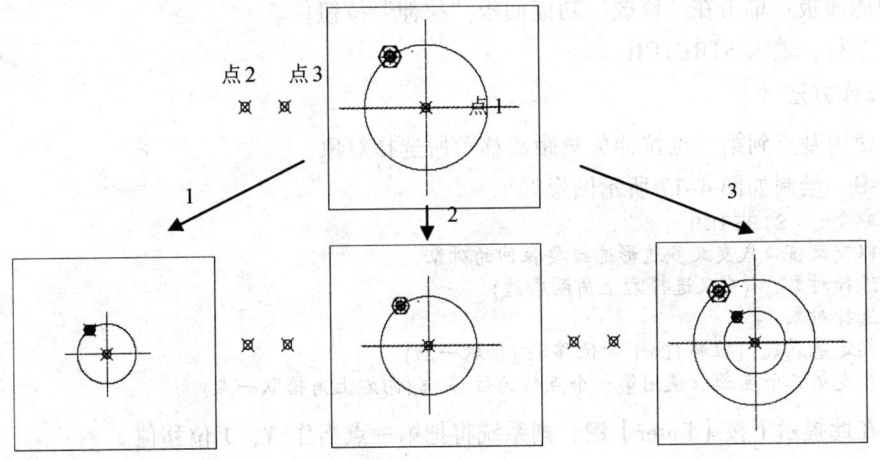

图 4-16 Scale 命令应用

操作步骤如下：

（1）将所选实体按比例系数相对于基点进行缩放。

```
命令：SCALE
选择对象：(选择矩形内部所有图元)
选择对象：↙
指定基点：(拾取大圆心)
指定比例因子或 [复制(C) 参照(R)] <1.0000>：0.5
```

比例因子在 0 与 1 之间，则物体缩小；比例因子大于 1，则物体放大。

（2）将所选实体按参照方式缩放。

```
命令：SCALE
选择对象：(选择矩形内部所有图元)
选择对象：↙
指定基点：(拾取大圆心)
指定比例因子或 [复制(C) 参照(R)] <1.0000>：R
指定参照长度 <1.0000>：(拾取点 1)
指定第二点：(拾取点 2，点 1 和点 2 距离为参照长度)
指定新的长度或 [点(P)] <1.0000>：(拾取点 3)
```

（3）将所选对象以复制方式进行缩放，即源对象不动，只缩放复制的副本。

```
命令: SCALE
选择对象: (选择矩形内部所有图元)
选择对象: ↙
指定基点: (拾取大圆心)
指定比例因子或 [复制(C)参照(R)] <1.0000>:  C
缩放一组选定对象。
指定比例因子或 [复制(C)参照(R)] <1.0000>:  0.5
```

4.3.2 拉伸对象

使用 STRETCH 命令可以在一个方向上按用户指定的尺寸拉伸图形。但是，首先要为拉伸操作指定一个基点，然后指定两个位移点。

1. 启动

- 功能面板：单击在"修改"功能面板"拉伸"按钮 。
- 命令行：输入 STRETCH。

2. 操作方法

（1）使用基点到第二点拉伸矢量距离移动所选对象。

例 4-9 绘制如图 4-17 所示图形。

```
命令: _STRETCH
以交叉窗口或交叉多边形选择要拉伸的对象...
选择对象: (交叉选择右上角两条边)
选择对象: ↙
指定基点或 [位移(D)] <位移>: (拾取一点)
指定第二个点或 <使用第一个点作为位移>: (向右上角拾取一点)
```

如果在此提示下按【Enter】键，则系统将把第一点当作 X、Y 位移值。

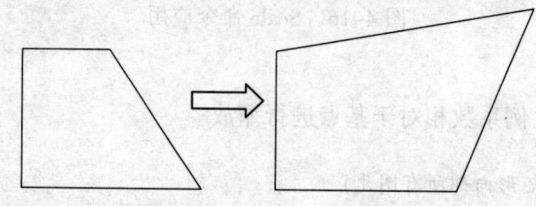

图 4-17 Stretch 命令应用

（2）按输入位移方式移动对象。

```
命令: _STRETCH
以交叉窗口或交叉多边形选择要拉伸的对象...
选择对象: (交叉选择右上角两条边)
选择对象: ↙
指定基点或 [位移(D)] <位移>: D
指定位移 <0.0000, 0.0000, 0.0000>: (输入 X、Y、Z 轴位移值)
```

系统将按照所输入的值拉伸。

3. 说明

在选取对象时，对于由 LINE、ARC、TRACE、SOLID、PLINE 等命令绘制的直线段或圆弧段，若其整个对象均在窗口内，则执行结果是对其移动。若一端在选取窗口内，另一端在外，则有以下拉伸规则：

（1）直线、区域填充。窗口外端点不动，窗口内端点移动。

（2）圆弧。窗口外端点不动，窗口内端点移动，并且在圆弧的改变过程中，圆弧的弦高保持不变，由此来调整圆心位置。

（3）轨迹线、区域填充。窗口外端点不动，窗口内端点移动。

（4）多段线。与直线或圆弧相似，但多段线的两端宽度、切线方向以及曲线拟合信息都不变。

（5）对于圆、形、块、文本和属性定义，如果其定义点位于选取窗口内，对象则移动；否则不动。圆的定义点为圆心，形和块的定义点为插入点，文本和属性定义的定义点为字符串的基线左端点。

4.3.3 拉长对象

使用拉长命令 LENGTHEN 可延伸或缩短非闭合的直线、圆弧、非闭合多段线、椭圆弧和非闭合样条曲线的长度，也可以改变圆弧的角度。

1．启动

● 功能面板：单击在"修改"功能面板上"拉长"按钮。

● 命令行：输入 LENGTHEN。

2．操作方法

启动该命令，AutoCAD 2015 将有如下提示：

选择要测量的对象或 [增量(DE)百分数(P)总计(T)动态(DY)] <总计(T)>：

各选项含义如下：

● "对象"——默认项，在此提示下选择要查看的对象。每选择一个对象，AutoCAD 2015 便会提示所选择对象的长度，若是圆弧还会显示中心角。观察完后按【Enter】键结束操作。

● "增量"——在提示下输入 DE，进入增量操作模式。AutoCAD 2015 提示如下：

输入长度增量或 [角度(A)] <当前值>：

在此提示下，用户可以输入长度增量或角度增量。

◆ "角度"——以角度方式改变弧长。在提示中输入 A，AutoCAD 将有如下提示：

输入角度增量 <0>：(输入圆弧的角度增量)
选择要修改的对象或 [放弃(U)]：(选取圆弧或输入 U 放弃上次操作)

此时，圆弧按指定的角度增量在离拾取点近的一端变长或变短。若角度增量为正，则圆弧变长；若角度增量为负，则圆弧变短。

◆ "输入长度增量"——若直接输入数值，则该数值为弧长的增量。同时，AutoCAD 2015 会有如下提示：

输入长度增量或 [角度(A)] <0.0000>：(选取圆弧或输入 U 放弃上次操作)

此时，所选圆弧按指定弧长增量在离拾取点近的一端变长或变短。如果长度增量为正，则圆弧变长；如果长度增量为负，则圆弧变短。该选项只对圆弧适用。

- "百分数"——以总长百分比的形式改变圆弧角度或直线长度。输入 P，AutoCAD 2015 将有如下提示：

      输入长度百分数 <100.0000>: (输入百分比值)
      选择要修改的对象或 [放弃(U)]:(选取对象或输入 U 放弃上次操作)

此时，所选圆弧或直线在离拾取点近的一端按指定比例值变长或变短。

- "总计"——输入直线或圆弧的新绝对长度。输入 T，AutoCAD 将有如下提示：

      指定总长度或 [角度(A)] <1.0000>:

  ◆ "角度"——确定圆弧的新角度，该选项只适用于圆弧。输入 A，AutoCAD 2015 将有如下提示：

      指定总角度 <57>: (输入角度)
      选择要修改的对象或 [放弃(U)]:(选取弧或输入 U 放弃上次操作)

此时，所选圆弧在离拾取点近的一端按指定角度变长或变短。

  ◆ "指定总长度"——默认项，若直接输入数值，则该值为直线或圆弧的新长度。同时 AutoCAD 将有如下提示：

      选择要修改的对象或 [放弃(U)]:(选取对象或输入 U 放弃上次操作)

此时，所选圆弧或直线在离拾取点近的一端按指定的长度变长或变短。

- "动态"——通过动态拖动模式改变对象的长度。在提示下输入 DY，进入动态拖动操作模式。AutoCAD 2015 提示如下：

      选择要修改的对象或 [放弃(U)]:(选取对象)
      指定新端点:

在此提示下，AutoCAD 根据被拖动的端点的位置改变选定对象的长度。AutoCAD 2015 将端点移动到所需要的长度或角度，而另一端保持固定。

3．说明

（1）多段线只能被缩短，不能被加长。

（2）直线由长度控制加长或缩短，圆弧由圆心角控制。

4.3.4　延伸对象

使用 EXTEND 命令可以拉长或延伸直线或弧，使它与其他对象相接，也可以使它精确地延伸至由其他对象定义的边界。

1．启动

- 功能面板：单击在"修改"功能面板"延伸"按钮 。
- 命令行：输入 EXTEND。

2．操作方法

例 4-10 对如图 4-18 左图所示下方的对象进行延伸。

      命令：EXTEND
      当前设置:投影=UCS，边=无
      选择边界的边...
      选择对象或 <全部选择>: (选择水平线)
      选择对象: ↙

选择要延伸的对象，或按住【Shift】键选择要修剪的对象，或[栏选(F)窗交(C)投影(P)边(E)放弃(U)]:(选择下方对象)

选择要延伸的对象，或按住【Shift】键选择要修剪的对象，或[栏选(F)窗交(C)投影(P)边(E)放弃(U)]:↙

注意：在图 4-18 中的圆弧没有延伸，是因为无法与边界相交。

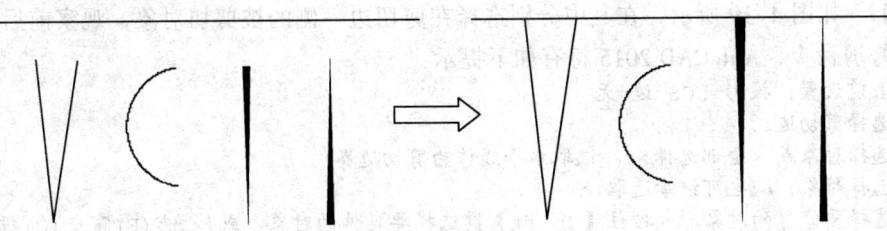

图 4-18　EXTEND 命令应用

选项中的前三项为选择对象方式，前面已经讲解过，在此不再赘述。

- "投影"——确定延伸的空间。输入 P，执行该选项，AutoCAD 将有如下提示：

  输入投影选项 [无(N)UCS(U)视图(V)] <UCS>:

  ◆ "无"——按三维方式延伸，必须有能够相交的对象。

  ◆ "UCS"——默认项，在当前 UCS 的 XY 面上延伸。此时可在 XY 平面上按投影关系延伸在三维空间中不能相交的对象。

  ◆ "视图"——在当前视图上延伸。

- "边"——确定延伸的方式。输入 E，执行该选项时，AutoCAD 将有如下提示：

  输入隐含边延伸模式 [延伸(E)不延伸(N)] <不延伸>:

  ◆ "延伸"——如果延伸边延伸后不能与边相交，AutoCAD 2015 会假想将延伸边界延长，使延伸边伸长到与其相交的位置。

  ◆ "不延伸"——默认项。按延伸边界与延伸边的实际位置进行延伸。

3．说明

（1）在延伸命令的使用中，可被延伸的对象包括圆弧、椭圆圆弧、直线、开放的二维多段线和三维多段线以及射线，有效的边界对象包括二维多段线、三维多段线、圆弧、圆、椭圆、浮动视口、直线、射线、面域、样条曲线、文字和构造线。如果选择二维多段线作为边界对象，AutoCAD 将忽略其宽度并将对象延伸到多段线的中心线处。

（2）选取延伸目标时，只能用点选方式，离拾取点最近一端被延伸。

（3）多段线中有宽度的直线段与圆弧，会按原倾斜度延伸，如延伸后其末端出现负值，则该端宽度为零。不封闭的多段线才能延长，封闭的多段线则不能。宽多段线作边界时，其中心线为实际的边界线。

4.3.5　修剪对象

用户操作图形对象时，若要在由一个或多个对象定义的边上精确地剪切对象，逐个剪切很显然需要很多时间，而修剪命令 TRIM 可以很容易地剪去对象上超过交点的部分。TRIM 命令可看作 EXTEND 命令的反命令。

1. 启动

- 功能面板：单击在"修改"功能面板"修剪"按钮。
- 命令行：输入 TRIM。

2. 操作方法

例4-11 如图4-19所示，在其中分别选择在剪切边一侧的被剪切对象，观察前后效果。

启动修剪命令，AutoCAD 2015 将有如下提示：

```
当前设置：投影=UCS 边=无
选择剪切边 ...
选择对象或 <全部选择>：(选取水平线作为剪切边界)
选择对象：↙(也可继续选取)
选择要修剪的对象，或按住【Shift】键选择要延伸的对象，或[栏选(F)窗交(C)投影(P)边
(E)删除(R)放弃(U)]:(选择水平线上方或下方的对象)
选择要修剪的对象，或按住 Shift 键选择要延伸的对象，或[栏选(F)窗交(C)投影(P)边(E)
删除(R)放弃(U)]:↙
```

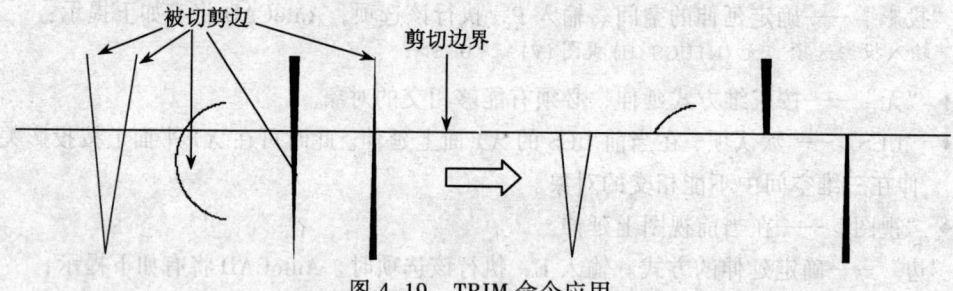

图4-19 TRIM 命令应用

其操作选项与延伸对象的操作选项含义一样，只不过换成了修剪操作而已。

3. 说明

（1）指定被剪切对象的拾取点，决定对象被剪切部分。剪切边自身也可以作为被剪切边。

（2）使用修剪命令可以剪切尺寸标注线。

（3）带有宽度的多段线作被剪切边时，剪切交点按中心线计算，并保留宽度信息，剪切边界与多段线的中心线垂直。

4.4 对象打断与合并

对于建立的连续对象，可以将其打断成多段；对于不同的对象，则可以合并为一体。打断方式有两种：直接将拾取点之间的部分去掉，或者在拾取点处断开。

4.4.1 打断

使用 BREAK 命令可以把实体中某一部分在拾取点处打断，进而删除。可以打断的对象包括直线、圆、圆弧、多段线、椭圆、样条曲线、参照线和射线。

1. 启动

- 功能面板：单击在"修改"功能面板"打断"按钮。

- 命令行：输入 BREAK。

2．操作方法

启动命令，则 AutoCAD 2015 会有如下提示：

　　选择对象：(选取对象)

　　指定第二个打断点 或 [第一点(F)]：

此时，可有以下三种输入方式：

（1）若直接点取对象上的一点，或在对象外面的一端方向处拾取一点，则可将对象上所拾取的两点之间的部分删除。

对于圆或椭圆来说，将从第一点开始沿逆时针打断对象。

（2）若输入@，则将对象在选取点一分为二。

（3）若输入 F，AutoCAD 将有如下提示：

　　指定第一个打断点：(选取一点作为第一点)

　　指定第二个打断点：(选取第二个点)

4.4.2　打断于点

"打断于点"功能是"打断"功能的特殊情况，只需要选择一点，它将对象在选择点处直接打断。在"修改"功能面板中单击"打断于点"按钮即可启动。

4.4.3　合并

对于圆弧、椭圆弧、直线、多线段、样条曲线和螺旋对象，可以将其合并为一体，但是要合并的对象必须位于相同的平面上。

1．启动

- 功能面板：单击在"修改"功能面板"合并"按钮。
- 命令行：输入 JOIN。

2．操作方法

启动合并命令后，系统提示如下：

　　命令：JOIN

　　选择源对象或要一次合并的多个对象：(选择源对象)

　　选择要合并的对象：(可以多选，也可以回车后确认)

3．说明

（1）直线对象必须共线（位于同一无限长的直线上），但是它们之间可以有间隙即不必相交。

（2）源对象为多段线时，合并对象可以是直线、多段线或圆弧。对象之间不能有间隙，并且必须位于与 UCS 的 XY 平面平行的同一平面上。

（3）圆弧、椭圆弧对象必须位于同一假想圆上，但是它们之间可以有间隙。

注意：合并两条或多条圆弧时，将从源对象开始按逆时针方向合并圆弧。

（4）样条曲线必须相接（端点对端点），结果对象是单个样条曲线。

4.5 对象倒角

对象倒角操作包括倒圆角和倒棱角（倒角）操作。多段线的倒角操作比较特殊，所以在此单独列出。

4.5.1 倒棱角

在绘制工程图纸时，使用 CHAMFER 命令定义一个倾斜面可以避免出现尖锐的角。在 AutoCAD 2015 中，可以进行倒角操作的对象包括直线、多段线、参照线和射线。

1. 启动

- 功能面板：单击在"修改"功能面板"倒角"按钮◁。
- 命令行：输入 CHAMFER。

2. 操作方法

启动命令，则 AutoCAD 将有如下提示：

> （"修剪"模式）当前倒角距离 1 = 0.0000，距离 2 = 0.0000
> 选择第一条直线或 [放弃(U)多段线(P)距离(D)角度(A)修剪(T)方式(E)多个(M)]：

各选项含义如下：

- "选择第一条直线"——默认项。若拾取一条直线，则直接执行该选项，同时 AutoCAD 会有如下提示：

> 选择第二条直线，或按住<Shift>键选择直线以应用角点或[距离(D)角度(A)方法(M)]：

在此提示下，选取相邻的另一条线，AutoCAD 就会对这两条线进行倒角。并以第一条线的距离为第一个倒角距离，以第二条线的距离为第二个倒角距离。所谓倒角距离是每个对象与倒角线相接或与其他对象相交而进行修剪或延伸的长度。

- "多段线"——表示对整条多段线倒角。输入 P，AutoCAD 2015 会有如下提示：

> 选择二维多段线或[距离(D)角度(A)方法(M)]：(选取多段线)

相交多段线线段在每个多段线顶点被倒角。倒角成为多段线的新线段。如果多段线包含的线段过短以至于无法容纳倒角距离，则不对这些线段倒角。

- "距离"——确定倒角时的倒角距离。输入 D，AutoCAD 2015 将有如下提示：

> 指定第一个倒角距离 <10.0000>：(输入第一条边的倒角距离值)
> 指定第二个倒角距离 <3.0000>：(输入第二条边的倒角距离值)

此时，退出该命令的执行。若要继续进行倒角操作，需再次执行倒角命令。

- "角度"——根据一个倒角距离和一个角度进行倒角。输入 A，AutoCAD 2015 会有如下提示：

> 指定第一条直线的倒角长度 <20.0000>：(确定第一条边的倒角距离)
> 指定第一条直线的倒角角度 <0>：(输入一个角度)

此时，结束该命令的执行，需要倒角时可再次执行"倒角"命令。

- "修剪"——确定倒角时是否对相应的倒角进行修剪。输入 T，AutoCAD 2015 会有如下提示：

> 输入修剪模式选项 [修剪(T)不修剪(N)] <修剪>：

◆ "修剪"——倒角后对倒角边进行修剪。

◆ "不修剪"——倒角后对倒角边不进行修剪。

● "方式"——确定倒角方式。输入 E，执行该选项，AutoCAD 2015 会有如下提示：
　　　　输入修剪方法 [距离(D)角度(A)] <角度>:

◆ "距离"——按已确定的两条边的倒角距离进行倒角。

◆ "角度"——按已确定的一条边的距离以及相应角度的方式进行倒角。

注意：如果将倒棱角的距离设置成零，则所选两直线段相交。

● "多个"——这是 AutoCAD 2015 新添内容，给多个对象集加倒角。AutoCAD 将重复显示主提示和"选择第二个对象"提示，直到按【Enter】键结束命令。当放弃该操作时，所有用"多个"选项创建的倒角将被删除。

如果倒棱角的两个对象具有相同的图层、线型和颜色，则棱角对象也与其相同；否则棱角对象采用当前图层、线型和颜色。

CHAMFER 命令的应用情况如图 4-20 所示。

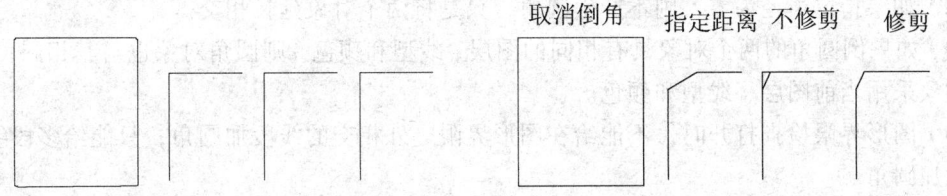

图 4-20　CHAMFER 命令应用

4.5.2　倒圆角

使用 AutoCAD 提供的 FILLET 命令，即可用光滑的弧把两个实体连接起来。该功能的对象主要包括直线、圆弧、椭圆弧、多段线、射线、构造线或样条曲线。另外，相比以前版本，现在可以进行多次连续倒圆角。

1．启动

● 功能面板：单击在"修改"功能面板"圆角"按钮 。

● 命令行：输入 FILLET。

2．操作方法

启动该命令，则 AutoCAD 将有如下提示：
　　　　当前设置：模式 = 修剪，半径 = 0.0000
　　　　选择第一个对象或 [放弃(U)多段线(P)半径(R)修剪(T)多个(M)]:

各选项的含义如下：

● "多段线"——对二维多段线倒圆角。输入 P，AutoCAD 2015 会有如下提示：
　　　　选择二维多段线或 [半径(R)]:(选取多段线)

则按指定的圆角半径在该多段线各个顶点处倒圆角。对于封闭多段线，若是用 C 选项命令封闭的，则各个转折处均倒圆角；若是用目标捕捉封闭的，则最后一个转折处将不倒圆角。

● "半径"——确定要倒圆角的圆角半径。输入 R，AutoCAD 2015 将有如下提示：

指定圆角半径 <10.0000>：(输入倒圆角的圆角半径值)

此时，结束该命令的执行。若要进行倒圆角的操作，则需再次执行 FILLET 命令。

- "修剪"——确定倒圆角的方法。输入 T，AutoCAD 2015 会有如下提示：

  输入修剪模式选项 [修剪(T)不修剪(N)] <修剪>：

  - ◆ "修剪"——表示在倒圆角的同时对相应的两条边进行修剪。
  - ◆ "不修剪"——表示在倒圆角的同时对相应的两条边不进行修剪。

- "选择第一个对象"——默认项。直接拾取线，则 AutoCAD 2015 会有如下提示：

  选择第二个对象

在此提示下选取相邻的另外一条线，就会按指定的圆角半径对其倒圆角。

- "多个"——给多个对象集加圆角。AutoCAD 将重复显示主提示和"选择第二个对象"提示，直到按【Enter】键结束命令。当放弃时，所有用该选项创建的圆角都将被删除。

3. 说明

（1）如果倒圆角的半径太大，则不能进行倒圆角。

（2）对两条平行线倒圆角时，AutoCAD 自动将倒圆角半径定为两条平行线间距的一半。

（3）如果指定半径为零，则不产生圆角，只是将两个对象延长相交。

（4）如果倒圆角的两个对象具有相同的图层、线型和颜色，则圆角对象也与其相同；否则，圆角对象采用当前图层、线型和颜色。

（5）图形界限检查打开时，不能给在图形界限之外相交的线段加圆角，只能给多段线的直线线段加圆角。

（6）在"修剪"模式下，AutoCAD 在倒圆角时会将多余的线段修剪掉，并且两对象不相交时将其延伸以便使其相交；在"不修剪"模式下，AutoCAD 在倒圆角时保留原线段，即不修剪也不延伸。

FILLET 命令的操作情况如图 4-21 所示。

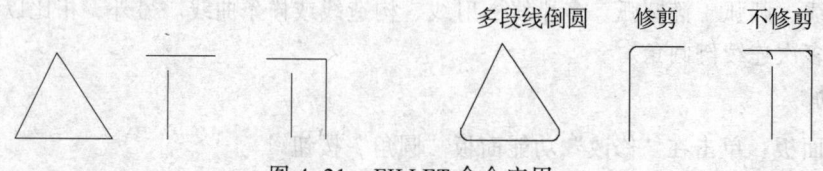

图 4-21 FILLET 命令应用

4.5.3 多段线倒角

多段线是有宽度的直线和圆弧的结合体，因此它也有基本几何图形的特性，编辑多段线可以使用图形编辑中的许多命令，如镜像、复制、移动、偏移、阵列等。在编辑过程中，只需要选取其中一段，而不用像编辑基本几何图形组成的实体一样选取其中的每一段，因此操作更加方便。其他方面两者没有太大区别，多段线最有特点的就是"圆角"和"倒角"操作。

1. 绘制多段线的圆角

和绘制直线圆角一样，绘制多段线圆角也使用 FILLET 命令。由于多段线有宽度，相邻的两条多段线可能完全不同，所以不可能像直线圆角一样，作两条不同的多段线的圆角。在一条多段线组成的闭合多边形中，可以有两种方法绘制圆角。一种是作闭合多边形的一个圆角，另一种是对闭合多边形的所有边作圆角。

例 4-12 绘制如图 4-22（a）所示闭合多边形的一个圆角。

命令：FILLET
当前设置：模式 = 修剪，半径 = 0.0000
选择第一个对象或 [放弃(U)多段线(P)半径(R)修剪(T)多个(M)]:(选取对象1,封闭多段线全部亮显)
选择第二个对象：(选取对象2)

结果得到如图 4-22（b）所示的结果。

例 4-13 对图 4-22（a）所示多边形作圆角。

命令：FILLET
当前设置：模式 = 修剪，半径 = 0.0000
选择第一个对象或 [放弃(U)多段线(P)半径(R)修剪(T)多个(M)]:P
选择二维多段线:(选取图 7-21(a)所示封闭多边形。)
5 条直线已被圆角

结果得到如图 4-22（c）所示结果。

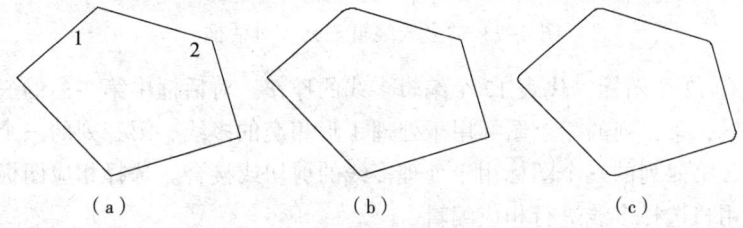

（a）　　　　　　　（b）　　　　　　　（c）

图 4-22 绘制多段线的圆角

2．绘制多段线的倒角

在用 CHAMFER 绘制多段线倒角时，也存在与使用 FILLET 同样的问题，相邻两条多段线可能完全不同，因此也有两种方法，即作闭合多边形的一个倒角和对闭合多边形的所有边倒角。

4.6 线 编 辑

4.6.1 编辑多线

多线比直线图形和多段线图形等要复杂一些，AutoCAD 提供的常用编辑工具如修剪（TRIM）、延伸（EXTENT）、圆角（FILLET）、倒角（CHAMFER）、打断（BREAK）等命令不能编辑多线。为此，AutoCAD 提供了 MLEDIT 命令编辑多线，其主要功能是编辑两条多线交点特性和多线本身特性。

1．启动方法

● 命令行：输入 MLEDIT。

2．操作方法

MLEDIT 命令执行后，显示如图 4-23 所示的"多线编辑工具"对话框。

图 4-23 "多线编辑工具"对话框

该对话框共有 12 个图标，代表 12 个编辑多线的操作。对话框中第一列的三个图标用于处理十字交叉的多线，第二列的三个图标用于处理 T 形相交的多线，第三列的三个图标用于处理角点结合和顶点，第四列的三个图标用于处理多线的剪切或接合。选择相应图标后，单击"确定"按钮将提示用户选择多线进行相应编辑。

① 编辑十字相交的多线，具体情况如图 4-24 所示。

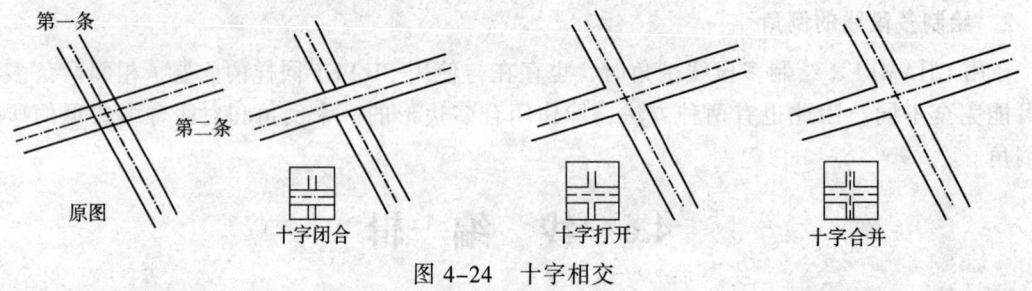

图 4-24 十字相交

② 编辑 T 形相交多线，具体情况如图 4-25 所示。

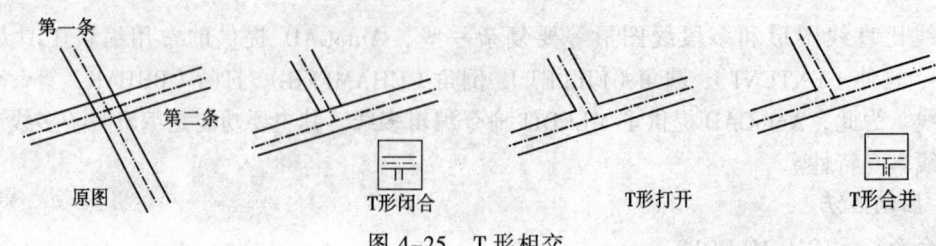

图 4-25 T 形相交

③ 编辑多线的角点。具体情况如图 4-26 所示。

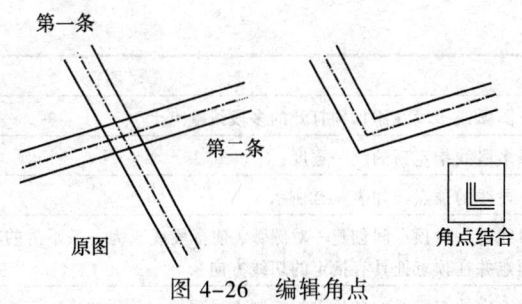

图 4-26 编辑角点

④ 编辑多线的顶点。

添加顶点：该操作在捕捉点处为用户所选的多线增加一个顶点。

删除顶点：选择该操作后，提示用户选择多线并清除与选定点距离最近的顶点，直接连接该顶点两侧的顶点。

⑤ 编辑多线的剪切与结合，具体情况如图 4-27 所示。

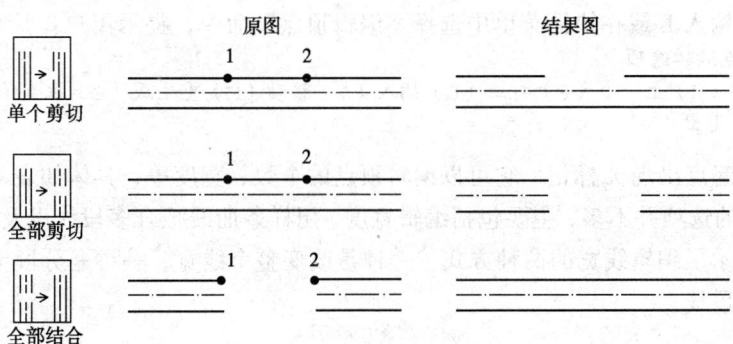

图 4-27 剪切与结合

4.6.2 编辑多段线

多段线是绘图操作中比较常用的一种方式，使用 PEDIT 命令可以修改它的线宽、移动或增加顶点、用样条曲线拟合多段线等。

1．启动方法

- 功能面板：单击"修改"功能面板中的"编辑多段线"按钮 。
- 命令行：输入 PEDIT。

2．操作方法

```
命令：PEDIT
选择多段线或 [多条(M)]：
输入选项
[闭合(C)合并(J)宽度(W)编辑顶点(E)拟合(F)样条曲线(S)非曲线化(D)线型生成(L)
反转(R)放弃(U)]：
```

其具体的操作功能如表 4-1 所示。

表 4-1 多段线编辑功能

命　令	说　　　明
C	编辑多段线的闭合与打开特性

续表

命 令	说 明
J	直线、圆弧或多段线添加到打开的多段线端点上
W	为整条多段线指定新的统一宽度
E	编辑多段线的顶点，如表 4-2 所示
F	在多段线每一对顶点间创建一对圆弧，使多段线成为一条平滑的曲线。这条曲线将通过多段线的所有顶点并在顶点处具有指定的切线方向
S	以用户选定的多段线的各顶点为控制点或边框，使用二次或三次 B 样条曲线来拟合多段线
D	用直线段取代多段线中所有曲线，包括用 PLINE 命令创建的圆弧、用 PEDIT 命令"拟合"或用"样条曲线"选项拟合的光滑曲线
L	控制多段线的线型
R	反转多段线顶点的顺序
U	撤销错误的操作

在命令行中输入 E 或在快捷菜单中选择"编辑顶点"命令，提示用户：

输入顶点编辑选项
[下一个（N）上一个（P）打断（B）插入（I）移动（M）重生成（R）拉直（S）切向（T）宽度（W）退出（X）] <N>：

同时，在多段线起点出现 X 标记。它可以编辑顶点的个数、宽度等，具体如表 4-2 所示。在这些命令中，常用的选项并不多，主要包括编辑宽度、用样条曲线拟合多段线以及部分顶点编辑。

图 4-28 显示了编辑线宽的两种方式：一种是改变整个线宽，一种是分段更改线宽。它们采用了同一个多段线。

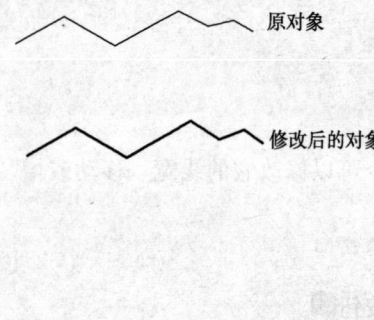

原对象

修改后的对象

移动顶点

分段设置线宽

命令: PEDIT
选择多段线:
输入选项[闭合(C)合并(J)宽度(W)编辑顶点(E)拟合(F)样条曲线(S)非曲线化(D)线型生成(L) 反转(R)放弃(U)]:w
指定所有线段的新宽度:3

命令: PEDIT
选择多段线:
输入选项[闭合(C)合并(J)宽度(W)编辑顶点(E)拟合(F)样条曲线(S)非曲线化(D)线型生成(L)反转（R）放弃(U)]:e
输入顶点编辑选项
[下一个(N)上一个(P)打断(B)插入(I)移动(M)重生成(R)拉直(S)切向(T)宽度(W)退出(X)]<N>:n
输入顶点编辑选项
[下一个(N)上一个(P)打断(B)插入(I)移动(M)重生成(R)拉直(S)切向(T)宽度(W)退出(X)]<N>:n
输入顶点编辑选项
[下一个(N)上一个(P)打断(B)插入(I)移动(M)重生成(R)拉直(S)切向(T)宽度(W)退出(X)]<N>:<对象捕捉追踪开>w
指定下一线段的起点宽度<0.0000>:5
指定下一线段的起点宽度<5.0000>:5
输入顶点编辑选项
[下一个(N)上一个(P)打断(B)插入(I)移动(M)重生成(R)拉直(S)切向(T)宽度(W)退出(X)]<N>:x

图 4-28　编辑线宽

表 4-2　编辑多段线顶点

命　令	说　　　明
N	将移动 × 标记到当前顶点的下一个顶点，并将该顶点作为当前顶点
P	将移动 × 标记到当前顶点的上一个顶点，并将该顶点作为当前顶点
B	在两个顶点之间断开多段线
I	在多段线的当前标记顶点之后添加一个新顶点
M	将当前标记的顶点移动到其他的位置
R	重新生成该多段线，但并不重新生成整个图形
S	用户指定的两个顶点之间的任何线段和顶点将被清除，用一条直线替代
T	为当前标记为 × 顶点指定新的切线方向来修改其默认切线方向
W	修改从标记顶点开始的线段起点和终点宽度。修改后必须重生成多段线来显示新宽度

图 4-29 说明了将多段线拟合成样条曲线的过程。随着 SPLINESEGS 设置的不同，拟合的光滑程度也不一样。

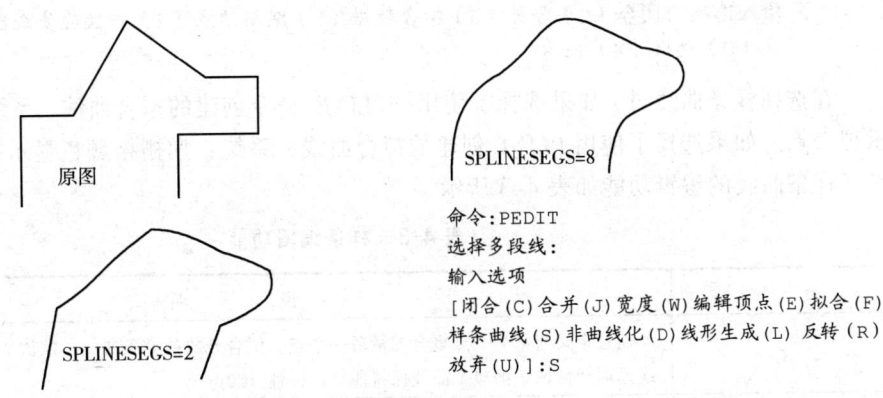

图 4-29　拟合成样条曲线

图 4-30 说明了将线段或者圆弧连接成多段线的过程。在进行合并之前，各对象是分离的。当选择线段时，系统提示它不是多段线，是否将其转换成多段线。转换后，系统提示选择其他要合并的对象。可以看到，样条曲线是无法连接到多段线的。

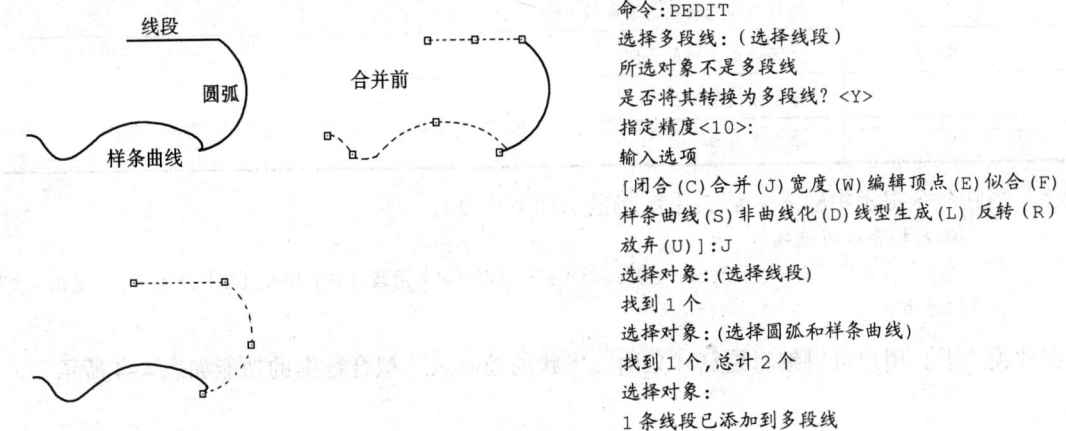

图 4-30　多段线合并

4.6.3 编辑样条曲线

SPLINEDIT 命令可以编辑和修改由 SPLINE 命令生成的图形，并能自动将由 PLINE 命令的"样条曲线"选项拟合过的多段线图形转化为样条曲线。样条曲线的一般属性也可以用夹点等常规的方法编辑。

1. 启动方法

- 快捷菜单：选择一个样条曲线，然后在绘图区域中右击，在快捷菜单中选择"编辑样条曲线"命令。
- 功能面板：单击"修改"功能面板中的"编辑样条曲线"按钮 🖉 。
- 命令行：输入 SPLINEDIT。

2. 操作方法

系统提示如下：

命令：SPLINEDIT
选择样条曲线：（选择样条曲线）
输入选项 [闭合（C）合并（J）拟合数据（F）编辑顶点（E）转换为多线段（P）反转（R）放弃（U）退出（X）]：

在选择样条曲线时，如果选择了使用 SPLINE 命令创建的拟合曲线，系统将用栅格颜色显示拟合点。如果选择了使用 PLINE 创建的拟合曲线，系统将用栅格颜色显示控制点。

样条曲线的编辑功能如表 4-3 所示。

表 4-3　样条编辑功能

命　　令	说　　　　明
C	通过定义与第一个点重合的最后一个点，闭合开放的样条曲线。默认情况下，闭合的样条曲线是周期性的，沿整个曲线保持曲率连续性 (C2)
J	将选定的样条曲线与其他样条曲线、直线、多段线和圆弧在重合端点处合并，以形成一个较大的样条曲线。对象在连接点处使用扭折连接在一起（C0 连续性）
F	编辑拟合数据
E	改变样条曲线控制点的顺序
P	将样条曲线转换为多段线
R	反转样条曲线的方向
U	撤销错误的操作
X	结束该命令

当在命令提示中输入 F 后，系统将显示如下命令：

输入拟合数据选项
[添加（A）闭合（C）删除（D）扭折（K）移动（M）清理（P）切线（T）公差（L）退出（X）]
<退出>：

在此模式下，用户可以编辑控制样条曲线形状的控制点。拟合数据的功能如表 4-4 所示。

表 4-4　编辑拟合数据

命　令	说　　明
A	选择控制点后高亮显示该点和下一点，并将输入的新点置于高亮显示的两点之间
C	闭合样条曲线
D	选择了要删除的控制点后，将其从样条曲线中删除并用剩余的点重新拟合样条曲线
K	在样条曲线上的指定位置添加节点和拟合点，这不会保持在该点的相切或曲率连续性。
M	移动样条曲线的控制点
P	删除样条曲线的全部拟合数据
T	改变样条曲线起点和终点的切线方向
L	修改样条曲线的拟合公差
X	—

　　样条曲线使用较少，其编辑功能中常用的命令也很少，所以本书将不再详述，只对一些必要的问题加以说明。

　　3．注意事项

　　① 如果选定样条曲线是闭合的，则"闭合"选项变为"打开"。"打开"选项用于打开闭合的样条曲线。如果在使用"闭合"选项使样条曲线在起点和终点都切向连续之前，样条曲线的起点和终点相同，则"打开"选项使样条曲线返回到原状态。即起点和终点保持不变，但失去切向连续性。如果在使用"闭合"选项使样条曲线在起点和终点相交处切向连续之前，样条曲线为开放的，则"打开"选项使样条曲线返回到原状态并且失去切向连续性。

　　② 如果选定样条曲线无拟合数据，则不能使用"拟合数据"选项。拟合数据由所有的拟合点、拟合公差和与由 SPLINE 创建的样条曲线相关联的切线组成。

　　③ 如果进行以下操作，样条曲线将会失去拟合数据。

　　a．编辑拟合数据时使用"清理"选项。

　　b．重定义样条曲线。

　　c．按公差拟合样条曲线并移动其控制顶点。

　　d．按公差拟合样条曲线并打开或关闭它。

　　④ SPLINEDIT 命令会自动将样条多段线转换为样条曲线对象，即使选择多段线后立即退出 SPLINEDIT，多段线条仍然会进行转换。

4.7　面　域　造　型

　　面域是封闭区所形成的二维实体对象，可将它看成一个平面实心区域。在 AutoCAD 中可将由一些对象围成的封闭区域建立成面域，这些围成封闭区域的对象称为封闭界线，封闭界线可以是圆线、弧线、椭圆线、椭圆弧线、二维多段线、样条曲线等。在此提醒读者注意一点，尽管 AutoCAD 中有许多命令可生成封闭形状（如圆，多边形等），但面域和它们有本质的不同。

　　下面具体介绍面域的建立及对面域进行的布尔运算。

4.7.1 建立面域

1．命令方式

- 功能面板：单击"绘图"功能面板中的"面域"按钮。
- 命令行：输入 REGION。

激活该命令后，命令行提示如下：

    选择对象：（选择欲建立面域的边界）
    选择对象：（可继续选择对象）
    选择对象：↙
    已提取 X 个环。（其中 X 是回路的个数）
    已创建 X 个面域。（其中 X 是回路的个数）

例如，把图 4-31 所示的各图形建立成面域。结果可以从最后提示的信息看出。

2．对话框方式

- 功能面板：单击"绘图"功能面板中"边界"按钮。
- 命令行：输入 BOUNDARY。

执行上面操作，弹出"边界创建"对话框，如图 4-32 所示。从中可以进行边界拾取。

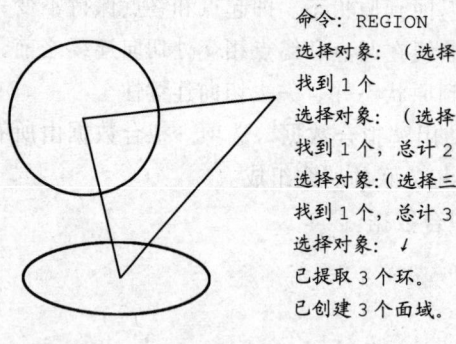

    命令：REGION
    选择对象：（选择圆）
    找到 1 个
    选择对象：（选择椭圆）
    找到 1 个，总计 2 个
    选择对象：（选择三角形）
    找到 1 个，总计 3 个
    选择对象：↙
    已提取 3 个环。
    已创建 3 个面域。

图 4-31　建立面域

图 4-32　"边界创建"对话框

说明：建立面域后，整个图形整体化。对面域可以进行复制、移动等操作。系统变量 DELOBJ 用于控制是否删除边界。DELOBJ 设置为 1 时，建立面域后，原围成面域边界的对象将被删除。

利用"边界创建"对话框把图 4-31 所示的各图形建立成面域的步骤如下：

① 从"对象类型"下拉列表中选择"面域"选项。

② 单击"拾取点"按钮，转换到绘图区域，命令行提示如下：

    命令：BOUNDARY
    拾取内部点：
    正在选择所有可见对象……
    正在分析所选数据……
    正在分析内部孤岛……
    拾取内部点：（选择三角形内部点）

正在分析内部孤岛...
拾取内部点:（选择圆内一点）
正在分析内部孤岛...
拾取内部点:（选择椭圆内一点）
已提取 5 个 环。
已创建 5 个 面域。
BOUNDARY 已创建 5 个面域

从结果可以看到，BOUNDARY 与 REGION 命令的结果是不同的。这是因为 BOUNDARY 将包围点的封闭区域作为单独的区域，所以三角形变为三个区域。

4.7.2　面域间的布尔运算

通过命令建立的面域，可以参加布尔运算，而通过对话框建立的面域是不可以的，但其建立的面域可以作为填充边界。布尔运算就是在各面域间进行并、差、交运算，从而构造出一定的图形。

下面详细介绍面域的并、差、交运算及运算结果。

1．并集运算

并集运算就是将两个或多个面域合并成为一个面域。可以通过下列命令激活并运算命令。

启动方式如下:

- 功能面板:在三维建模环境下，单击"常用"选项卡，在"实体编辑"功能面板中单击"并集"按钮 ⓦ。
- 命令行:输入 UNION。

激活该命令后，命令行提示如下:

```
选取对象:（选取求并的面域对象）
选取对象:（继续选取欲求并的面域对象）
…
选取对象: ↵
```

计算的结果是得到一个新的面域，该面域由各参加并集运算的面域组成。

将如图 4-31 所示的三角形和圆建立成面域，并进行"并集"运算。执行过程与结果如图 4-33 所示。

命令: REGION
选择对象:（选择三角形）
找到 1 个
选择对象:（选择圆）
找到 1 个，总计 2 个
选择对象:（回车）
已提取 2 个环。
已创建 2 个面域。

命令: UNION
选择对象:（选择三角形）
找到 1 个
选择对象:（选择圆）
找到 1 个，总计 2 个
选择对象:（回车）

图 4-33　并集运算

2．差运算

所谓差运算就是从一些面域中去掉其中一部分而得到一个新面域，通过下列操作可以激活差运算命令。

启动方式如下：

- 功能面板：在三维建模环境下，单击"常用"选项卡，在"实体编辑"功能面板中单击 "差集"按钮 ◎。
- 命令行：输入 SUBTRACT。

激活该命令后，命令行提示如下：

    命令：_SUBTRACT 选择要从中减去的实体、曲面或面域 ..
    选择对象：（选取减法运算中，在被减数位置上的面域）
    选择对象：↓
    选择要减去的实体、曲面或面域 ..
    选择对象：（选取减法运算中，在减数位置上的面域）
    选择对象：↓

计算的结果得到一个新面域，该面域由要减去的实体或面域减去应被减去的实体或面域组成。

将图 4-31 所示的圆与三角形建立成面域并求差，过程与结果如图 4-34 所示。

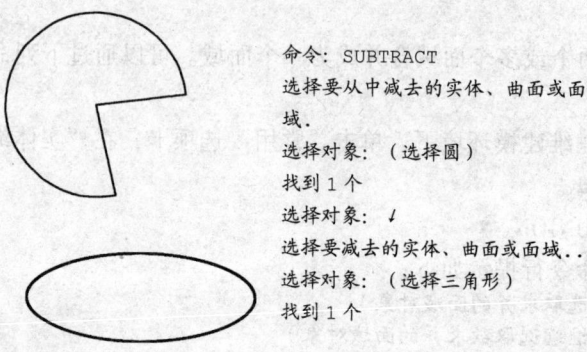

命令：SUBTRACT
选择要从中减去的实体、曲面或面
域.
选择对象：（选择圆）
找到 1 个
选择对象：↓
选择要减去的实体、曲面或面域..
选择对象：（选择三角形）
找到 1 个

图 4-34　差集运算

3. 相交运算

相交运算，用数学上的话说，就是求两个或多个面域的交集，即它们的公共部分。

通过下列命令可以激活"交集"命令：

- 功能面板：在三维建模环境下，单击"常用"选项卡，在"实体编辑"功能面板中单击 "交集"按钮 ◎。
- 命令行：输入 INTERSECT。

激活该命令后，命令行提示如下：

    选择对象：（选取欲求交的面域对象）
    选择对象：（继续选取欲求交的面域对象）
    选择对象：↓

计算结果得到一个新面域，该面域由参与运算的所有面域的公共部分组成。

将如图 4-31 中所示的椭圆和三角形建立成面域并进行相交运算。其过程与结果如图 4-35 所示。

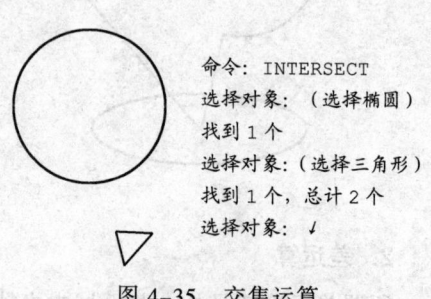

命令：INTERSECT
选择对象：（选择椭圆）
找到 1 个
选择对象：（选择三角形）
找到 1 个，总计 2 个
选择对象：↓

图 4-35　交集运算

4.7.3 获取面域质量特性

建立面域或构造面域之后，AutoCAD 自动计算出面域的质量特性，如面积、周长、质心、惯性矩等。

可通过下列操作显示面域质量特性：

● 命令行：输入 MASSPROP。

激活该命令后，命令行提示如下：

　　选择对象：（选取欲显示其质量特性的面域）
　　选择对象：（可以继续选取）
　　选择对象：↵

AutoCAD 自动切换到文本窗口，如图 4-36 所示，显示所选面域的质量特性信息。

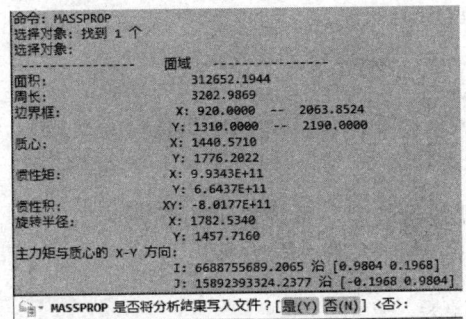

图 4-36　创建特性文件

同时系统提示是否将分析结果写入文件。如果输入 Y，则系统将弹出"创建质量与面积特性文件"标准对话框，要求输入结果文件名，其扩展名为.mpr，如果输入 N，则直接退出该命令。

4.8　修订云线与区域覆盖

4.8.1　修订云线

在 AutoCAD 2015 中，用户可以随时对有问题的部分进行标记，或者删除，以便绘图人员能够迅速知道需要修改的地方。修订云线和区域覆盖功能可以起到以下作用。

在检查或用红线圈阅图形时，可以使用修订云线功能亮显标记以提高工作效率，如图 4-37 所示。

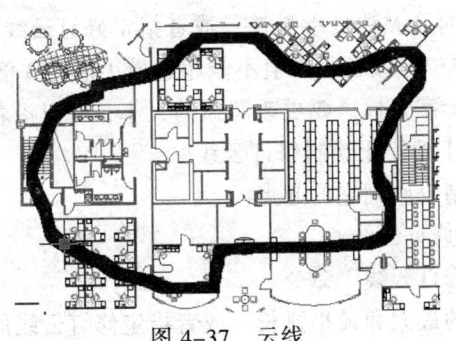

图 4-37　云线

REVCLOUD 命令用于创建由连续圆弧组成的多段线以构成云线形对象。

用户可以从头开始创建修订云线，也可以将闭合对象（例如圆、椭圆、闭合多段线或闭合样条曲线）转换为修订云线。将闭合对象转换为修订云线时，如果 DELOBJ 系统参数设置为 1（默认值），原始对象将被删除。

用户可以为修订云线的弧长设置默认的最小值和最大值。绘制修订云线时，可以使用拾取点选择较短的弧线段来更改圆弧的大小，也可以通过调整拾取点来编辑修订云线的单个弧长和弦长。

REVCLOUD 命令不支持透明以及实时平移和缩放。

1. 启动与选项

- 功能面板：单击"绘图"功能面板中的"修订云线"按钮🗗。
- 命令行：输入 REVCLOUD。

系统提示如下：

> 最小弧长:0.5 最大弧长：0.5
> 指定起点或[弧长(A)对象(O)样式(S)]<对象>:（拖动以绘制云线，输入选项，或按【Enter】键）

各选项含义如下：

① 弧长：指定云线中弧线的长度。系统提示如下：

> 指定最小弧长 <0.5000>:指定最小弧长的值
> 指定最大弧长 <0.5000>:指定最大弧长的值
> 沿云线路径引导十字光标...
> 云线完成

最大弧长不能大于最小弧长的三倍。

② 对象：指定要转换为云线的闭合对象，系统提示如下：

> 选择对象：（选择要转换为云线的闭合对象）
> 反转方向[是(Y)否(N)]：（输入 Y 以反转云线中的弧线方向，或按【Enter】键保留弧线的原样）
> 云线完成

③ 样式：指定绘制圆弧的方式，系统提示如下：

> 选择圆弧样式 [普通(N)手绘(C)] <普通>:

2. 具体操作

主要有以下几种具体操作方式：

（1）从头开始创建修订云线

① 选择"绘图"→"修订云线"命令。

② 根据提示，指定新的最大和最小弧长，或者指定修订云线的起点。默认的弧长最小值和最大值设置为 0.5000 个单位。弧长最大值不能超过最小值的 3 倍。

③ 沿着云线路径移动十字光标。要更改圆弧的大小，可以沿着路径单击拾取点。

④ 可以随时按【Enter】键停止绘制修订云线。

⑤ 要闭合修订云线，请返回到它的起点。

（2）将闭合对象转换为修订云线

① 选择"绘图"→"修订云线"命令。

② 根据提示，指定新的最大和最小弧长，或者指定修订云线的起点。

③ 指定要转换为修订云线的圆、椭圆、闭合多段线或闭合样条曲线。

④ 要反转圆弧的方向，在命令行上输入 yes 并按【Enter】键。

⑤ 按【Enter】键将选定对象转换为修订云线。

（3）更改修订云线中弧长默认值

① 选择"绘图"→"修订云线"命令。

② 在命令提示下，指定新的弧长最小值并按【Enter】键。

③ 在命令提示下，指定新的弧长最大值并按【Enter】键。

④ 弧长的最大值不能超过最小值的 3 倍。

⑤ 按【Enter】键继续该命令，或者按【Esc】键结束命令。

（4）编辑修订云线中单个弧长或弦长

① 在图形中，选择要编辑的修订云线。

② 沿着修订云线的路径移动拾取点，更改弧长和弦长。

4.8.2　区域覆盖

区域覆盖可以在现有对象上生成一个空白区域，用于添加注释或详细的屏蔽信息。此区域由区域覆盖边框进行绑定，可以打开此区域进行编辑，也可以关闭此区域进行打印，如图 4-38 所示。

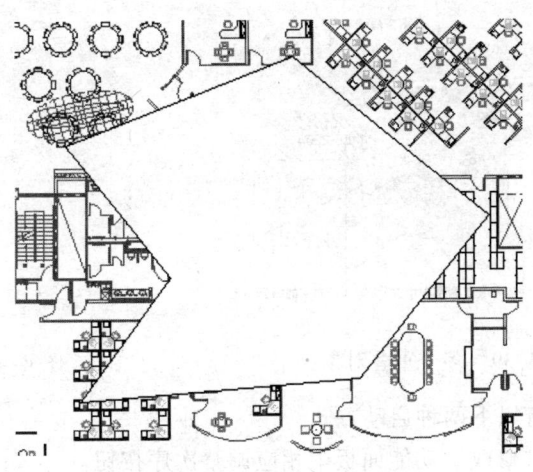

图 4-38　区域覆盖区域

1. 启动与选项

- 功能面板：单击"绘图"功能面板中"区域覆盖"按钮 。
- 命令行：输入 WIPEOUT。

命令行提示如下：

```
指定第一点或[边框(F)多段线(P)]<多段线>:指定点或输入选项
```

各选项含义如下：

① 第一点：根据一系列点确定区域覆盖对象的封闭多边形边界，系统将提示。

　　下一点:（指定下一点或按【Enter】键退出 ）

② 边框：确定是否显示所有区域覆盖对象的边，系统提示如下：

输入模式　[开(ON)关(OFF)　显示但不打印(D)]　<开>：（输入 ON 或 OFF）

输入 ON 将显示所有区域覆盖边框。输入 OFF 将禁止显示所有区域覆盖边框。

③ 多段线：根据选定的多段线确定区域覆盖对象的多边形边界，系统将提示以下内容。

选择闭合多段线：（选择闭合的多段线）

是否要删除多段线？[是(Y)否(N)]　<否>：（输入 Y 或 N）

输入 Y 将删除用于创建区域覆盖对象的多段线；输入 N 将保留多段线。

2．说明

① 如果使用多段线创建区域覆盖对象，则多段线必须闭合，只包括直线段且宽度为零。

② 可以在图纸空间的布局上创建区域覆盖对象，以便在模型空间中屏蔽对象。但是，必须在打印之前取消选中"打印"对话框中"打印设置"选项卡内的"最后打印图纸空间"复选框，以确保区域覆盖对象可以正常打印。

4.8.3　重叠对象的排序

当多个对象相互重叠时，就需要控制它们的显示次序。如图 4-39 所示，包含多个不同类型的重叠对象。显然，这些对象的显示和打印顺序很重要。例如，用户会希望在其他对象之前、在图案填充和填充之后显示和打印注释对象。

调整重叠对象的工具位于"修改"功能面板中，如图 4-40 所示。

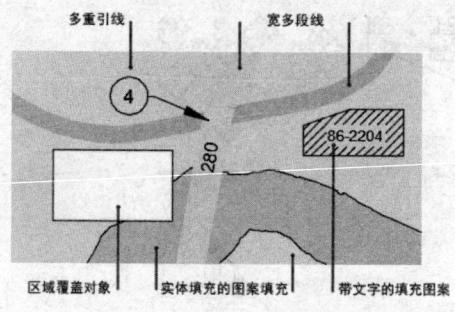

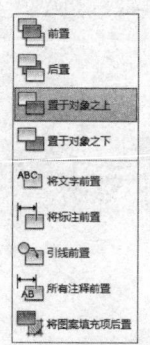

图 4-39　多个重叠对象　　　　图 4-40　调整次序工具

重叠对象排序主要有以下两种启动方式：

● 功能面板：选择"修改"功能面板中相应调整次序按钮。

● 命令行：输入相应命令。

按照命令提示，选择要进行修改的对象，然后按【Enter】键即可。对于"置于对象之上"和"置于对象之下"选项，还需要选择参照对象，然后按【Enter】键。

这些命令与 Microsoft Powerpoint 中叠放次序应用基本一致，不再赘述。

本 章 小 结

本章讲解了 AutoCAD 中对象的修改。内容主要分为几个方面：对象复制，包括镜像、偏移和阵列操作；对象位置操作，包括移动和旋转；尺寸方面的修改，包括比例缩放、拉伸、延伸、修剪和打断；倒角操作，包括倒斜角和倒圆角；线的编辑操作，包括多线、多段线和样条曲线；

面域操作，包括面域的建立、布尔运算和质量属性等。另外，还讲解了区域覆盖和修订云线操作。

习　　题

1. 除使用复制工具外，还有哪些工具能够完成复制功能？
2. 阵列有哪三种方式？
3. 拉伸工具、拉长工具和延伸工具的功能有何不同？
4. 打断工具和打断于点工具的差异有哪些？
5. 使用修建工具要注意哪方面的问题？
6. 如何创建面域？面域与具有闭合形状的图形的区别是什么？
7. 使用圆角、镜像等工具绘制图 4-41 所示的图形。
8. 使用旋转、镜像、偏移等工具绘制图 4-42 所示的图形。

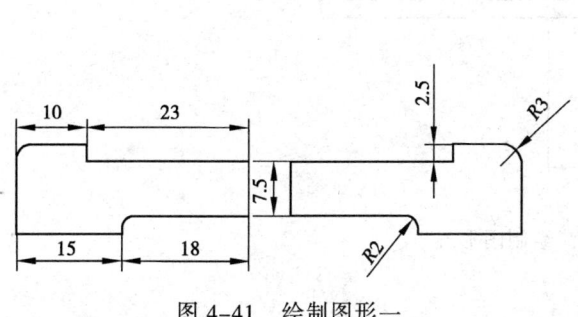

图 4-41　绘制图形一

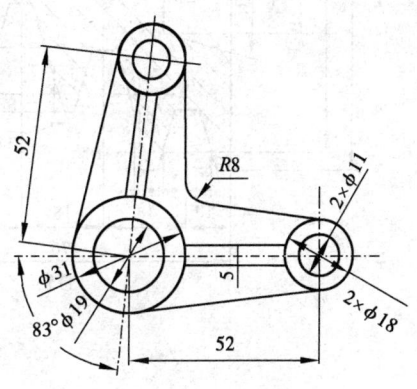

图 4-42　绘制图形二

9. 综合使用面域等工具绘制图 4-43 所示的图形。
10. 综合使用多种工具绘制图 4-44 所示的图形。

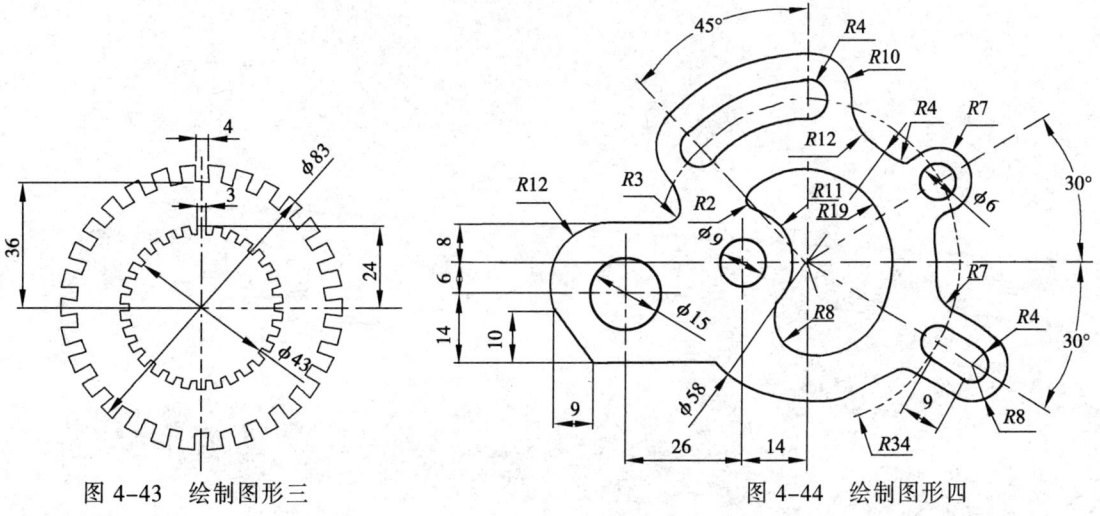

图 4-43　绘制图形三

图 4-44　绘制图形四

11. 绘制图 4-45 所示的图形。

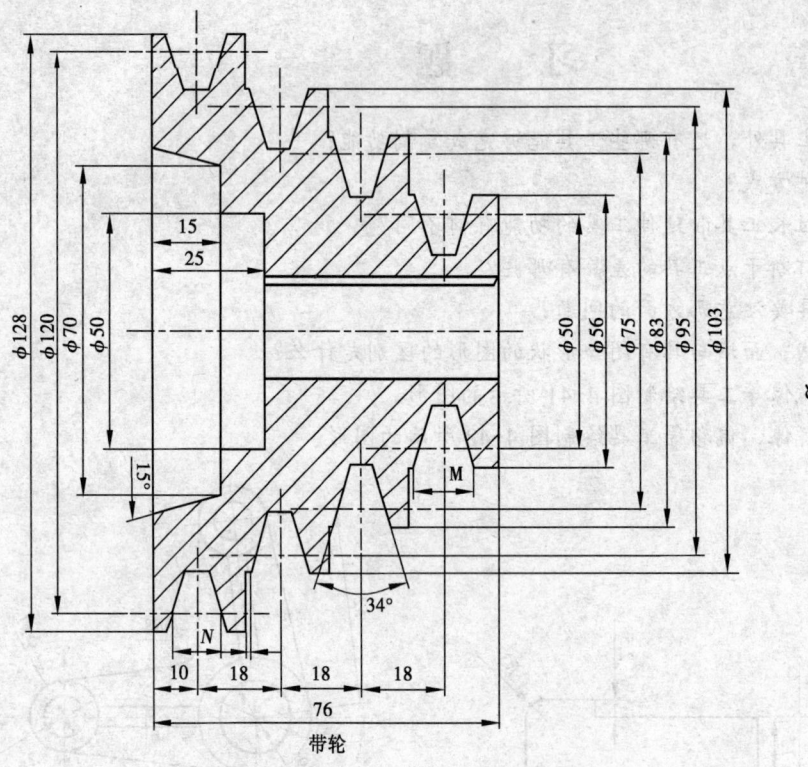

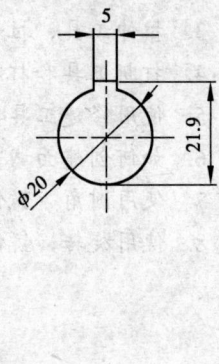

带轮

图 4-45 绘制图形五

第5章 // 文字标注

在一张完整的工程机械图中，不但要绘制精美的图形，而且还要有必要的文字说明及注释，这样可以对图形有准确的理解与把握。AutoCAD 提供了完善的文字生成和编辑功能，用户不仅可以输入文字，还可以对文字使用不同的字形、字高和对齐方式，以便让它更加符合行业规范。

本章主要介绍利用 STYLE 变量加载不同字体的方法，及利用 TEXT、MTEXT 和 QTEXT 等命令在图形上添加文字的方法。

5.1 文本及文字样式

5.1.1 文本基本概念

在图形上添加文字前，先要考虑文字所使用的字体，文本所确定的信息和文字的比例以及文本的类型和位置。所涉及的概念如下：

① 字体：指文字的不同书写形式，包括大、小写，数字以及宋体、仿宋体等文字。在 AutoCAD 中，除了系统本身的字体外，还可以使用附加在程序内的 True Type 字体。常用的字体是 Times New Roman、Txt、宋体和仿宋体，在特殊情况下也用艺术字体和黑体等。

② 文本的比例：在输入文字时，系统将提示用户设置文字高度，为了方便并且能达到理想的文本高度，可以定义一个比例系数。文本的比例系数还可以和图形比例系数互用，当图形比例系数变化时，文本比例系数也随之改变。

③ 文本的位置：在一般的图形中，文本应该和所描述的实体平行，放置在图形的外部，并尽量不与图形的其他部分相碰。可以用一条细线引出文本，把文本和图形联系起来，也可以放置在图纸的一角。为了清晰、美观，文本要尽量对齐，最好把文本单独放置在一层中。

④ 文本的类型：文本一般包括通用注释和局部注释两种。通用注释是全部项目的一个特定说明。局部注释是项目中的某一部分的说明，或具体到哪一张图的文字说明。

⑤ 文本所确定的信息：即文本的内容，这是文本放置前的主要要求。确定了它，才能确定文本的具体位置和使用类型，甚至字体类型等项。

AutoCAD 2015 的"默认"选项卡"注释"功能面板提供了文字基本操作工具，如图 5-1 所示。

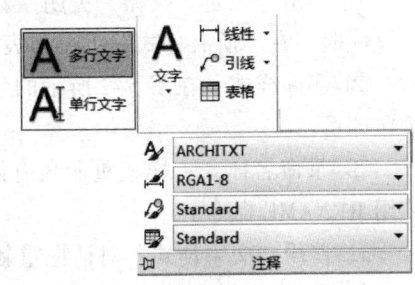

图 5-1 "注释"功能面板

5.1.2 定义文字样式

文本放置内容包括文本的字体、高度、宽度和角度等。当所做的图越来越大时，每次设置这些特性很麻烦，用户可以使用 STYLE 命令来组织文字。STYLE 存储了最常用的文字格式，如高度、字体信息等。用户可以自行创建文字样式，或调用图形模板中的文字样式，从而使用 STYLE 命令把文字添加到图形中。

在创建新样式时，有三方面的因素是很重要的：指定样式名、选择字体以及定义样式属性。样式是用图 5-2 所示的"文字样式"对话框进行设置的。

启动该对话框的方法如下：

- 功能面板：单击"注释"功能面板中的"文字样式"按钮 λ 。
- 命令行：输入 ST 或 STYLE。

1. 样式名操作

样式名操作包括新建、重命名和删除。这些只是样式名称上的调整，还没有涉及文本的具体内容。

① 创建样式，具体步骤如下：

a. 打开"文字样式"对话框，如图 5-2 所示。

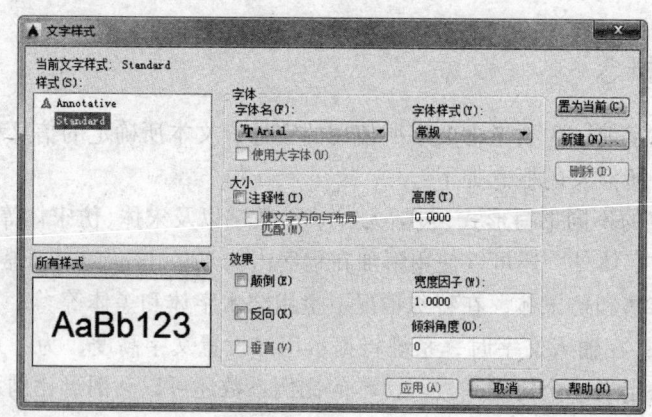

图 5-2 "文字样式"对话框

b. 单击"新建"按钮，将弹出"新建文字样式"对话框，如图 5-3 所示。

c. 在文本框中输入样式名称。

d. 单击"确定"按钮，关闭"新建文字样式"对话框。

此时，在"所有样式"下拉列表框中将包括该样式，如图 5-2 所示。

② 删除样式：在图 5-2 所示的"所有样式"下拉列表中选择要删除的样式，单击"删除"按钮即可。

③ 重命名样式：样式重命名有两种方式，既可以直接利用"文字样式"对话框，也可以使用 RENAME 命令。

a. 使用"文字样式"对话框重新命名样式的步骤如下：

打开"文字样式"对话框，在"样式"下拉列表中选择要重命名的样式，右击并选择快捷菜单中的"重命名"命令，输入新的样式名并按【Enter】键即可。

b. 使用 RENAME 命令重新命名样式的步骤如下：

在命令提示行中直接输入 REN 或 RENAME，屏幕将弹出图 5-4 所示的"重命名"对话框。在"命名对象"列表框中选择"文字样式"选项，"项目"列表框中将列出已有的样式名。选择要重命名的样式，该项名称将出现在"旧名称"文本框中。在下面的文本框中输入新名称，单击"重命名为"按钮，完成重命名。

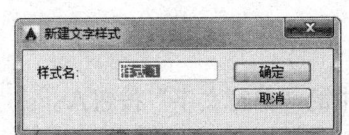

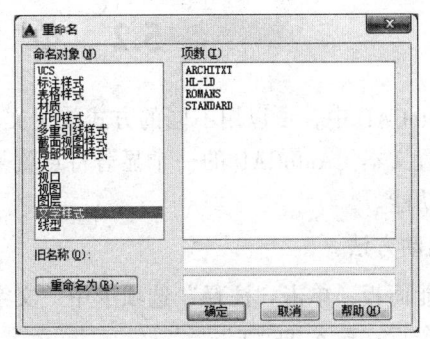

图 5-3　"新建文字样式"对话框 图 5-4　"重命名"对话框

建议：用户最好针对自己绘图的特定对象建立一个有实际意义的样式名称。

2．选择字体范围

"文字样式"对话框的"字体"选项区域中有一个"使用大字体"复选框，"字体名"中的选项将随这个选择框的开、闭而变化。当"使用大字体"未激活时，系统将提供计算机内所有程序的字体。当"使用大字体"处于激活状态时，系统只提供 AutoCAD 内的字体，选择字体只需要从"字体名"下拉列表中选取即可。"预览"窗口中将显示所选字体。

"字体"中的"高度"项定义字体的高度，直接输入一个高度值就可以了。要注意的是，一旦选定一个高度，则"文字样式"对话框创建的所有文本都将具有相同高度值。

3．确定字体显示效果

"文字样式"对话框的"效果"组框中有 5 个选项，包括颠倒、反向、垂直、宽度因子和倾斜角度，它们都是针对系统默认字体而言的。下面分别进行介绍。

① 颠倒：使文本颠倒放置。系统设置的文本放置方式的默认为正放文本，选择这一项文本将倒置。

② 反向：使文本从右到左放置。该选项默认为从左到右放置文本，选择这一项，文本将从右到左放置。

③ 垂直：使文本垂直放置。

④ 宽度因子：在高度和宽度的比例基础上显示和绘制字体的字符。宽度系数的默认为 1，它使宽度和高度相等。

⑤ 倾斜角度：使文本从竖直位置开始倾斜。"倾斜角度"的默认值为 0，显示正常的文本。当输入一个正值时，文本右倾斜，输入一个负值时，文本左倾斜。

这 5 种效果如图 5-5 所示。当设置完以上内容后，可以单击"应

示显向反 倒颠置设 垂直显示
倾斜30度显示 正常显示
宽度比例1.5显示

图 5-5　显示效果

用"按钮保存文字样式，并单击"关闭"按钮进入绘图环境。接下来就可以输入文本。

注意：STYLE 只影响单行文本输入命令 TEXT 输入的字体样式，对于多行文本则无效。修改样式时每次都统一修改当前图形中所有使用该字形的文本。如果只改变了文本高度、宽度比例或倾斜度，则只会影响以后输入的文本，而不影响已有文本。

5.2 单 行 文 字

在 AutoCAD 中，可以用不同的方式放置文本。对于不需要复杂字体的部分，可以用 TEXT 命令来放置文本。AutoCAD 的一个显著特点就是 TEXT 和 DTEXT 合二为一，TEXT 具有创建动态文字的功能。

1. 启动方法

● 功能面板：单击"注释"选项卡中"文字"列表中的"单行文字"按钮A。

● 命令行：输入 TEXT。

2. 操作方法

激活该命令后，命令行提示如下：

```
命令：_text
当前文字样式：Standard  当前文字高度：2.5000  注释性：否  对正：左
指定文字的起点或 [对正（J）样式（S）]：
```

其中各选项含义如下：

① 文字的起点：执行该选项，命令行提示如下：

```
指定文字的起点或[对正（J）样式（S）]：（确定文字的起始位置）
指定高度 <2.5000>：（确定文字的高度）
指定文字的旋转角度 <0>：（确定文字行的旋转角度）
输入文字：（确定文字的内容）
输入文字：（在此提示下可以继续输入文字的内容，如结束输入，按【Enter】键结束此命令）
```

按【Enter】键后将在选定位置显示可编辑文本框，输入文字对象即可。

② 对正：AutoCAD 提供了多样的文字定位方式，这些定位方式可以灵活地放置文本。执行该选项，命令行提示如下：

```
指定文字基线的第一个端点或[对正（J）样式（S）]：J↵
输入选项
[左（L）居中（C）右（R）对齐（A）中间（M）布满（F）左上（TL）中上（TC）左中（ML）正
中（MC）右中（MR）左下（BL）中下（BC）右下（BR）]：
```

AutoCAD 为文字行定义了 4 条定位线：顶线、中线、基线和底线，如图 5-6 所示。

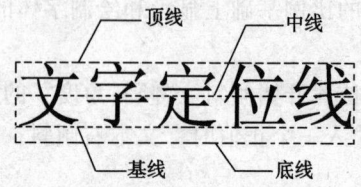

图 5-6　文字的 4 条定位线

- "对齐"——通过指定文字基线的两个端点来指定文字宽度和文字方向。输入 A，执行该选项，命令行提示如下：

  指定文字基线的第一个端点：(拾取点)
  指定文字基线的第二个端点：(拾取点，输入文字即可)

用户依次确定文字基线的两个端点并输入文字后，系统自动将输入的文字写在两点之间，如图 5-7 所示。文字行的斜角由两点的连线确定，可根据两点的距离、字符数自动调节文字的宽度。字符串越长，字符就越小。

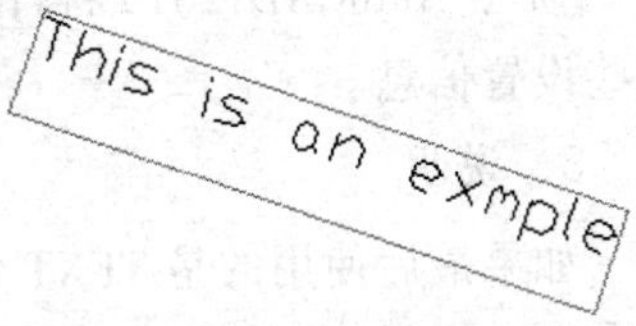

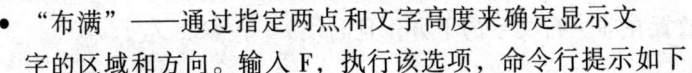

- "布满"——通过指定两点和文字高度来确定显示文字的区域和方向。输入 F，执行该选项，命令行提示如下：

  图 5-7　输入对齐文字

  指定文字基线的第一个端点：(拾取点)
  指定文字基线的第二个端点：(拾取点)
  指定高度 <2.5000>：(指定高度后，输入文字即可)

文字的高度是指以绘图单位表示的大写字母从基线垂直延伸的距离。在"调整"方式下，文字的高度是一定的，此时字符串越长，字符就越窄。

- "居中"——通过指定文字基线的中点来定位文字。输入 C，执行该选项，命令行提示如下：

  指定文字的中心点：(拾取点)
  指定高度 <2.5000>：(指定高度)
  指定文字的旋转角度 <0>：(指定角度后，输入文字即可)

文字的旋转角度指文字基线相对于 X 轴绕中点的旋转方向。用户可以通过指定一点来指定该角，系统将文字从起点延伸到指定点。如果指定点在中点的左边，系统将绘制倒置的文字。

- "正中"——通过指定文字外框的中心来定位文字，文本行的高度和宽度都以此点为中心。输入 MC，执行该选项，命令行提示如下：

  指定文字的中间点：(拾取点)
  指定高度 <2.5000>：(指定高度)
  指定文字的旋转角度 <0>：(指定角度后，输入文字即可)

- "右"——通过指定文字基线的右侧端点来定位文字。输入 R，执行该选项，命令行提示如下：

  指定文字基线的右端点：(拾取点)
  指定高度 <2.5000>：(指定高度)
  指定文字的旋转角度<0>：(指定角度后，输入文字即可)

对于其余的 9 种定位方式，系统分别以文字的顶线、中线、底线的左、中、右三点定位文字，如图 5-8 所示。

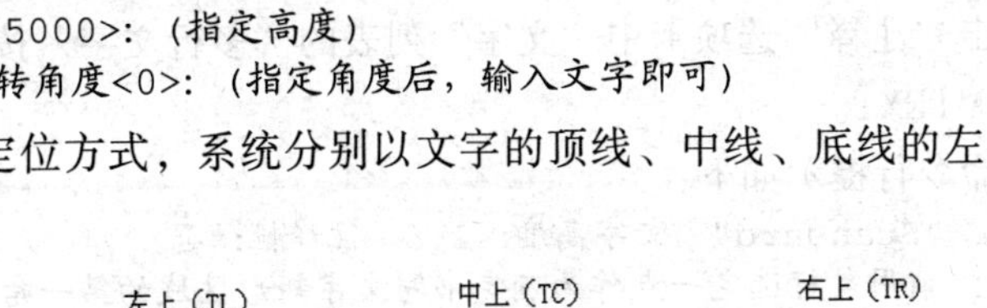

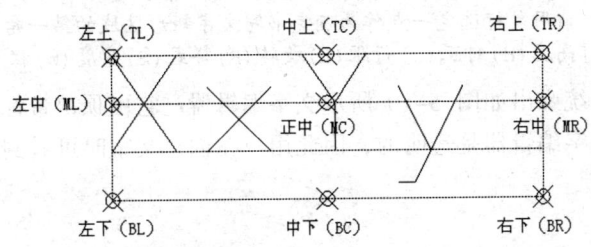

图 5-8　对齐方式

- "样式"——输入 S，执行该选项，命令行提示如下：
  ```
  输入样式名或 [?] <Standard>:
  ```

可以按【Enter】键接受当前样式，或者输入一个文字样式名将其设置为当前样式。当输入"？"后，AutoCAD 2015 将打开文本窗口，列出当前图形某个文字样式或全部文字样式，以及一些设置信息。

3. 说明

如果最后使用的是 TEXT 命令，当再次使用 TEXT 命令时，按【Enter】键响应提示，则系统不再要求输入高度和角度，而直接提示输入文字。该文字将放置在前一行文字的下方，且高度、角度和对齐方式均相同。

例 绘制如图 5-9 所示文字，其命令参数均在图中。如果用户的画面出现"？"，则说明文字样式不对，需要进行修改，详见 5.3 节。

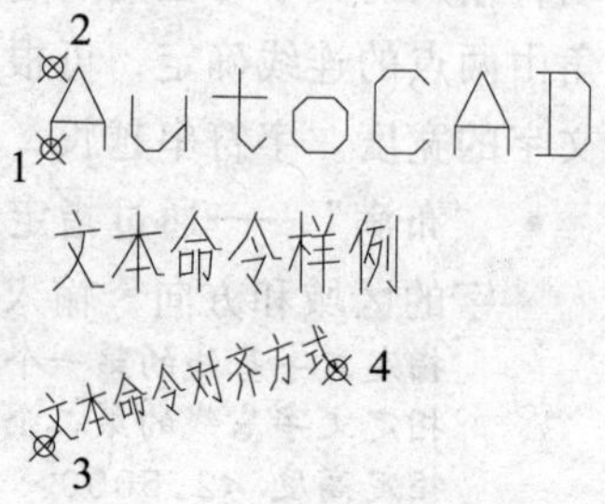

图 5-9 TEXT 命令应用

```
命令: text
指定文字的起点或[对正(J)样式(S)]: (拾取点 1)
指定高度 <2.5000>: (拾取点 2)
指定文字的旋转角度 <0>: ↓(随后输入"AutoCAD"，按【Enter】键，继续输入"文本命令样例"，连续按【Enter】键两次)
命令: TEXT
指定文字的起点或 [对正(J)样式(S)]: J
输入选项[左（L）居中(C)右（R）对齐（A）中间(M)布满（F）左上(TL)中上(TC)右上(TR)左中(ML)正中(MC)右中(MR)左下(BL)中下(BC)右下(BR)]: A
指定文字基线的第一个端点: (拾取点 3)
指定文字基线的第二个端点: (拾取点 4，输入"文本命令对齐方式"，连续按【Enter】键两次)
```

5.3 标注多行文字

TEXT 和 DTEXT 命令的文字功能比较弱，每行文字都是独立的对象，这就给编译明细表和技术要求等大段文字的录入带来麻烦。因此，AutoCAD 提供了 MTEXT 命令来增强对文字的支持。该命令可处理成段文字，尤其在 AutoCAD 2015 中，很像 Word 处理程序。

启动方式如下：

- 功能面板：单击"注释"选项卡中"文字"列表的"多行文字"按钮 **A**。
- 命令行：输入 MTEXT。

激活该命令后，命令行提示如下：

```
当前文字样式: "Standard" 文字高度: 2.5 注释性: 否
指定第一角点: (用鼠标选定一点作为确定书写文字矩形区域的第一角点)
指定对角点或 [高度(H)对正(J)行距(L)旋转(R)样式(S)宽度(W)栏(C)]:
```

指定对角点后，系统弹出如图 5-10 所示文字编辑器。它由顶部带标尺的边框和"文字编辑器"功能区组成。文字编辑器是透明的，因此用户在创建文字时可看到文字是否与其他对象重叠。

图 5-10　文字编辑器

如图 5-11 所示，各选项功能如下：

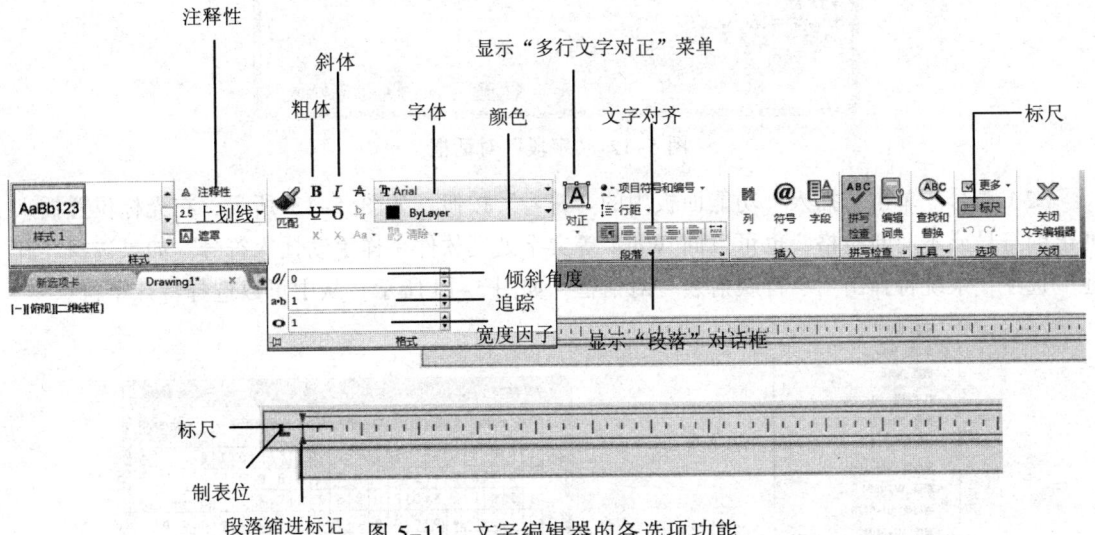

图 5-11　文字编辑器的各选项功能

（1）文字样式：对多行文字对象应用文字样式。如果将新样式应用到现有多行文字对象中，用于字体、高度、粗体或斜体属性的字符格式将被替代。堆叠、下画线和颜色属性将保留在应用新样式的字符中，同时，反向或倒置效果样式无效。在 SHX 字体中定义为垂直效果的样式将在多行文字编辑器中水平显示。

（2）字体：为新输入的文字指定字体或改变选定文字的字体。

（3）文字高度：可键入或选择新文字的字符高度。在 AutoCAD 2015 中，多行文字对象可以包含不同高度的字符。

（4）粗体：打开或关闭粗体格式。此功能仅适用于 TrueType 字体。

（5）斜体：打开或关闭斜体格式。此功能仅适用于 TrueType 字体。

（6）下画线：打开或关闭下画线格式。

（7）文字颜色：修改或指定文字的颜色。

另外，多行文字编辑器还有几个比较特殊的选项，介绍如下：

（1）插入字段。在"插入"功能面板上单击"字段"按钮，系统将弹出如图 5-12 所示的对话框，从"字段类别"下拉列表中选择类型，然后在"字段名称"列表中选择字段，可在右侧表达式中直接看到效果。确定后即可插入到文字边框内。

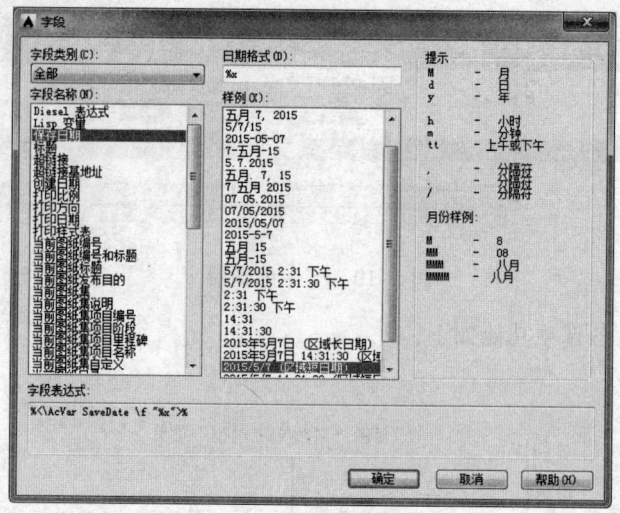

图 5-12 "字段"对话框

（2）符号。单击"插入"功能面板中的"符号"按钮，如图 5-13 所示，在光标位置插入列出的符号或不间断空格，也可以同 Word 等文字处理软件一样手动插入符号。如果选择"其他"选项，系统将弹出"字符映射表"对话框，如图 5-14 所示，从中可以选择特殊字符。

图 5-13 "字符"菜单

图 5-14 字符映射表

（3）输入文字。在"工具"功能面板上选择"输入文字"按钮，系统显示"选择文件"对话框。选择任意 ASCII 或 RTF 格式的文件，输入的文字保留原始字符格式和样式特性，但可以在多行文字编辑器中编辑和格式化输入的文字。输入文字的文件必须小于 32 KB。

（4）插入项目符号和编号。单击"段落"功能面板中的"项目符号和编号"按钮，如图 5-15所示，从中选择相应选项即可。

（5）背景遮罩。选择该选项后，将显示如图 5-16 所示的"背景遮罩"对话框。在其中可以决定文字遮挡的区域、遮挡背景颜色等，效果如图 5-17 所示。

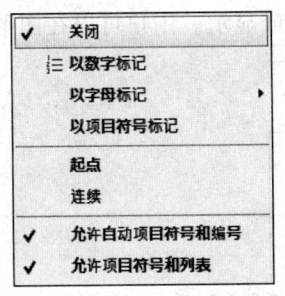
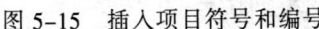

图 5-15 插入项目符号和编号

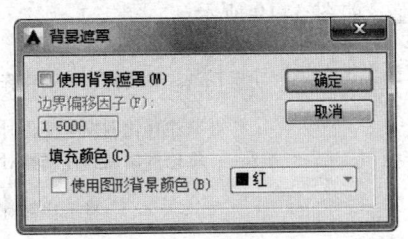

图 5-16 背景遮罩

（6）段落对齐。设置多行文字对象的对正和对齐方式。在一行的末尾输入的空格也是文字的一部分，并会影响该行文字的对正。文字根据其左右边界进行居中对正、左对正或右对正。

图 5-17 遮罩效果

（7）查找和替换。打开"查找和替换"对话框，进行查找和替换即可。

（8）合并段落。在"段落"功能面板中，将选定的段落合并为一段，并用空格替换每段的回车。

当插入黑色字符且背景色是黑色时，多线文字编辑器自动将其改变为白色或当前颜色。

5.4 编辑文字和注释

5.4.1 编辑文字

所输入的文字可以编辑属性或文字内容，有 TEXTEDIT 命令和 DDMODIFY 命令两种方式。

1. TEXTEDIT 方式

● 命令行：输入 TEXTEDIT。

激活该命令后，命令行提示如下：

　　选择注释对象：

如果选择单行文字，则直接进入到输入状态文本框，在其中输入新文字即可。

如果选择多行文字，AutoCAD 2015 将弹出在位文字编辑器，在"多行文字"功能面板中可修改所选择的文字。修改完毕，单击"关闭文字编辑器"按钮使之生效。

2. DDMODIFY 方式

直接在命令行中输入该命令，系统将弹出"特性"选项板。在绘图区选择文字后，用户就可在"特性"选项板修改文字的基本特性，包括"颜色"、"线型"、"图层"、"文字样式"、"对齐"和"宽度"等。多行文字"特性"选项板和单行文字"特性"选项板如图 5-18 所示。

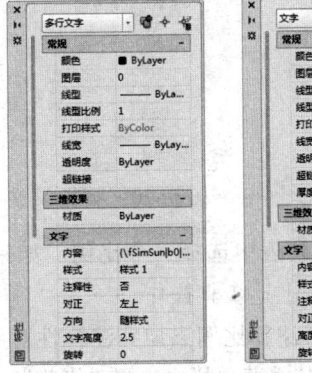

图 5-18 文字的"特性"选项板

5.4.2 注释与注释性

通常用于注释图形的对象有一个特性，称为注释性。使用此特性，用户可以自动完成缩放注释的过程，从而使注释能够以正确的大小在图纸上打印或显示。用户可以在图形状态栏中进行简单设置，如图 5-19 所示。

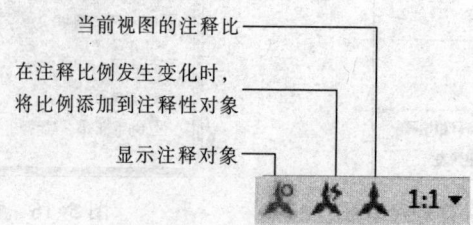

图 5-19　图形状态栏

在"特性"选项板中可更改注释性特性，用户还可以将现有对象更改为注释性对象，如图 5-20 所示。

将光标悬停在支持一个注释比例的注释性对象上时，光标将显示图标。如果该对象支持多个注释比例，它将显示图标。

用户为布局视口和模型空间设置的注释比例确定这些空间中注释性对象的大小，即缩放注释操作。

（1）在"模型"选项卡中设置注释比例的步骤如下：

① 在图形状态栏或应用程序状态栏的右侧，单击显示的注释比例旁边的箭头，如图 5-21 所示。

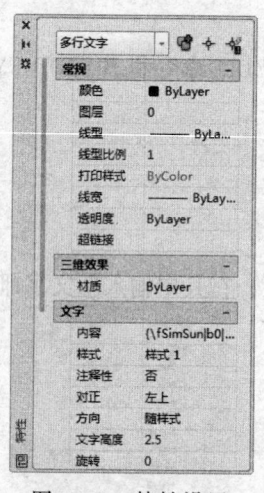

图 5-20　特性设置

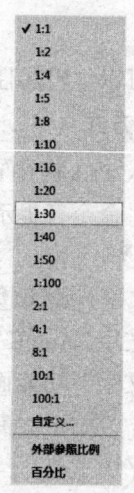

图 5-21　选择注释比例

② 从列表中选择一个比例。如果是在"布局"选项卡下，则首先选择需要设置比例的视口，然后按上述步骤操作。

（2）将注释比例添加到注释性对象中的步骤如下：

① 在传统菜单栏中选择"修改"→"注释性对象比例"
→"添加/删除比例"命令，如图 5-22 所示。

② 在绘图区中，选择一个或多个注释性对象，按
【Enter】键结束，系统弹出如图 5-23 所示对话框。

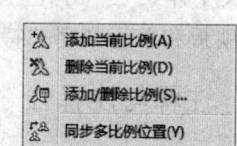

图 5-22　"注释性对象比例"子菜单

③ 在"注释对象比例"对话框中，单击"添加"按钮，系统弹出如图 5-24 所示对话框。

④ 在"将比例添加到对象"对话框中，选择要添加到对象的一个或多个比例（按住【Shift】键可以选择多个比例）。

⑤ 单击"确定"按钮。

⑥ 在"注释对象比例"对话框中，单击"确定"按钮。

如果用户要删除注释对象比例，可以在图 5-22 中选择"删除当前比例"命令，然后选择对象即可。

在"布局"环境下，如果要将注释旋转某个角度，可以在"特性"选项板中的"旋转"文本框进行设置，如图 5-25 所示。

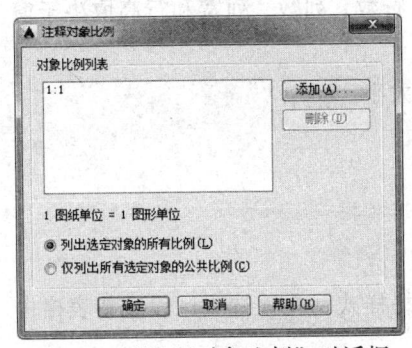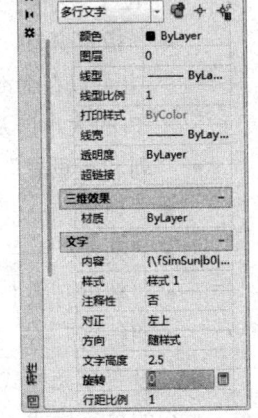

图 5-23　"注释对象比例"对话框　　图 5-24　"将比例添加到对象"对话框　　图 5-25　"特性"选项板

5.5　工程图表格及其处理

在 AutoCAD 2015 中，提供了"表格"工具，用来将一些规律性注释内容排列好。这些操作有些类似于 Word 和 Excel 中的表格操作，例如明细表就可以采用这种方式设置。

- 功能面板：单击　"注释"功能面板上"表格"按钮。
- 命令行：输入 TABLE。

激活该命令后，系统弹出如图 5-26 所示对话框。其各选项含义如下：

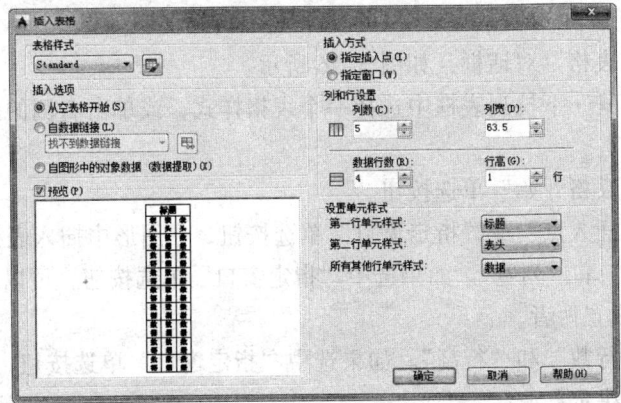

图 5-26　"插入表格"对话框

- "表格样式"——在下拉列表框中选择表格样式。单击"表格样式"按钮▣，可以打开"表格样式"对话框，建立新的表格样式。
- "插入选项"——在该选项区指定插入表格的方式。包含三个单选按钮：
  - "从空表格开始"——选中该单选按钮，创建可以手动填充数据的空表格。
  - "自数据链接"——选中该单选按钮，引入外部电子表格中的数据创建表格。
  - "自图形中的对象数据（数据提取）"——选中该单选按钮，启动"数据提取"向导。
- "插入方式"——在该选项区指定表格位置。包含两个单选按钮：
  - "指定插入点"——选中该单选按钮，可设置表格左上角的位置。可以使用定点设备，也可以在命令提示下输入坐标值。如果将表格的方向设置为由下而上读取，则插入点位于表格的左下角。
  - "指定窗口"——选中该单选按钮，可设置表格的大小和位置。可以使用定点设备，也可以在命令提示下输入坐标值。选定此选项时，行数、列数、列宽和行高取决于窗口的大小以及列和行设置。
- "列和行设置"——在该选项区设置列和行的数目和大小。
  - "列数"——在文本框中指定列数。
  - "列宽"——在文本框中设置列的宽度。
  - "数据行数"——在文本框中指定行数。
  - "行高"——在文本框中设置行高。
- "设置单元样式"——对于那些不包含起始表格的表格样式，在该选项区设置新表格中行的单元样式。
  - "第一行单元样式"——在下拉列表框中选择表格中第一行的单元样式，有"标题"、"表头"和"数据"三个选项。默认选项为"标题"。
  - "第二行单元样式"——在下拉列表框中选择表格中第二行的单元样式，有"标题"、"表头"和"数据"三个选项。默认选项为"表头"。
  - "所有其他行单元样式"——在下拉列表框中选择表格中所有其他行的单元样式，有"标题""表头"和"数据"三个选项。默认选项为"数据"。

5.5.1　创建表格

创建表格的步骤如下：

（1）启动"插入表格"对话框，如图 5-26 所示。

（2）在"表格样式"下拉列表框中选择一个表格样式，或单击右侧的按钮▣，创建一个新的表格样式。

（3）选中"从空表格开始"单选按钮。

（4）选中"指定插入点"或"指定窗口"单选按钮，在图形中插入表格。

（5）设置"列数"和"列宽"。如果选中"指定窗口"单选按钮，可以设置"列数"或"列宽"，但是不能同时设置两者。

（6）设置"数据行数"和"行高"。如果选中"指定窗口"单选按钮，"数据行"由指定的窗口尺寸和"行高"决定。

（7）单击"确定"按钮，结果如图 5-27 所示。

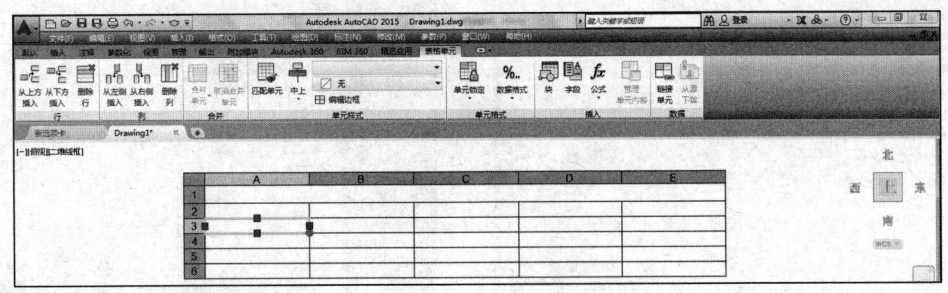

图 5-27　表格编辑状态

（8）如果直接确定，则建立空表格，如图 5-28 所示。否则，可以通过方向键来移动单元位置，并输入其内容。在此建立的是一个 6 行 5 列的表格，其表格标题和表头是不算在其中的。

提示：在 AutoCAD 2015 默认状态下，只显示表格内容，即不显示表格行号和列号。

如果要在已有数据基础上建立表格，则可以进行如下操作：选中"数据"单选按钮，单击"链接单元"按钮，弹出如图 5-29 所示对话框，选择已有数据链接或创建一个新的数据链接。单击"确定"按钮，即可在图形中指定表格的插入点并插入。

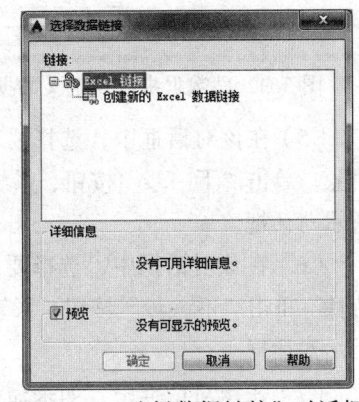

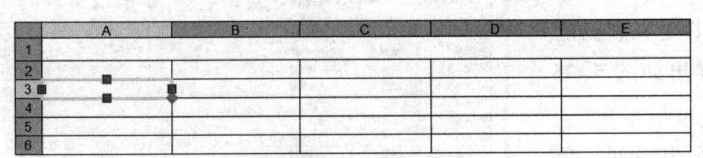

图 5-28　建立的空表格　　　　　图 5-29　"选择数据链接"对话框

5.5.2　从数据提取创建表格

具体操作步骤如下：

（1）选中表格内容后，在"注释"选项卡中单击"表格"面板中的"数据提取"按钮，系统弹出如图 5-30 所示对话框。

（2）选中"创建新数据提取"单选按钮。如果要使用样板（DXE 或 BLK）文件，勾选"将上一个提取用作样板"复选框。单击"下一步"按钮，系统弹出如图 5-31 所示对话框。

（3）在"将数据提取另存为"对话框中，指定数据提取文件的文件名。单击"保存"按钮，系统弹出如图 5-32 所示对话框。

（4）在"图形文件和文件夹"列表框中，选择要从中提取数据的图形或文件夹。单击"下一步"按钮，系统弹出如图 5-33 所示对话框。

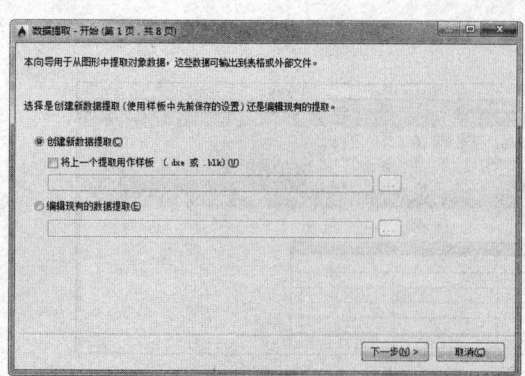

图 5-30 "数据提取 – 开始"对话框

图 5-31 "将数据提取另存为"对话框

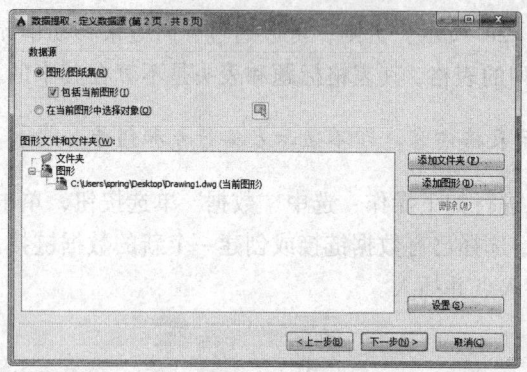

图 5-32 "数据提取 – 定义数据源"对话框

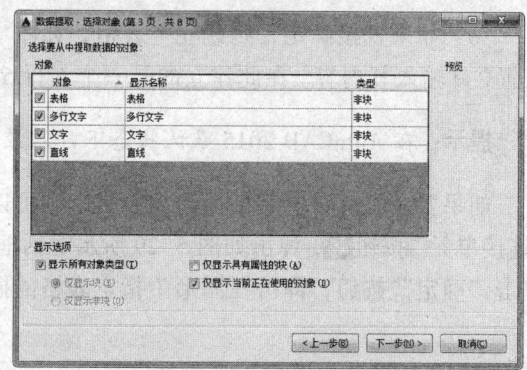

图 5-33 "数据提取 – 选择对象"对话框

（5）在该对话框中，选择要从中提取数据的对象。单击"下一步"按钮，系统弹出如图 5-34 所示对话框。

（6）在该对话框中，选择要从中提取数据的特性。单击"下一步"按钮，系统弹出如图 5-35 所示对话框。

（7）在该对话框中，如果需要则组织列。单击"下一步"按钮，系统弹出如图 5-36 所示对话框。

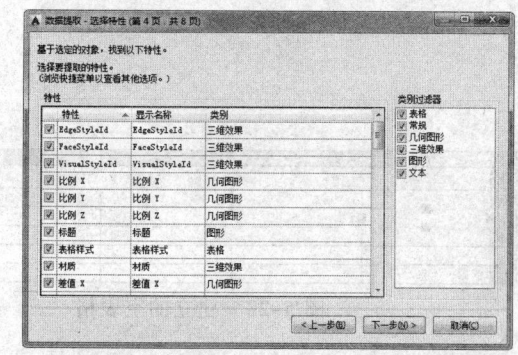

图 5-34 "数据提取 – 选择特性"对话框

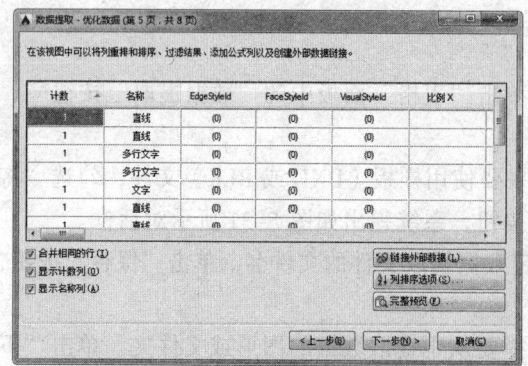

图 5-35 "数据提取 – 优化数据"对话框

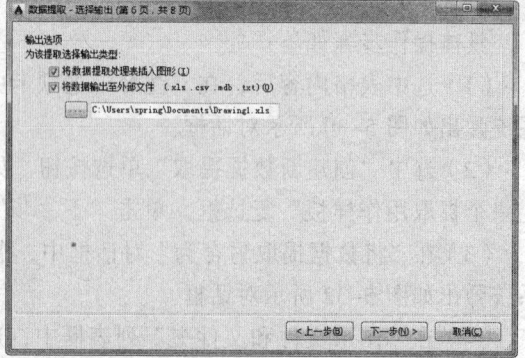

图 5-36 "数据提取 – 选择输出"对话框

（8）在该对话框中，勾选"将数据提取处理表插入图形"复选框，即可创建数据提取处理表。单击"下一步"按钮，系统弹出如图 5-37 所示对话框。

（9）该对话框中，如果已在当前图形中定义表格样式，则在"表格样式"下拉列表中选择"表格样式"。如果已在表格样式中定义表格，则在"表格样式"下拉列表中选择"表格"。若需要，则输入表格的标题。单击"下一步"按钮，弹出如图 5-38 所示对话框。

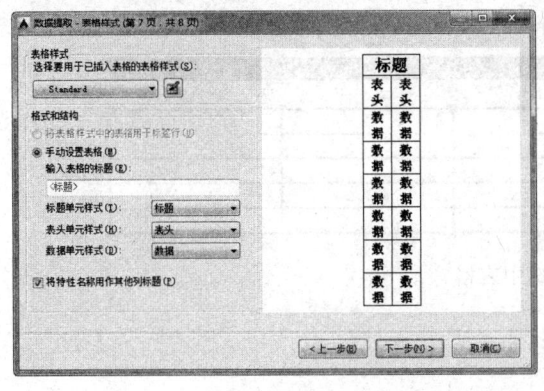

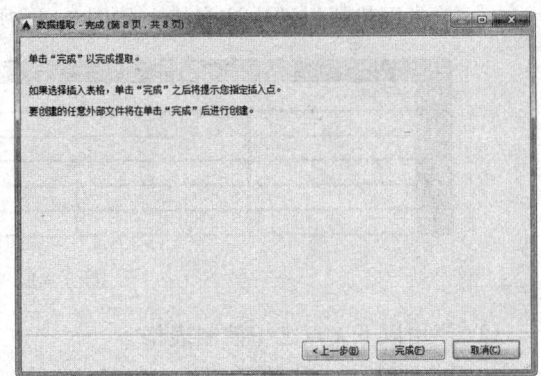

图 5-37　"数据提取 - 表格样式"对话框　　　　图 5-38　"数据提取 - 完成"对话框

（10）单击"完成"按钮。

（11）在图形中单击一个插入点，可以创建表格，如图 5-39 所示。

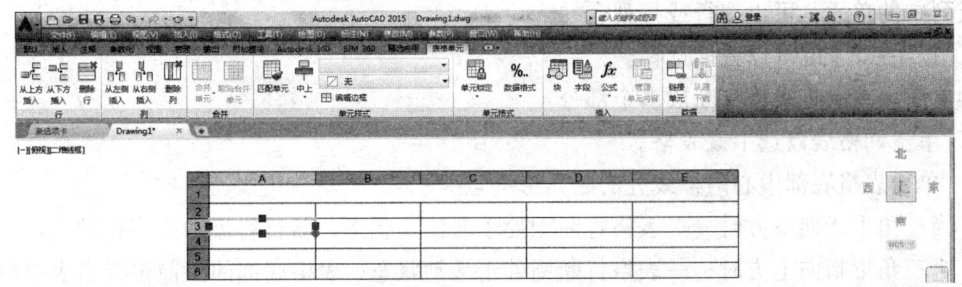

图 5-39　完成后的表格示意图

5.5.3　表格的编辑修改

表格编辑包括单元锁定、合并、修改单元高度等。

具体操作步骤如下：

（1）锁定和解锁单元。

① 使用以下方法之一选择一个或多个要锁定或解锁的表格单元。

- 在单元内单击。
- 按住【Shift】键并在另一个单元内单击，可以同时选中这两个单元以及它们之间的所有单元。
- 在选定单元内单击，拖动到要选择的单元，然后释放鼠标。

系统会弹出如图 5-40 所示功能面板，同时单元变为可编辑状态。

图 5-40　"表格单元"功能区

② 使用以下选项之一：

• 解锁单元。在"单元格式"功能面板上选择"单元锁定"按钮，选择"解锁"命令。

• 锁定单元。在"单元格式"功能面板上单击"单元锁定"按钮，选择"内容和格式已锁定"命令。

（2）使用夹点修改表格。

① 单击网格线以选中该表格，如图 5-41 所示。

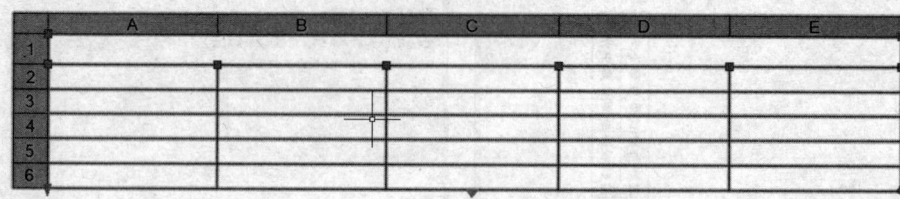

图 5-41　选中表格

② 使用以下夹点之一控制表格。

• 左上夹点——移动表格。

• 右上夹点——修改表宽并按比例修改所有列。

• 左下夹点——修改表高并按比例修改所有行。

• 右下夹点——修改表高和表宽并按比例修改行和列。

• 列夹点（在列标题行的顶部）——加宽或缩小相邻列而不改变表宽。

• 【Ctrl】键+列夹点——将列的宽度修改到夹点的左侧，并加宽或缩小表格以适应此修改。

表格的最小列宽是单个字符的宽度。空白表格的最小行高是文字的高度加上单元边距。

③ 按【Esc】键可以去掉选择。

（3）使用夹点修改表格单元。

① 选择一个或多个要修改的表格单元。

② 若修改选定单元的行高，可拖动顶部或底部的夹点。如果选中多个单元，每行的行高将做同样的修改。

③ 若修改选定单元的列宽，可拖动左侧或右侧的夹点。如果选中多个单元，每列的列宽将做同样的修改。

④ 若合并选中的单元，在"合并"功能面板上单击"合并单元"按钮。如果选择了多个行或列中的单元，可以按行或按列合并。

⑤ 按【Esc】键可以去掉选择。

（4）使用夹点将表格打断成多个部分。

① 单击网格线以选中该表格。

② 单击表格底部中心网格线处的三角形夹点。

• 当三角形指向下方时——表格打断则处于非活动状态，新行将添加到表格的底部。

• 当三角形指向上方时——表格打断则处于活动状态，表格底部的当前位置是表格的最大高度。所有新行都将添加到主表格右侧的次表格部分，如图 5-42 所示。

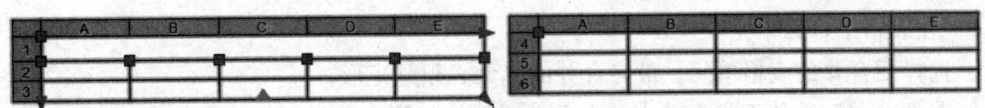

图 5-42 在打断处插入新行

（5）修改表格的列宽或行高。

① 在要修改的列或行中的表格单元内单击。

② 按住【Shift】键并在另一个单元内单击，可以同时选中这两个单元以及它们之间的所有单元。

③ 右击，弹出快捷菜单，如图 5-43 所示。

④ 选择"特性"命令，在"特性"选项板的"单元"栏下，单击"单元宽度"值或"单元高度"值，然后输入一个新值，如图 5-44 所示。

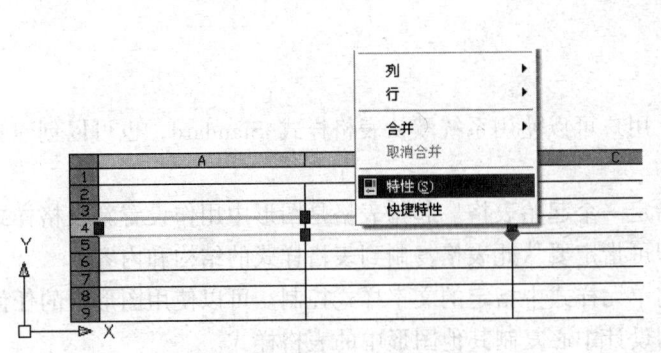

图 5-43 选择"特性"命令

图 5-44 "特性"选项板

⑤ 按【Esc】键可以去掉选择。

（6）在表格中添加列或行。

① 在要添加列或行的表格单元内单击。可以选择在多个单元内添加多个列或行。

② 在"行"功能面板上，单击以下按钮之一：

* "从上方插入"按钮 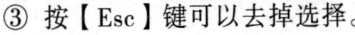——在选定单元的上方插入行。
* "从下方插入"按钮——在选定单元的下方插入行。

在"列"功能面板上，单击以下按钮之一：

* "从左侧插入"按钮——在选定单元的左侧插入列。
* "从右侧插入"按钮——在选定单元的右侧插入列。

注意：新列或行的单元样式将与最初选定的列或行的样式相同。需要更改单元样式时，在要更改的单元上右击，然后单击"单元样式"下拉列表框，如图 5-45 所示，进行具体设置即可。

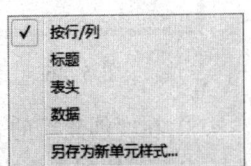

图 5-45 设置单元样式

③ 按【Esc】键可以去掉选择。

（7）在表格中合并单元。

① 选择要合并的表格单元。最终合并的单元必须是矩形。

② 在"合并"功能面板上单击"合并单元"按钮▦。如果要创建多个合并单元，使用以下选项之一。

- "合并全部"——合并矩形选择范围内的所有单元。
- "按行合并"——水平合并单元。方法是删除垂直网格线，并保留水平网格线不变。
- "按列合并"——垂直合并单元。方法是删除水平网格线，并保留垂直网格线不变。

③ 开始在新合并的单元中输入文字，或按【Esc】键去除选择。

（8）在表格中删除列或行。

① 在要删除的列或行中的表格单元内单击。

② 需要删除行时，可在"行"功能面板上单击"删除行"按钮▤。要删除列时，在"列"功能面板上单击"删除列"按钮▥。

注意：无法删除包含一部分数据链接的行和列。

③ 按【Esc】键可以去掉选择。

5.5.4 表格样式设置

表格的外观由表格样式控制。用户可以使用系统默认表格样式 Standard，也可以创建自己的表格样式。

创建新的表格样式时，可以指定一个起始表格。起始表格是图形中用作设置新表格样式的样例表格。一旦选定表格，用户即可指定要从此表格复制到表格样式的结构和内容。

表格单元中的文字外观由当前单元样式中指定的文字样式控制。可以使用图形中的任何文字样式或创建新样式，也可以使用设计中心复制其他图形中的表格样式。

（1）定义或修改表格样式。

① 在"表格"面板中单击右下箭头◢，系统弹出如图 5-46 所示对话框。

② 在"表格样式"对话框中，单击"新建"按钮，系统弹出如图 5-47 所示对话框。

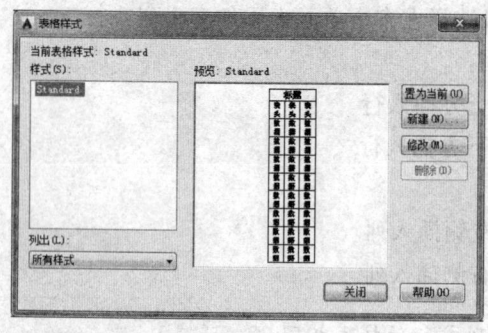

图 5-46 "表格样式"对话框

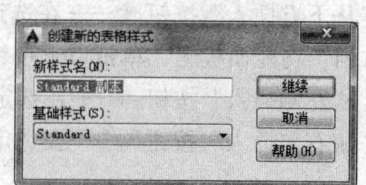

图 5-47 "创建新的表格样式"对话框

③ 在"创建新的表格样式"对话框"新样式名"文本框中输入新表格样式的名称，在"基础样式"下拉列表框中选择一种表格样式作为新表格样式的默认设置。单击"继续"按钮，系统弹出如图 5-48 所示对话框。

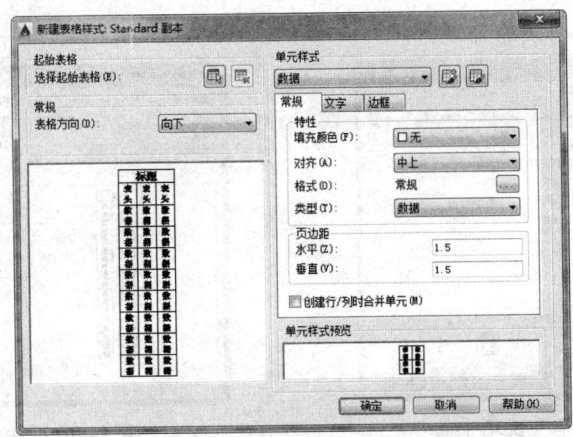

图 5-48 "新建表格样式"对话框"常规"选项卡

④ 在"新建表格样式"对话框中,单击"选择起始表格"按钮▣,可以在图形中选择一个要应用新表格样式设置的表格。

在"表格方向"下拉列表框中,选择"向下"或"向上"选项。选择"向上"选项创建由下而上读取的表格,标题行和列都在表格的底部。

在"单元样式"下拉列表框中,选择要应用到表格的单元样式,或通过单击该下拉列表右侧的"创建新单元样式"按钮▣,创建一个新单元样式。

⑤ 在"单元样式"选项区的"常规"选项卡中,选择或清除当前单元样式的以下选项:

- "填充颜色"——在下拉列表框中选择颜色。如果选择"选择颜色"选项,弹出"选择颜色"对话框。
- "对齐"——为单元内容指定一种对齐方式。
- "格式"——设置表格中各行的数据类型和格式。单击□按钮弹出"表格单元格式"对话框,从中可以进一步定义格式选项。
- "类型"——将单元样式指定为【标签】或【数据】,在包含起始表格的表格样式中插入默认文字时使用。也用于在工具选项板上创建表格工具的情况。
- "页边距 - 水平"——在文本框中设置单元中的文字或块与左右单元边界之间的距离。
- "页边距 - 垂直"——在文本框中设置单元中的文字或块与上下单元边界之间的距离。
- "创建行/列时合并单元"——勾选该复选框,将使用当前单元样式创建的所有新行或列合并到一个单元。

⑥ 如图 5-49 所示,在"单元样式"选项区的"文字"选项卡中,选择或清除当前单元样式的以下选项:

- "文字样式"——设置文字样式。在下拉列表框中选择文字样式,或单击□按钮弹出"文字样式"对话框,进一步创建新的文字样式。
- "文字高度"——设置文字高度。在下拉列表框中输入文字的高度,此选项仅在选定文字样式的文字高度为 0 时适用。
- "文字颜色"——设置文字颜色。
- "文字角度"——设置-359°~+359°之间的文字角度,默认的文字角度为 0。

⑦ 如图 5-50 所示,在"单元样式"选项区的"边框"选项卡中,可以指定以下选项控制

当前单元样式的表格网格线的外观。

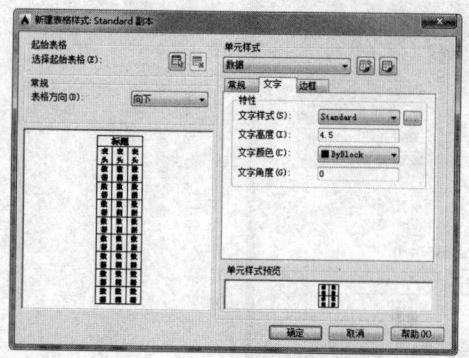

图 5-49 "文字"选项卡

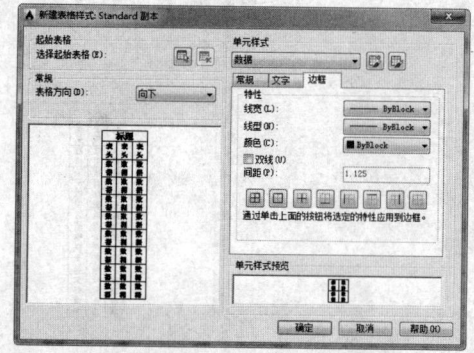

图 5-50 "边框"选项卡

- "线宽"——设置应用于显示边界的线宽。
- '线型"——设置应用于指定边框的线型。
- "颜色"——设置应用于显示边界的颜色。
- "双线"——勾选该复选框，设置选定的边框为双线型。
- "间距"——勾选"双线"复选框，可在该文本框输入数值来更改行距。
- "边框显示按钮"——共有 8 个按钮，单击其可以将选定的特性应用于按钮所代表的边框。

⑧ 单击"确定"按钮。

（2）定义或修改单元样式。

① 在图 5-48 中单击"格式"后的 按钮，系统弹出如图 5-51 所示对话框。

公用选项设置如下：

- "数据类型"——显示数据类型列表，从而可以设置表格行的格式。
- "预览"——显示在"数据类型"列表框中选定选项的预览。

② 在"百分比"类型下，可以设置以下选项：

- "精度"——用于设置精度。
- "附加符号"——勾选该复选框，可将百分比符号置于数字之后。
- "其他格式"——单击该按钮，弹出"其他格式"对话框，从中可为表格单元设置其他格式选项，如图 5-52 所示。

图 5-51 "表格单元格式"对话框的"百分比"选项

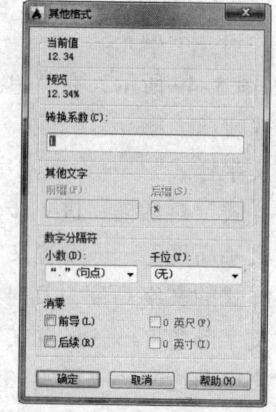

图 5-52 "其他格式"对话框

③ "常规"类型如图 5-53 所示。

④ 在"点"类型下，如图 5-54 所示，可以设置以下选项：

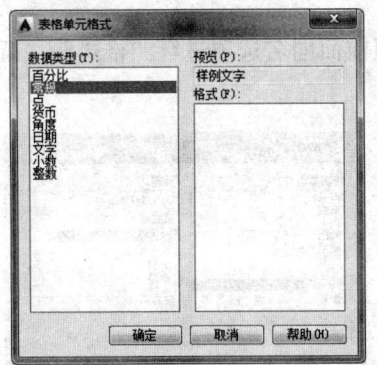

图 5-53 "表格单元格式"对话框的"常规"选项　　图 5-54 "表格单元格式"对话框的"点"选项

- "精度"——可为所选"格式"设置精度。
- "格式"——在该列表框可以根据选择的数据类型显示相关格式类型。
- "列表分隔符"——仅用于"点"数据类型，在下拉列表框中选择可以用于分隔列表项目的选项（逗号、分号或冒号）。
- "X"、"Y"和"Z"——仅对于"点"数据类型，勾选复选框，过滤 X、Y 或 Z 坐标。
- "其他格式"——单击该按钮，弹出"其他格式"对话框，如图 5-52 所示，从中可为表格单元设置其他格式选项。

⑤ 在"货币"类型下，如图 5-55 所示，可以设置以下选项：

- "精度"——用于设置精度。
- "符号"——仅适用于"货币"数据类型，在下拉列表框中选择可以使用的货币符号。
- "附加符号"——勾选该复选框，将货币符号置于数字之前。
- "负数"——仅适用于"货币"数据类型，在下拉列表框中选择用于表示负数的选项。
- "其他格式"——单击该按钮，弹出"其他格式"对话框，如图 5-52 所示，从中可为表格单元设置其他格式选项。

⑥ 在"角度"类型下，如图 5-56 所示，可以按照前面同名选项进行"格式"、"精度"和"其他格式"的设置。

图 5-55 "货币"选项　　　　　　　　　图 5-56 "角度"选项

⑦ 在"日期"类型下，如图 5-57 所示，可以设置以下选项：

· "日期格式"、"样例"——仅用于"日期"数据类型，在"样例"列表框中为"日期格式"选择日期表达方式。

⑧ 在"小数"类型下，如图 5-58 所示，可以按照前面同名选项进行"格式"、"精度"和"其他格式"的设置。

图 5-57 "日期"选项

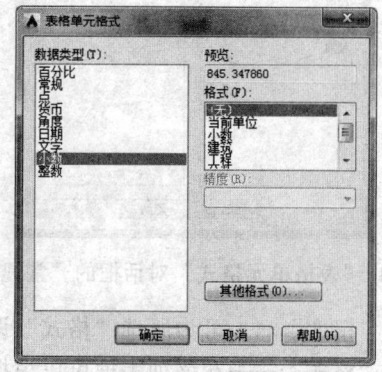
图 5-58 "小数"选项

⑨ 在"文字"类型下，如图 5-59 所示，可以按照前面同名选项进行"格式"设置。

⑩ 在"整数"类型下，如图 5-60 所示，可以按照前面同名选项进行"格式"和"其他格式"设置。

图 5-59 "文字"选项

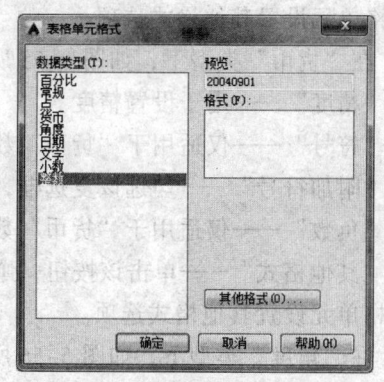
图 5-60 "整数"选项

⑪ 单击"确定"按钮，完成设置。

（3）在单元中插入文字。

表格单元数据可以包括文字和多个块。创建表格后，会亮显第一个单元，弹出"文字格式"功能面板时可以开始输入文字。单元的行高会加大以适应输入文字的行数。要移动到下一个单元，可按【Tab】键，或使用箭头键向左、向右、向上、向下移动。通过在选定的单元中按【F2】键，可以快速编辑单元文字。

在单元内，可以用箭头键移动光标。使用"表格"功能面板和快捷菜单可在单元中设置文字的格式、输入文字或对文字进行其他更改。

在表格中输入文字的步骤如下：

① 在表格单元内单击，将显示"文字编辑器"功能区，然后开始输入文字。

② 在单元中，使用箭头键在文字中移动光标。

③ 若要在单元中创建换行符，按【Alt+Enter】组合键。

④ 若要替代表格样式中指定的文字样式，可在"文字编辑器"功能区的"样式"下拉列表框中选择新的文字样式，选择的文字样式将应用于单元中的文字以及在该单元中输入的所有新文字。

⑤ 若要替代当前文字样式中的格式，首先按以下方式选择文字：

- 要选择一个或多个字符，在这些字符上单击并拖动定点设备。
- 若要选择词语，则双击该词语。
- 若要选择单元中所有的文字，可在单元中单击 3 次；也可以右击，在弹出的快捷菜单中选择"全部选择"命令。

⑥ 在功能面板上，按以下方式修改格式：

- 要修改选定文字的字体，可从"字体"下拉列表框中选择一种字体。
- 要修改选定文字的高度，可在"文字高度"文本框中输入新值。
- 要使用粗体或斜体设置 TrueType 字体的文字格式，或者创建任意字体的下画线文字，可单击功能面板上的相应按钮。SHX 字体不支持粗体或斜体。
- 要选定文字应用颜色，可从"颜色"下拉列表框中选择一种颜色。选择"选择颜色"选项，可弹出"选择颜色"对话框。

⑦ 使用键盘从一个单元移动到另一个单元。按【Tab】键可以移动到下一个单元。在表格的最后一个单元中，按【Tab】键可以添加一个新行。

⑧ 按【Shift】+【Tab】键可以移动到上一个单元。

⑨ 保存修改并退出，单击功能面板上的"确定"按钮或按【Ctrl+Enter】组合键。

（4）在单元中插入块。

在表格单元中插入块时，块可以自动适应单元的大小，也可以调整单元以适应块的大小。可以通过"表格"功能面板或快捷菜单插入块，也可以将多个块插入到表格单元中。如果在表格单元中有多个块，必须使用"管理单元内容"对话框自定义单元内容的显示方式。

在表格中输入块的步骤如下：

① 在"表格单元"选项卡的"插入"功能面板上单击"块"按钮，弹出如图 5-61 所示对话框。

② 在该对话框中，从"名称"下拉列表框中选择块，或单击"浏览"按钮查找其他图形中的块。

③ 指定块的以下特性：

- "全局单元对齐"——在下拉列表框中选择块在表格单元中的对齐方式。块相对于上、下单元边框居中对齐、上对齐或下对齐，相对于左、右单元边框居中对齐、左对齐或右对齐。
- "比例"——在文本框中输入块参照的比例。勾选"自动调整"复选框以适应选定的单元。
- "旋转角度"——在文本框中输入块的旋转角度。

④ 单击"确定"按钮。

如果块具有附着属性，则弹出"编辑属性"对话框。

⑤ 如果单元中含有多个块，则可以单击"表格单元"选项卡的"插入"功能面板上的"管理单元内容"按钮 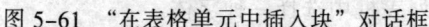，系统弹出如图 5-62 所示对话框。

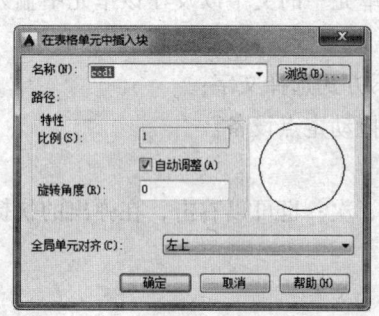

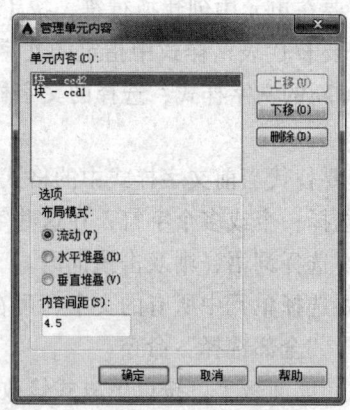

图 5-61 "在表格单元中插入块"对话框 　　　　图 5-62 "管理单元内容"对话框

- "单元内容"——在列表框中按外观次序列出选定单元中的所有文字和块。文字用标签"表格单元文字"指示，块用块名之前的"块"指示。
- "上移"——单击此按钮，将选定列表框内容在显示次序的位置上移。
- "下移"——单击此按钮，将选定列表框内容在显示次序的位置下移。
- "删除"——单击此按钮，将选定列表框内容从表格单元中删除。
- "布局模式"——更改单元内容的显示方向。
- "流动"——选中该单选按钮，根据单元宽度放置单元内容。
- "水平堆叠"——选中该单选按钮，水平放置单元内容，不考虑单元宽度。
- "垂直堆叠"——选中该单选按钮，垂直放置单元内容，不考虑单元高度。
- "内容间距"——在文本框中输入，确定单元内文字或块之间的间距。

（5）在表格单元中插入公式。

表格单元可以包含使用其他表格单元中的值进行计算的公式。选定表格单元后，可以从表格功能面板及快捷菜单中插入公式，也可以打开在位文字编辑器，然后在表格单元中手动输入公式。

① 输入公式。在公式中，可以通过单元的列字母和行号引用单元。例如，表格中左上角的单元为 A1。合并的单元使用左上角单元的编号。单元的范围由第一个单元和最后一个单元定义，并在它们之间加一个冒号。例如，范围 A5:C10 包括第 5 行到第 10 行 A、B、C 列中的单元。

公式必须以等号（=）开始。用于求和、求平均值和计数的公式将忽略空单元以及未解析为数值的单元。如果在算术表达式中的任何单元为空，或者包含非数字数据，则其公式将显示错误（#）。

② 复制公式。在表格中将一个公式复制到其他单元时，范围会随之更改，以反映新的位置。如果在复制和粘贴公式时不希望更改单元地址，请在地址的列或行处添加一个美元符号（$）。

③ 自动增加数据。可以使用"自动填充"夹点，在表格内的相邻单元中自动增加数据。例如，通过输入第一个必要日期并拖动"自动填充"夹点，包含日期列的表格将自动输入日期。

如果选定并拖动一个单元，则将以 1 为增量自动填充数字。同样，如果仅选择一个单元，则日期将以一天为增量进行解析。如果用以一周为增量的日期手动填充两个单元，则剩余的单元也会以一周为增量增加。

具体插入公式的步骤如下：

① 通过在表格单元内单击，来选择要放置公式的表格单元，将弹出"表格"功能面板。

② 在"表格单元"选项卡"插入"功能面板中单击"字段"按钮 ，系统弹出如图 5-63 所示对话框。

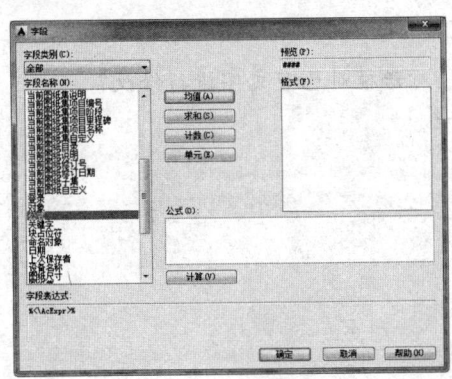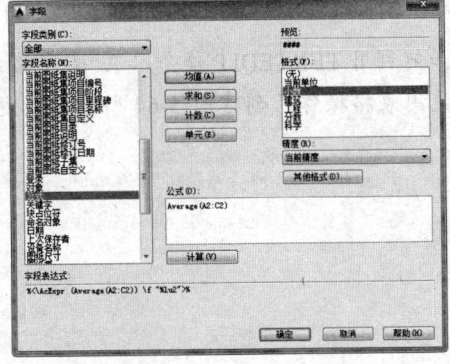

图 5-63   "字段"对话框（选择前后）

③ 在"字段名称"列表框中选择"公式"，然后可以单击相应计算按钮，如单击"求和"按钮。

④ 系统显示以下提示：

　　　　选择表格单元范围的第一个角点：(在此范围的第一个单元内单击)
　　　　选择表格单元范围的第二个角点：(在此范围的最后一个单元内单击)

⑤ 此时将弹出在位文字编辑器并在单元中显示公式。如果需要，编辑此公式。

⑥ 保存修改并退出在位文字编辑器，此单元将显示单元范围中值的计算结果。

本 章 小 结

本章介绍了 AutoCAD 中的文字处理功能，包括定义文字样式、多行文字和单行文字、文字编辑等内容。并对 AutoCAD 2015 新增的表格操作进行了讲解。

习   题

1. 如何设置文字样式？
2. 单行文字和多行文字分别适用于什么地方？
3. 如何输入特殊符号，如 ϕ？
4. 如何输入并编辑多行文字？
5. 多行文字的堆叠有几种方式？
6. 使用单行文字工具输入图 5-64 中的文字：

零件名称		比例	1:2
		材料	
设计			设计单位
校核			

图 5-64   标题栏

7. 使用多行文字工具输入下面的文字：

>   1. 钻孔攻丝处请加工引导鱼眼。
>   2. 请以 C0.5 全周去角
>   2–ϕ 10.5 通孔
> ϕ17.0 沉头深 11.0 ± 0.1

8. 如何利用 TEXTEDIT 命令以及"文字格式"对话框对已有文字进行修改？
9. 使用表格操作，创建图 5-64 所示的标题栏。

第 6 章 // 块

在实际绘图中，经常会遇到标准件等多次重复使用的图形。如果逐个绘制的话，很显然效率低下。如果单独将它们作为独立的整体定义好并在需要的时候插入，则可以减少很多麻烦，这就是块的作用。

6.1 块与块文件

所谓块，就是将一些对象组合起来，形成单个对象（或称为块定义），它们用一个名字进行标识。这一组对象能作为独立的绘图元素插入到一张图纸中，进行任意比例的转换、旋转并放置在图形中的任意地方。用户还可以将块分解成其组成对象，并对这些对象进行编辑操作，然后重新定义这个块。

块操作有两种方式：一种是在当前文件中定义块，而且只在当前文件中使用，它的命令形式是 BLOCK；另一种是将块定义成单独的块文件，这样其他图形可以单独调用，它的命令形式是 WBLOCK。

6.1.1 当前文件块定义

当前文件中的块定义有两种定义方式，即通过命令行或对话框进行定义。这二者之间的差别比较明显，所以分别介绍。

1. 命令行定义方式

用户可以通过如下方法定义块：

> 命令行: -BLOCK 或-B
> 输入块名或 [?]: （输入要定义的图块名称）
> 指定插入基点或 [注释性(A)]:（在窗口中拾取所需要的点）

选取插入基点。基点是一个参考点，当插入块时，AutoCAD 会根据图块的插入点位置来定位。

> 选择对象:（选取要定义块的实体）

这样，就将所选择的一个或多个对象定义成一个图块了。

如果在"输入块名或 [?]:"提示下输入?，则 AutoCAD 会有如下提示：

> 输入要列出的块 <*>:

用户既可以输入要查询的图块名，也可以输入通配符。此时，AutoCAD 会有如下提示：

> 已定义的块。

用户块	外部参照	依赖块	未命名块
0	0	0	1

提示：用命令行定义块后，AutoCAD 会将用于块定义的对象从图形中删除。用户可以使用 OOPS 命令将删除的对象恢复，该操作不会破坏刚生成的块定义。

2．对话框定义方式

用户可以通过如下方法定义块：

- 功能面板：选择"默认"选择卡，单击"块"面板中的"创建"按钮 ⬚。
- 命令行：输入 BLOCK、BMAKE、B。

用上述方法之一启动命令后，会弹出"块定义"对话框，如图 6-1 所示。

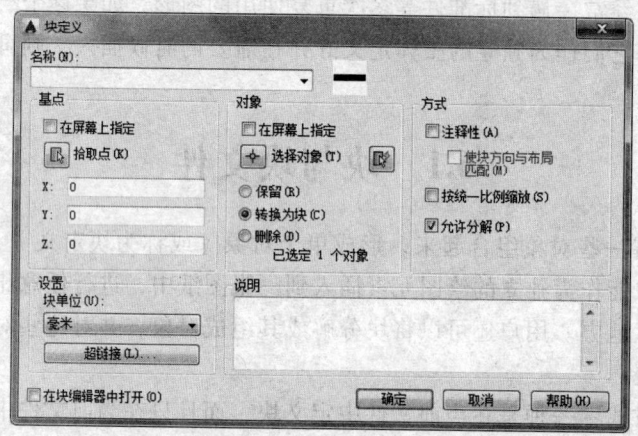

图 6-1　"块定义"对话框

在对话框中设置的具体步骤如下：

① 在"名称"文本框中输入块名称，也可以从下拉列表中选择。

② 确定块的参考点——基点，也可以直接输入基点的 X、Y、Z 坐标值或单击"拾取点"按钮后用十字光标直接在绘图区上拾取。

③ 选取要定义为块的对象。单击"选择对象"按钮 ⬚，在图形窗口中选择对象。单击"快速选择"按钮 ⬚，弹出"快速选择"对话框，利用"快速选择"对话框来选择对象。

注意：虽然可将任意选取点作为插入点，但建议选取对象实体的特征点作为插入点。

④ 确定定义为块的图形在原图形中的处理方式。在该设置区中各选项的含义是：

- 保留：保留显示所选取的要定义成块的对象。
- 转换为块：将选取的对象转化为块。
- 删除：删除所选取的对象图形。

⑤ 决定创建块的状态处理：如果选中"按统一比例缩放"复选项，则所有对象将统一缩放；如果选中"允许分解"复选框，则块可以分解为单独对象。

⑥ 决定插入块的单位：单击"块单位"下拉按钮，用户可从下拉列表框中选取所插入块的单位。

⑦ 在"说明"文本框中详细描述所定义的图块的所有信息。

说明：1. 当定义块更新后，图形中所有对该块的参照会立刻更新以反映新的定义。

2. 用 BLOCK 或 BMAKE 创建的块只能在同一个图形中应用。

3. 实例

将图 6-2 中的屋顶定义成块，并将其屋顶尖点作为插入基点。输入如下命令：

命令：_BLOCK

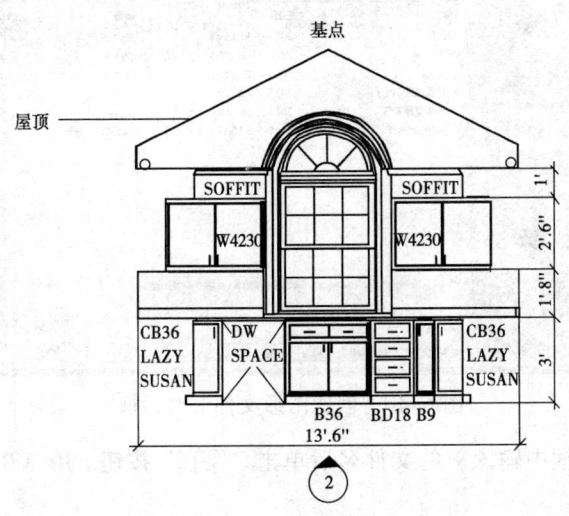

图 6-2 目标对象

在出现的"块定义"对话框中输入所需要的信息，如图 6-3 所示。

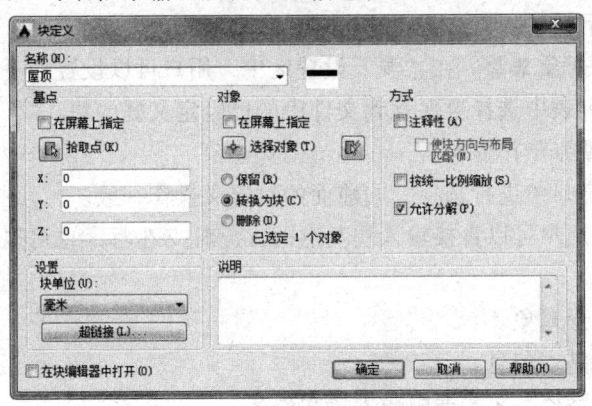

图 6-3 "块定义"对话框

单击图标，在绘图窗口中依次选取屋顶线条。单击按钮，直接在绘图窗口中选取块基点。单击"确定"按钮，块定义完成。

6.1.2 定义块文件

在 AutoCAD 中提供了 WBLOCK 命令，可以把所定义的块作为一个独立的图形文件写入磁盘中。这个图形文件可以作为块定义在其他图形中使用。AutoCAD 把插入到其他图形中的任何图形均当作块定义（包括图像）。

1. 命令行创建方式

用户可以通过如下方法创建块文件：

命令：-WBLOCK

按【Enter】键后出现如图 6-4 所示的"创建图形文件"对话框。

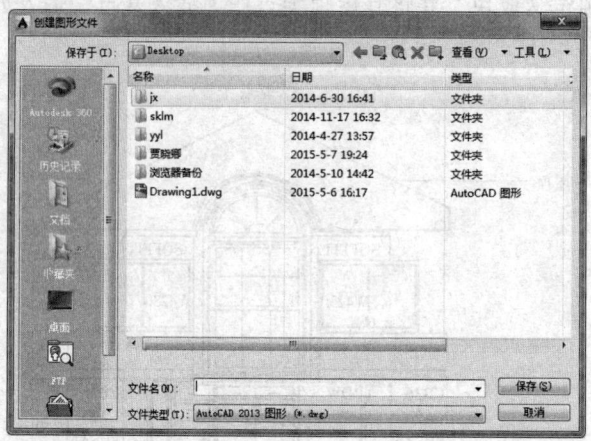

图 6-4 "创建图形文件"对话框

在"文件名"文本框中输入新的文件名后单击"保存"按钮。用 WBLOCK 命令创建块文件的操作完成。

2. 对话框定义方式

在命令行中输入 WBLOCK 或 W 后按【Enter】键，会弹出如图 6-5 所示的"写块"对话框。其具体的操作步骤如下：

① 确定块文件的对象来源。在"源"设置区中，用户可以设置如下块来源。

- 块：可从下拉列表中选择要保存到文件中的已经定义好的块。
- 整个图形：将整张图作为块。
- 对象：在图形窗口中进行选择，同前面的块定义操作一致。

② 确定块基点。用户可以直接输入块基点的 X、Y、Z 坐标，也可以单击"拾取点"按钮，在图形窗口中选择。

③ 确定块中的图形对象。

④ 输入块文件的基本信息。

a. 在"文件名和路径"文本框中输入块文件名。

b. 选择块文件目录。单击按钮▭，弹出"浏览图形文件"对话框，可以从中选取块文件的位置，也可以直接输入块文件的位置。

c. 在"插入单位"下拉列表中选取插入单位。

用户所设置的信息将作为下次调用该块时的描述信息。

提示：① 在多视窗窗口中，WBLOCK 命令只适用当前窗口。

② 块文件可以重复使用，而不需要从提供这个块的原始图形中选取。

③ 当所输入的块名不存在时，AutoCAD 出现如图 6-6 所示的对话框，提示选择对象。

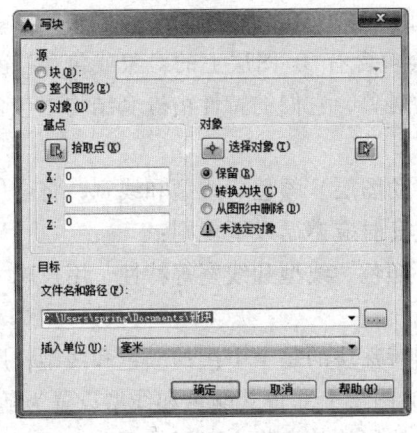

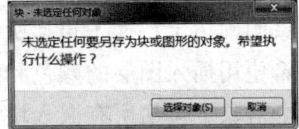

图 6-5　"写块"对话框　　　　　图 6-6　AutoCAD 提示信息

3. 实例

使用 WBLOCK 命令将图 6-2 中的屋顶实体以"屋顶"文件名保存起来。

命令：WBLOCK

在如图 6-4 所示的"写块"对话框的"文件名和路径"下拉列表框中输入"屋顶"，单击"拾取点"按钮，系统提示：

选择对象：（选择屋顶线条后回车）

在图 6-4 中选择"选择对象"按钮，系统提示：

指定插入基点：（直接在图形中确定基点）

单击"确定"按钮即可。

如果已经定义好了屋顶块，则可以在图 6-5 中选择"源"选项组中的"块"选项，之后在下拉列表中选择"屋顶"块，输入文件名称后单击"确定"按钮即可。

6.1.3　块的编辑

当用户向图形中插入块定义时，AutoCAD 便创建一个块引用对象。块引用是 AutoCAD 的一种实体，它可以作为一个整体被复制、移动或者删除，但用户不能直接编辑构成块的对象。所以，需要对其进行分解、打散成多个图元素再进行编辑。

在进行讲解之前、有几个问题需要进行必要的说明。

1. 有关块的几个问题

① 可以把位于不同图层、具有不同颜色、线型和线宽的对象定义到一个块中。AutoCAD 在块定义中将保存其中每一个对象的图层、颜色、线型和线宽等信息。每次插入块时，块中每个对象的图层、颜色、线型和线宽等特性将不会发生变化。

如果块定义中的某个组成对象在加到块定义之前位于 0 图层上，并且该对象的颜色、线型和线宽设置为随层，那么当把此块插入到当前图层上时，AutoCAD 将该块中位于 0 层上的对象的颜色、线型和线宽设置成与当前图层的特性一样。如果组成块的对象的颜色、线型和线宽设置为随块，当用户插入此块时，AutoCAD 将组成块的对象的颜色、线型和线宽设置为系统的当前值。

② AutoCAD 允许块定义中包含其他（嵌套的）块。AutoCAD 对于嵌套块的唯一限制是不能插入自己的组成块。有时，在嵌套块中可能会包含有 0 图层上的对象或包含把颜色、线型和线宽指定为随块的对象。这样的对象称为浮动对象，它们的特性由嵌套结构中包含它们的块来决定。

虽然块嵌套很有用，但是如果错误地使用浮动图层、颜色、线型和线宽，将会使嵌套变得很复杂。为了将混乱程度降到最小，在使用块嵌套时应遵循以下规则：

- 如果特殊块的所有引用需要相同的图层、颜色、线型和线宽等特性，用户应为块中的所有对象明确指定特性（包括所有嵌入块）。
- 如果希望用插入图层的颜色和线型来控制特殊块的每个引用的颜色和线型，用户应将块中每个对象（包括所有嵌入块）绘制在 0 图层上并将其颜色和线型设置为随层。
- 如果希望用当前明确指定的颜色和线型来控制特殊块每个引用的颜色和线型，用户应将块中每个对象（包括所有嵌入块）的颜色和线型设置为随块。在创建块之前，用户可以用"特性"窗口来修改组成对象的图层、颜色和线型。

2．分解块

AutoCAD 允许使用 EXPLODE 命令分解块引用，从而可以修改块（或添加、删除块定义中的对象）。

具体操作步骤如下：

单击"修改"功能面板中的"分解"按钮 ▦。选择要进行分解操作的块引用，AutoCAD 将所选择的块引用分解成组成块定义的单独对象。

EXPLODE 命令可以将组合在一起的图形元素分解成基本元素，但对于基本元素则无法分解，例如线段、文字、圆、样条曲线等。对于有嵌套的块来说，只能分解最外层的块，若其中的图块无法分解，则需要重复执行。

注意：AutoCAD 所分解的是块引用，而不是块定义。此块引用所引用的块定义仍然存在于当前图形中。

3．块的重定义

用户可以使用 BLOCK 命令重新生成一个块定义。如果向块定义中添加对象或从中删除一些对象，则需要将该块定义插入到当前图形中，将其分解后再用 BLOCK 命令重定义。

具体的操作步骤如下：

① 打开"块定义"对话框。

② 在"名称"下拉列表框中选择要重定义的块。

③ 修改"块定义"对话框中的选项。

④ 单击"确定"按钮。

重定义的块对以前和将来的块引用都有影响。重定义后，新常数型属性将取代原来的常数型属性，但是即使新的块定义中没有属性，已经插入完成的块引用中原来的变量型属性也会保持不变。对于保存在文件中的块定义，用户可以将其作为普通图形文件进行修改。

6.2 插 入 块

AutoCAD 允许将已定义的块插入到当前的图形文件中。在块插入时，需确定特征参数，包括要插入的块名、插入点的位置、插入的比例系数以及图块的旋转角度。

6.2.1 块的插入方式

插入块的方式有多种，用户可以按照自己的习惯操作。

1. 利用命令插入块

具体的操作过程如下所示：

```
命令：-INSERT
输入块名或 [?]：(输入块的名字)
单位：毫米 转换：1.0000
指定插入点或 [基点(B)比例(S)XYZ 旋转(R)]：(指定插入点)
```

下面介绍提示行中各项的含义：

① 比例：对命名块提供全部（*XYZ* 三个方向）比例因子。

② *X/Y/Z*：设置块的 *X/Y/Z* 方向比例因子。

③ 旋转：预先设定块的旋转角。当块放置到所要插入的位置时，块以指定的旋转角显示。

执行完提示中的任一选项后，AutoCAD 会继续提示：

```
输入 X 比例因子，指定对角点，或 [角点(C)XYZ(XYZ)] <1>：(X方向的比例系数)
输入 Y 比例因子或 <使用 X 比例因子>：(Y方向的比例系数)
指定旋转角度 <0>：(输入旋转角度)
```

这样，AutoCAD 会根据用户的设置完成块的插入。

2. 利用对话框插入

用户可以通过如下方法来启动"插入"对话框：

* 功能面板：选择"默认"选项卡，单击"块"功能面板中的"插入"按钮 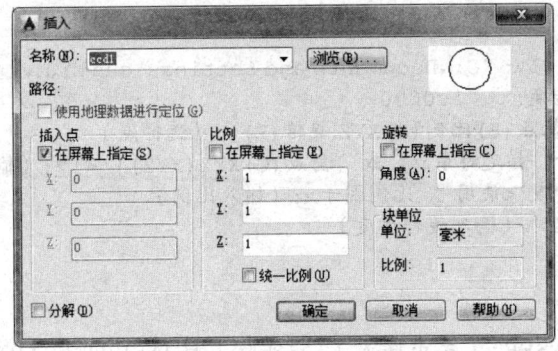。
* 命令行：输入 INSERT。

用上述方法之一执行命令后，将弹出如图 6-7 所示的"插入"对话框。

图 6-7 "插入"对话框

在该对话框中的操作步骤如下：

① 在"名称"下拉列表中输入或者选择要插入的块文件名。如果没有或不清楚该文件位

置，可以单击"浏览"按钮，弹出"选择图形文件"对话框，利用该对话框选取已有的图形文件。

②　确定插入点。在该设置区中，可以直接在 X、Y、Z 输入框中输入 X、Y 和 Z 轴坐标值，也可以通过"在屏幕上指定"复选框来指定在图形窗口中拾取插入点。

③　确定缩放比例。用户可按不同比例插入块。X、Y 和 Z 轴方向的比例因子可以相同，也可以不同。如果使用负比例系数，图形将绕着负比例系数作用的轴做镜像变换。

在该设置区中，用户还可以设置如下两项内容：
- 在屏幕上指定：利用光标在图形窗口中的拖动来设置比例因子。
- 统一比例：如果只设置了 X 的比例因子，则 Y、Z 方向的比例因子也要按一定的比例变化。

④　确定旋转方式。按一定的旋转角度插入块，用户可以设置如下选项：
- 在屏幕上指定：通过在图形窗口中拖动鼠标来设置。
- 角度输入框：直接在框中输入旋转角度。

⑤　确定块中的元素是否可以单独编辑。如果选中"分解"复选框，则分解后块中的任一实体可以单独进行编辑。一个被分解的块，只能指定一个比例因子。

⑥　输入后单击"确定"按钮完成。

说明：①　如果修改了块的原图形文件，那么可以通过选择"块"或"写块"对话框中的块名称来重定义当前图形中的块，当前图形中的块引用将被更新。

②　在插入 0 层上的对象时，AutoCAD 将自动把对象分配到块所插入的层上。

3．资源管理器插入

可以通过拖放的方式将所选的文件作为块插入到当前图形文件中。

具体操作过程如下：

①　在 AutoCAD 的绘图屏幕里选取所要插入的图形。

②　打开 Windows 的"资源管理器"，适当调整窗口大小后使之与 AutoCAD 的绘图屏幕一起显示。

③　拖动文件至 AutoCAD 的绘图屏幕后释放鼠标。

系统将提示如下：

```
命令：_-INSERT
输入块名或 [?] <1>: "C:\Documents and Settings\sunjh\My Documents\4-50.dwg"
单位：毫米   转换：   1.0000
指定插入点或 [基点(B)比例(S)XYZ 旋转(R)]：（选择点）
输入 X 比例因子，指定对角点，或 [角点(C)XYZ(XYZ)] <1>：（输入比例）
输入 Y 比例因子或 <使用 X 比例因子>：（输入比例）
指定旋转角度 <0>：（输入旋转角度）
```

6.2.2　多重插入块

多重插入块命令 MINSERT（多重插入），它实际上是 INSERT 和 ARRAY 命令的一个组合。该命令操作的开始阶段与 INSERT 命令一样，然后提示构造一个阵列。

1．操作方法

用户可以通过以下方法多重插入块：

命令：MINSERT
输入块名或 [?] <a>：（输入块的名字）
单位：毫米 转换：1.0000
指定插入点或 [基点(B)比例(S)XYZ 旋转(R)]：

利用该提示行中的选项确定插入块的一些系数。其中各选项的含义与前面介绍的同名选项相同，此处不再赘述。

输入 X 比例因子，指定对角点，或 [角点（C）XYZ] <1>：（输入 X 方向的比例系数）
输入 Y 比例因子或 <使用 X 比例因子>：（输入 Y 方向的比例系数）
指定旋转角度 <0>：（确定选转角度）
输入行数 （---）<1>：（输入行数）
输入列数 （||||）<1>：（输入列数）
输入行间距或指定单位单元 （---）：（输入行与行之间的间距）
指定列间距 （||||）：（输入列与列之间的间距）

执行以上操作后，AutoCAD 会根据设置插入图块，生成新图形。

2．说明

MINSERT 命令生成的整个阵列与块有许多相同特性，但也有一些情况只适合于 MINSERT 命令：

① 整个阵列就是一个块，用户不能编辑其中单独的项目。用 EXPLODE 命令不能把块分解为单独实体。如果原始块插入时发生了旋转，则整个阵列将围绕原始块的插入点旋转。

② 不能使用用于单个实体的块插入方法。

6.2.3 重新设置插入基点

在块插入之前或者插入后，就可以单独定义基点了。尤其在插入之后，这样可以减少很多麻烦。可通过 BASE 命令实现，启动该命令的方法如下：

· 功能面板：选择"默认"选项卡，单击"块"功能面板中的"设置基点"按钮🔲。
· 命令行：输入 BASE。

用上述方法中的任一种输入命令后，AutoCAD 会有如下提示：

输入基点 <0.0000,0.0000,0.0000>：

用户可以直接输入插入点的坐标值，也可以利用鼠标直接在屏幕上选取插入点。

6.2.4 块操作实例

将如图 6-8 所示的图形定义为块 1，令其做环行阵列排列，然后对其进行重定义，添加如图 6-9 所示图形，对块 1 进行更新，观察效果。

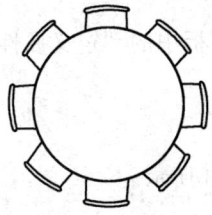

图 6-8 原图

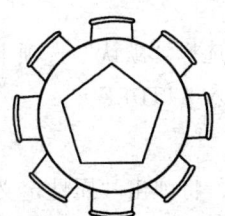

图 6-9 更改后的图形

具体操作步骤如下：

① 在命令行中输入 BLOCK 命令，弹出"块定义"对话框。在"名称"文本框中输入 1，在"对象"中选择"保留"。单击"拾取点"按钮，选择圆心。单击"选择对象"按钮，在图形窗口中选择图 6-8 所示图形。按【Enter】键后单击"确定"按钮，关闭该对话框。

② 在命令行中输入 INSERT，弹出"插入"对话框。在"名称"下拉列表中选择 1，单击"确定"按钮，进入绘图窗口。此时，块 1 可动态显示。

③ 选择一点后单击，将块 1 插入到图形中。

④ 执行 ARRAY 命令，选择环形阵列，选择中心点并设置"项目总数"为 6，单击"确定"按钮，效果如图 6-10 所示。

⑤ 对原来的图形进行更改，结果如图 6-9 所示。

⑥ 重新打开"块定义"对话框，从中选择 1。选择"拾取对象"按钮，重新选择图 6-9 所示图形。单击"确定"按钮，系统弹出图 6-11 所示对话框。

⑦ 单击"关闭"按钮，模型重新生成，阵列图形也同时更新。此时，阵列图形显示如图 6-12 所示。

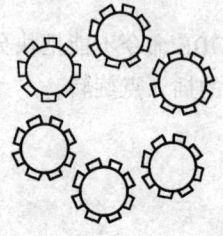

图 6-10　块阵列结果

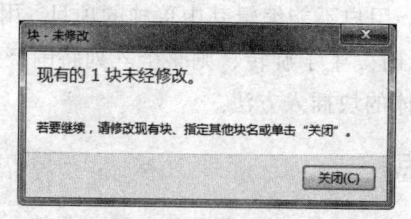

图 6-11　系统提示

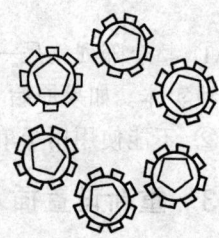

图 6-12　阵列更新

6.3　块　属　性

属性是存储于块文件中的文字信息，用来描述块的某些特征。主要目的是为了与外部进行数据交换。用户可以从图形中提取属性信息，使用电子表格或数据库等软件对信息进行处理，生成零件表或材料清单等。

6.3.1　建立块属性

用户要使用属性，必须先建立属性，块属性描述块的特性，包括标记、提示、值的信息、文字格式、位置等。

1．启动方法

- 功能面板：选择"默认"选项卡，单击"块"功能面板中的"定义属性"按钮 。
- 命令行：输入 ATTDEF。

2．操作方式

激活该命令后，将弹出"属性定义"对话框，如图 6-13 所示。

该对话框主要操作步骤如下：

① 设置属性模式。在该组框中可以设置属性为不可见、固定、验证或预置。

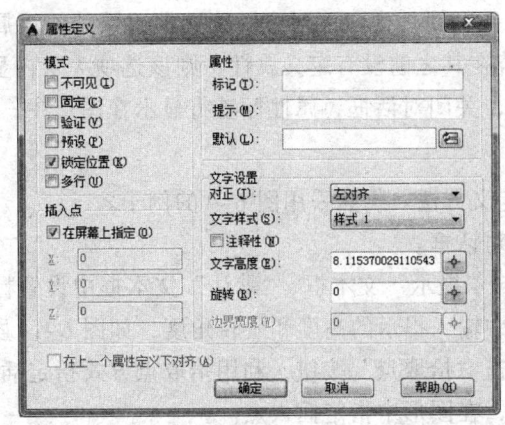

图 6-13 "属性定义"对话框

- "不可见"复选框用来控制属性值是否可见。若选中该复选框，系统在向当前图形中插入块时，将不显示属性值，否则将显示属性值。
- "固定"复选框用来控制属性值是否固定。若选中该复选框，系统在向当前图形中插入块时，将赋予该属性一个固定的值。
- "验证"复选框用来控制属性的验证操作。若选中该复选框，系统在向当前图形中插入块时，将提示用户验证属性值的正确性，否则不予以提示。
- "预设"复选框用来控制属性的默认值。若选中该复选框，系统在向当前图形中插入块时，将使用默认值作为该属性的属性值。
- "锁定位置"复选框用来锁定块参照中属性的位置。解锁后，属性可以相对于使用夹点编辑块的其他部分移动，并且可以调整多行属性的大小。
- "多行"复选框用来指定属性值可以包含多行文字。选中该复选框，可以指定属性的边界宽度。

② 确定块属性中的基本属性。"属性"选项区域提供了属性标记、提示和默认值设置。

- 在"标记"文本框中可以输入属性的标记。"标记"用于标识属性在图形中的每一次出现。
- 在"提示"文本框中可以输入属性的提示。属性提示是指当插入含有该属性定义的块时，系统在屏幕中显示的提示。
- 在"默认"文本框中可以输入属性的默认属性值。

③ 确定属性的插入位置。可以直接在 X、Y、Z 数值框中输入坐标，也可以单击"拾取点"按钮，在绘图区域中选取。

④ 可在"文字选项"选项区域中设置属性文字的对齐方式、文字样式、文字高度及旋转角度。

- 在"对正"下拉列表框中可以选取文字的对齐方式。
- 在"文字样式"下拉列表框中可以选取属性文字的文字样式。
- 在"文字高度"文本框中可以输入属性文字的高度，也可以单击"高度"按钮在屏幕上指定其高度。
- 在"旋转"文本框中可以输入属性文字的旋转角度，也可以单击"旋转"按钮在屏幕上指定其旋转角度。

⑤ 如果选中了"在上一个属性定义下对齐"复选框，系统将该属性定义的标记直接放在上一个属性定义的下面。若在其之前没有定义属性，则该选项为灰白显示，不可用。

⑥ 单击"确定"按钮，关闭对话框，属性标签将显示在图形中。

3. 实例

下面举例说明属性的定义方法。仍然采用图 6-9 的例子。

① 打开"属性定义"对话框。

② 在"标记"文本框、"提示"文本框、"默认"文本框中设置标记、提示和默认值，在"高度"和"旋转"文本框中输入提示的高度和旋转角度，如图 6-14 所示。

③ 在"插入点"区单击"拾取点"按钮，利用拾取点方式指定插入点起点。

④ 临时关闭此对话框，在图形中指定插入点。

⑤ 确定插入点后，返回"属性定义"对话框，单击"确定"按钮。

设置完成后将该属性和块文件重新定义为块 2，其效果如图 6-15 所示。

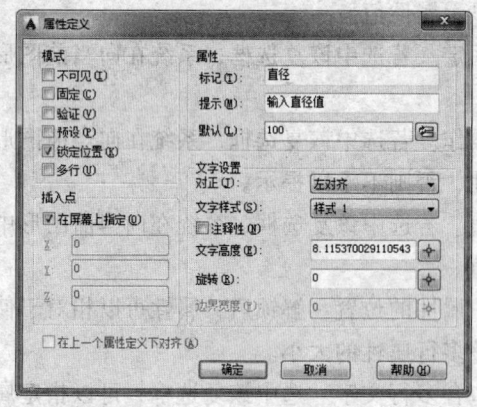

图 6-14　"属性定义"对话框

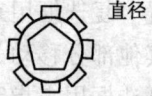

图 6-15　定义好的块属性

6.3.2　插入带有属性的块

1. 具体操作

一旦用户给块附加了属性或在图形中定义了属性，就可以使用前面介绍的方法插入带属性的块。当插入带有属性的块或图形文件时，前面的提示和插入一个不带属性的块完全相同，只是增加了属性输入提示。用户可在各种属性提示下输入属性值或使用默认值。

操作步骤如下：

① 选择"块"功能面板的"插入"按钮 🔳。

② 弹出"插入"对话框，从"插入"下拉列表框中选择图块。

③ 在"名称"下拉列表中选择要插入的块名，然后在"插入点"区域中选中"在屏幕上指定"复选框；在"缩放比例"区域中选中"统一比例"复选框，接受 Y 轴方向比例因子默认值等于 X 轴方向比例因子，在 X 框中设置 X 轴方向比例因子；在"旋转"区域的"角度"文本框中，输入 0 使用块旋转角默认值。

④ 单击"确定"按钮，关闭"插入"对话框。命令行提示如下：

指定插入点或 [基点(B)比例(S)XYZ 旋转(R)]：

在此提示下确定插入点。

2. 实例

仍然采用如图 6-9 所示的实例。具体操作步骤如下：

① 选择"块"功能面板的"插入"按钮。

② 弹出"插入"对话框，在"名称"下拉列表框中选择块 2。

③ 在"插入点"区域选中"在屏幕上指定"复选框；在"缩放比例"区域中选中"统一比例"复选框，接受 Y 轴方向比例因子默认值为 X 轴方向比例因子，在 X 框中输入 2，设置 X 轴方向比例因子；在"旋转"区域的"角度"编辑框中输入 0，接受块旋转角默认值。

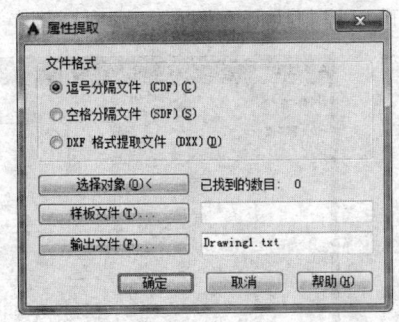

图 6-16　结果和过程

④ 按"确定"按钮，关闭"插入"对话框。

⑤ 系统提示过程和结果如图 6-16 所示。

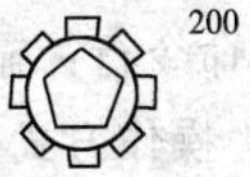

注意：属性值随着输入值改变了。

```
命令：_INSERT
指定插入点或 [基点(B)比例(S)XYZ 旋转(R)]：
输入属性值
输入螺栓名称 <100>: 200
```

6.3.3　提取属性信息

大部分属性信息的提取用于文本的自动生成和控制，极小部分用于数据。用户可将提取的属性数据列表打印或在其他程序中使用这些数据，例如数据库管理系统、电子表格和文字处理软件。属性信息提取是利用 ATTEXT 命令实现的。

在命令行中输入 ATTEXT，弹出"属性提取"对话框，如图 6-17 所示。

在这个对话框中可以进行以下操作：

① 确定属性提取的方式。在"文件格式"组框中有

图 6-17　"属性提取"对话框

三种格式：逗号分隔文件、空格分隔文件和 DXF 格式提取文件。

a. "逗号分隔文件"单选按钮：系统在生成数据文件时，对图形中的每一个块引用生成一条记录，并用逗号分隔每一条记录中的各个字段，其中的字符型字段用单引号括起来。

b. "空格分隔文件"单选按钮：系统对图形中的每一个块引用生成一条记录，其中每一条记录的各个字段具有固定的宽度。

c. "DXF 格式提取文件"单选按钮：系统在生成数据文件时，将删除 AutoCAD 图形交换文件的子集。该文件中仅包括块引用、属性等对象。该属性不需要模板文件。

② 单击"选择对象"按钮，临时关闭该对话框，选取带属性的块后按【Enter】键再次返回此对话框，并在此按钮的右边显示选中对象的个数。

③ 单击"样板文件"按钮，可以在"样板文件"文本框中输入 CDF 和 SDF 格式的样板文件的名称，也可以通过单击"样板文件"按钮，弹出"样板文件"对话框，从中选取所需的样板文件。

④ 在"输出文件"文本框中输入 AutoCAD 提取属性数据后的输出文件名，也可以单击"输出文件"按钮，弹出"输出文件"对话框指定输出文件。

⑤ 单击"确定"按钮，关闭该对话框，完成属性的提取。

6.3.4 属性数据编辑

1. 启动方法

- 功能面板：单击"块"功能面板中的"编辑属性"列表下"单个"按钮 或"多个"按钮 。
- 命令行：输入 ATTEDIT。

2. 操作方式

激活该命令，命令行提示：

    选择块参照：

选取块参照后，弹出"编辑属性"对话框，进行属性编辑，如图 6-18 所示。在其中进行编辑即可。

若用后两种方式激活属性编辑命令，将弹出如图 6-19 所示对话框。在"属性"选项卡中，可以查看当前的属性设置并输入新值。在图 6-20 所示"文字选项"选项卡中，可以设置标记的字体、对正、高度、宽度因子等，从而控制文字样式。在图 6-21 所示的"特性"选项卡中，可以控制块所在图层、线型、颜色等。

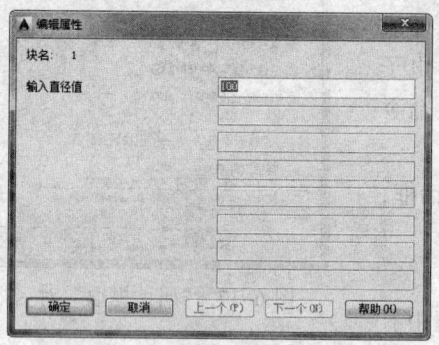

图 6-18 "编辑属性"对话框

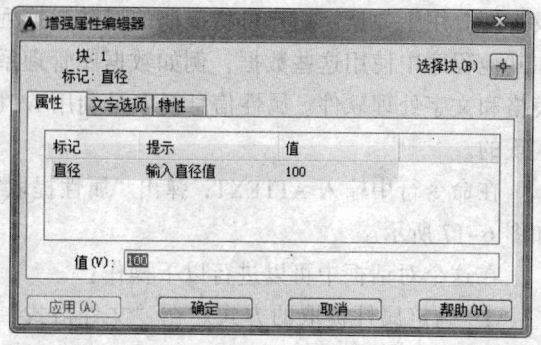

图 6-19 "增强属性编辑器（属性）"对话框

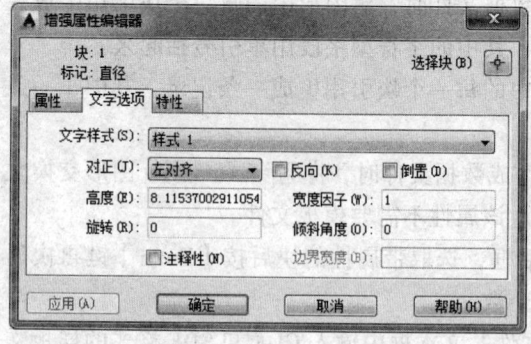

图 6-20 "增强属性编辑器（文字选项）"对话框

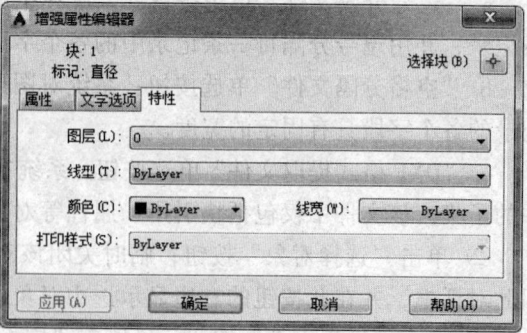

图 6-21 "增强属性编辑器（特性）"对话框

6.4 外 部 参 照

当把一个图形作为块插入到当前图形中时，AutoCAD 会将块定义和所有相关联的几何图形存储在当前图形数据库中。如果对原图形进行修改，则当前图形中的块不会更新。在这种情况下，如果要更新图形，则必须重新插入这些块使当前图形得到更新。

为此，AutoCAD 提供了外部参照功能。所谓外部参照（xref）是把其他图形链接到当前图形中。当把图形作为外部参照插入时，当前图形就会随着原图形的修改而自动更新。因此，包含有外部参照的图形总是反映出每个外部参照文件最新的编辑情况。像块引用一样，外部参照在当前图形中作为单个对象显示。然而，外部参照不会显著增加当前图形的文件大小并且不能被分解，就像块引用一样。

AutoCAD 提供了两种类型的附着图形方式，即"附着型"和"覆盖型"。

① 附着型：附着型外部参照可以嵌套在其他外部参照中。用户可以附着任意多的外部参照副本，并且每个副本可拥有不同位置、缩放比例和旋转角，也可以控制外部参照中的依赖图层和线型的特性。

② 覆盖型：附着覆盖型与附着型外部参照的操作很类似，但当外部参照为覆盖型时，任何其他嵌套在这个图形内的覆盖型外部参照将被忽略，即嵌套的覆盖型外部参照不能显示。换句话说，AutoCAD 不能读入嵌套覆盖型外部参照。

6.4.1 使用外部参照管理器

外部参照管理器可以管理当前图形中的所有外部参照图形。外部参照管理器显示了每个外部参照的状态及它们之间的关系。在管理器中，用户可以附着新的外部参照、拆离现有的外部参照、重载或卸载现有的外部参照、将附加转换为覆盖或将覆盖转换为附加、将整个外部参照定义绑定到当前图形中和修改外部参照路径。

1．启动方法

● 功能面板：单击"视图"选项卡，单击"选项板"面板中的"外部参照选项板"按钮。
● 命令行：输入 XREF。

2．操作方法

调用外部参照 XREF 命令后，系统调用"外部参照"面板，如图 6-22（a）所示。以列表视图形式查看当前图形中的外部参照，用户可以通过先选择列表中的参照名称，然后用单击亮显文件名的方法来编辑外部参照名称。

在图 6-22（a）中单击"树状图"按钮，AutoCAD 将当前图形中的所有外部参照以树形列表的形式显示出来，如图 6-22（b）所示。树状图的顶层以字母顺序列出。显示的外部参照信息包含外部参照中的嵌套等级、它们之间的关系以及是否已被融入。树状图只显示外部参照间的关系，不会显示与图形相关联的附加型或覆盖型图的数量。同一个外部参照的重复附件是不会显示在树状图上的。

选择了某个外部参照后，将在选项板下面的"详细信息"部分列出当前外部参照的具体信息，如类型、大小等，除"找到位置"外，其他不能进行编辑。

（a）列表视图

（b）树状图

图 6-22　外部参照选项板

如果在该窗口中选择"预览"按钮 🖼️，则可以查看该外部参照情况。

对于外部参照选项板，AutoCAD 2015 提供了工具栏来实现其功能，具体如下：

① "附着文件"按钮。

"外部参照"选项板顶部左侧第一个按钮可以附着 DWG、DWF 或光栅图像。其默认状态为"附着 DWG"，如图 6-23 所示。此按钮可保留上一个使用的附着操作类型，因此，如果附着 DWF 文件，则此按钮的状态将一直设置为"附着 DWF"，直到附着其他文件类型。

图 6-23　"附着文件"按钮

各个附着按钮功能如下：

a. 附着 DWG。启动 XATTACH 命令，附着 DWG 文件，具体操作见后面。

b. 附着图像。启动 IMAGEATTACH 命令，附着 JPEG 等非 AutoCAD 图形文件。

c. 附着 DWF。启动 DWFATTACH 命令。

d. 附着 DGN。附着 V8 所带 DGN 文件。

e. 附着 PDF。附着 PDF 文件。

f. 附着点云。

② "刷新"按钮，如图 6-24 所示。

它可以重新同步参照图形文件的状态数据与内存中的数据。刷新主要与 Autodesk Vault 进行交互。

另外，在"文件参照"窗格中提供了快捷菜单（见图 6-25），可以进行相关编辑操作。

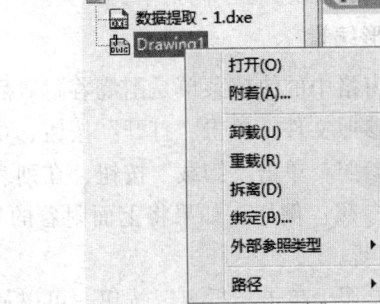

图 6-24 "刷新"按钮　　图 6-25 "文件参照"窗格的快捷菜单

3. 附着外部参照

单击"附着 DWG"按钮，AutoCAD 将弹出"选择参照文件"对话框。选择文件后单击"打开"按钮，弹出"附着外部参照"对话框（见图 6-26），这个对话框同"插入块"对话框基本功能完全一致，增加供用户选择的参照类型。选择参照类型，单击"确定"按钮，在图形窗口中选择插入点，即可将该参照图形插入到图形窗口中。用户可利用这种操作附着新的外部参照。该操作与"插入"菜单中"DWG 参照"选项一致。

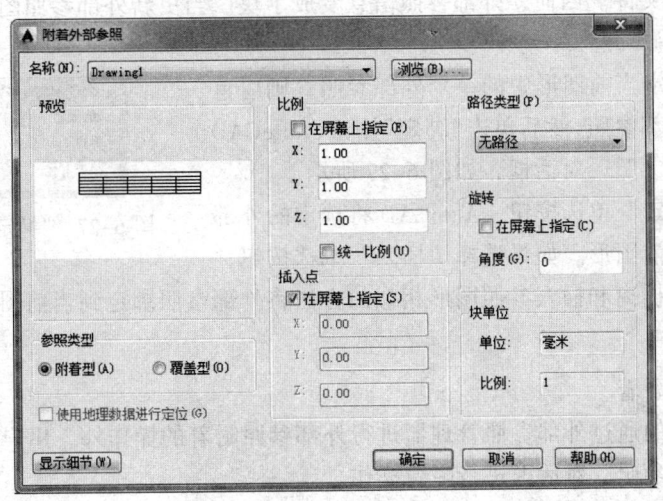

图 6-26 "附着外部参照"对话框

AutoCAD 2015 对参照路径功能进行了改善，可以选择完整路径、相对路径和无路径三种情况。

① 完整路径：当使用完整路径附着外部参照时，外部参照的精确位置将保存到宿主图形中。此选项的精确度最高，但灵活性最小。如果移动工程文件夹，AutoCAD 将无法融入任何使用完整路径附着的外部参照。

② 相对路径：使用相对路径附着外部参照时，将保存外部参照相对于宿主图形的位置，此选项的灵活性很大。如果移动工程文件夹，仍可以融入使用相对路径附着的外部参照，只要此外部参照相对宿主图形的位置未发生变化。

③ 无路径：在不使用路径附着外部参照时，首先在宿主图形的文件夹中查找外部参照。

当外部参照文件与宿主图形位于同一个文件夹时，此选项非常有用。

4．附着后图形编辑

"文件参照"窗格中的快捷菜单是围绕着附着后的参照图形进行的。

① 打开外部参照文件：单击"打开"按钮，可直接打开选定的参照文件。

② 卸载外部参照：单击"卸载"按钮，在列表中选择要卸载的外部参照。

③ 更新外部参照：例如，如果将上面附着的外部参照文件进行过修改，单击"重载"按钮，图形窗口将更新。

④ 拆离外部参照。单击"拆离"按钮，可以从图形文件中拆离选定的外部参照。拆离时，参考该参照的所有实例都将从图形中删除，当前图形文件定义将被清理，并且到该参照文件的链接路径也将被删除。

注意：拆离和卸载是不同的。外部参照被拆离后，所有依赖外部参照符号表的信息（如图层和线型）将从当前图形符号表中清除。卸载不是永久地删除外部参照，它仅仅是抑制外部参照定义的显示和重新生成，这有助于当前编辑任务的完成并提高了系统的性能。

⑤ 绑定外部参照：把外部参照绑定到图形上将会使得外部参照成为图形中的固有部分，而不再是外部参照文件。因而，外部参照信息变成了块。当更新外部参照图形时，绑定的外部参照不会同步更新。

如果用户要绑定当前图形中的一个外部参照，则应首先选择要绑定的外部参照，然后单击"绑定"按钮，AutoCAD 将弹出"绑定外部参照"对话框，如图 6-27 所示。

图 6-27 "绑定外部参照"对话框

如果选择"绑定"单选按钮，AutoCAD 将选定的外部参照定义绑定到当前图形。如果选择"插入"单选按钮，AutoCAD 将使用与拆离和插入参照图形相似的方法将外部参照绑定到当前图形中。

5．几点说明

（1）外部参照附着

除了前面讲解的通过外部参照管理器进行外部参照附着的操作外，用户也可以通过以下几种方式打开"外部参照"对话框进行附着操作。

• 功能面板：单击"参照"功能面板中的"附着"按钮。

• 命令行：输入 ATTACH。

ATTACH 命令执行后，AutoCAD 将依次弹出"选择参照文件"对话框和"外部参照"对话框。

（2）外部绑定

除了前面讲解的通过外部参照管理器进行外部参照绑定操作外，用户也可以打开"外部参照绑定"对话框进行绑定操作。

• 命令行：输入 XBIND。

系统将弹出如图 6-28 所示对话框，在左侧可以从外部参照文件中单独选择所需要的参照元素，然后单击"添加"按钮，将绑定内容添加到右边的"绑定定义"列表框中。单击"确定"按钮，完成绑定工作。

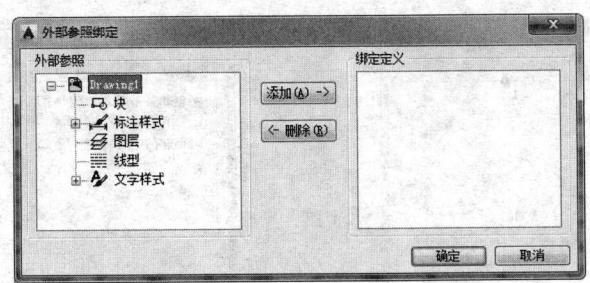

图 6-28　"外部参照绑定"对话框

这样做的绑定和上面讲解的有所区别和联系。联系是二者都能完成绑定工作；区别在于，这里的绑定可以只绑定参照图形中的部分元素，这样以免有些内容会随着参照的重载而失去，使方式更加灵活。

6.4.2　外部参照的编辑

对于添加进来的外部参照，用户还可以对其进行适当的编辑操作。

1. 编辑外部参照

利用以下方式可以进行外部参照组件内容的修改。这只是进入编辑状态，还没有进行任何编辑操作。

- 功能面板：单击"参照"功能面板中的 编辑参照 按钮。
- 命令行：输入 REFEDIT。

具体步骤如下：

① 系统首先提示选择要编辑的外部参照。

② 系统弹出如图 6-29 所示的对话框。

③ 采用默认设置，单击"确定"按钮，开始编辑工作。

下面对图 6-29 进行以下讲解。该对话框包括两个选项卡，分别如下：

① "标识参照"选项卡。

a. 自动选择所有嵌套的对象。控制嵌套对象是否自动包含在参照编辑任务中。

b. 提示选择嵌套的对象。控制是否逐个选择包含在参照编辑任务中的嵌套对象。

如果选中此选项，关闭"参照编辑"对话框并进入参照编辑状态后，AutoCAD 将提示用户在要编辑的参照中选择特定的对象：

选择嵌套的对象：（选择要编辑的参照中的对象）

② "设置"选项卡。如图 6-30 所示，为编辑参照提供选项。其中：

a. 创建唯一图层、样式和块名。此选项可控制从参照中提取的图层和其他命名对象是否是唯一可修改的。

如果选择此选项，外部参照中的命名对象将改变（名称加前缀 \$#\$），与绑定外部参照时修改它们的方式类似。如果不选择此选项，图层和其他命名对象的名称与参照图形中的一致。未改变的命名对象将唯一继承当前宿主图形中有相同名称对象的属性。

b. 显示编辑的属性定义。此选项可控制编辑参照期间是否提取和显示块参照中所有可变的属性定义。

图 6-29 "参照编辑"对话框

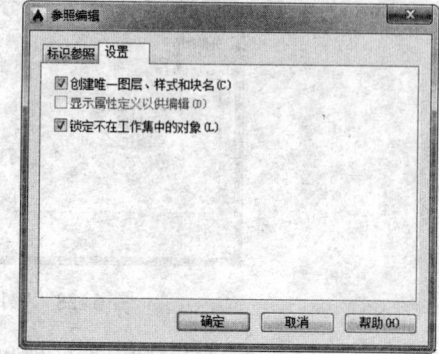

图 6-30 "设置"选项卡

如果选择了该选项，则属性（固定属性除外）变为不可见，同时属性定义可与选定的参照几何图形一起被编辑。当修改被存回块参照时，原始参照的属性将保持不变。新的或改动过的属性定义只对后来插入的块有效，而现有块引用中的属性不受影响。此选项对外部参照和没有定义的块参照不起作用。

c. 锁定不在工作集中的对象。锁定所有不在工作集中的对象，从而避免用户在参照编辑状态时意外地选择和编辑宿主图形中的对象。

锁定对象的行为与锁定图层上的对象类似。如果试图编辑锁定的对象，它们将从选择集中过滤。

注意：如果需要对外部参照进行很大的改动，则可以打开外部参照直接编辑文件。使用"在位编辑外部参照"进行较大改动会显著增加图形的大小。

2. 向工作集中添加参照

可以向当前定义的外部参照组件中添加元素。

• 命令行：输入 REFSET。

按照系统提示如下操作：

> 命令：REFSET
> 在参照编辑工作集和宿主图形之间传输对象……
> 输入选项 [添加(A) 删除(R)] <添加>：↵
> 选择对象：（选择对象）
> 选择对象：↵
> 1 个选定对象已添加到工作集。

3. 关闭外部参照编辑

对于编辑后的内容，可以进行保存或者放弃。其启动方式如下：

• 命令行：输入 REFCLOSE。

① 如果选择放弃编辑的话，系统将提示如下：

> 命令：_REFCLOSE
> 输入选项 [保存参照修改(S)/放弃参照修改(D)] <保存参照修改>：D

会弹出对话框，如图 6-31 所示。

> 1 个块实例已更新

② 如果选择保存编辑的话，系统将弹出确定对话框。单击"确定"按钮，保存参照编辑。
同时系统提示如下：

　　　　命令：_REFCLOSE
　　　　输入选项 [保存参照修改(S)/放弃参照修改(D)] <保存参照修改>：（按【Enter】键）

会弹出对话框，如图 6-32。

　　　　1 个块实例已更新
　　　　*已重定义。
　　　　已将*重命名为--。

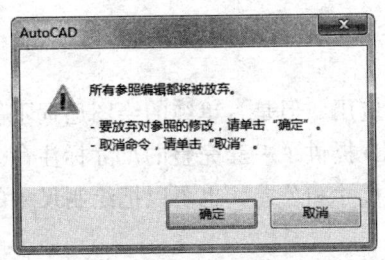

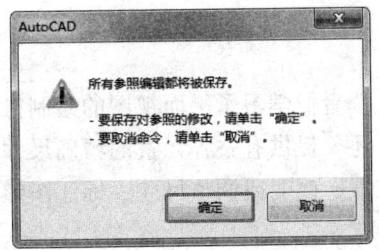

图 6-31　"放弃"对话框　　　　　　　　　图 6-32　"保存"对话框

本 章 小 结

　　本章讲解了 AutoCAD 中图块的处理方法，包括块的定义和编辑、块的多种插入方式、块属性定义以及外部参照处理等。该功能是提高绘图效率的重要手段，特别对处理标题栏、公差符号等尤为突出。

习 　 题

1. 如何设置块的属性？
2. 如何定义块和写块？
3. 如何插入已经定义好的块？
4. 插入块时如何确定比例和旋转角度？
5. 插入带有属性的块时要注意哪几个方面？
6. 什么是外部参照？
7. 外部参照与块的主要区别是什么？
8. 如何编辑外部参照？
9. 按照国家标准建立一个标题栏块，在每次插入此块时都需要输入图名、图号等信息。
10. 建立一个表面粗糙度块，使得每次调用时用户都可以输入其值。

第7章 尺寸标注

到此，读者们学习了平面视图的绘制操作和文字应用。但是，单纯的绘图还远不能达到用户的需求，还要提供有关各元素的精确尺寸。AutoCAD 提供了一套完整的尺寸标注命令，可以很方便地放置、改变或调整尺寸，标注图形中的各种尺寸和公差，也可以把绘制尺寸的界线放置成各种样式。

尺寸标注命令位于"标注"功能面板中，如图 7-1 所示。

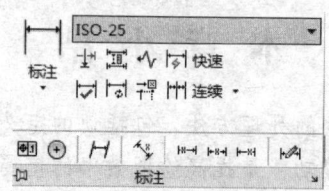

图 7-1 "标注"功能面板

7.1 尺寸标注的类型、组成与步骤

7.1.1 尺寸标注类型

AutoCAD 提供了 4 种类型的尺寸标注，即线性尺寸标注、径向尺寸标注、角度尺寸标注以及一些特殊标注。

1. 线性尺寸标注

用来标注线性尺寸，可分为如下几种形式。

- 水平标注：标注水平方向的线性尺寸。
- 垂直标注：标注垂直方向的线性尺寸。
- 对齐标注：标注与指定两点连线或所选直线平行的线性尺寸。
- 旋转标注：标注指定方向的线性尺寸。
- 坐标标注：标注某一点相对于用户定义的基准点（原点）的坐标值。
- 基线标注：标注从某一点开始多个平行的线性尺寸。
- 连续标注：标注多个首尾相连的线性尺寸。
- 折弯标注：用于表示不显示实际测量值的标注值。
- 标注打断：用来标注被打断部分。

效果如图 7-2 所示。

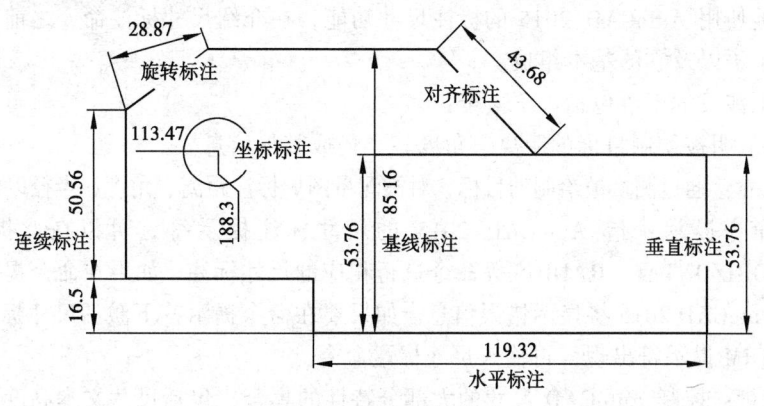

图 7-2　线性标注

2. 径向尺寸标注

用来标注圆或弧的直径、半径尺寸。可分为以下两种方式：

① 直径标注：标注圆或弧的直径尺寸。

② 半径标注：标注圆或弧的半径尺寸。

其效果如图 7-3 所示。

3. 角度尺寸标注

用来标注角度尺寸，其效果如图 7-3 所示。

4. 特殊标注

用来标注一些特殊信息，主要包括以下几种：

① 引线标注：通过一条带有箭头和文字的线来标注一些需要特殊指定的内容，例如尺寸公差等。

② 圆心标记：指出圆心的所在位置。

③ 公差标注：标注尺寸公差。

④ 弧长标注：标注圆弧长度。

⑤ 折弯半径标注又称缩放半径标注。测量选定对象的半径，并显示前面带有一个半径符号的标注文字。

常见效果如图 7-4 所示。

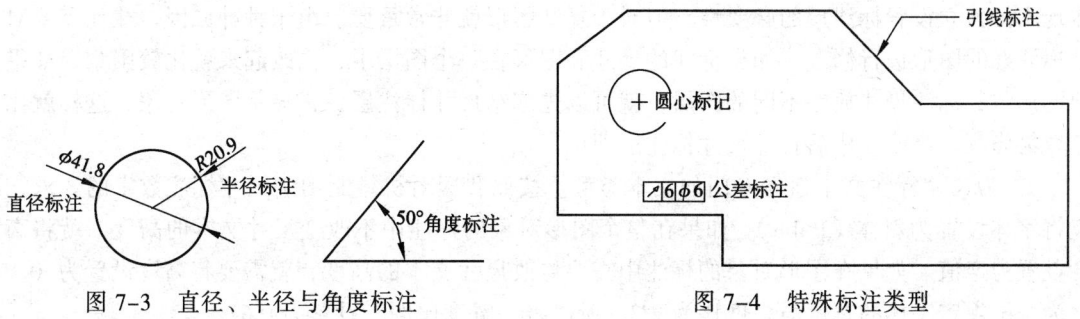

图 7-3　直径、半径与角度标注　　　　　图 7-4　特殊标注类型

7.1.2 尺寸标注组成

为了更好地使用 AutoCAD 2015 的标注尺寸功能，在介绍尺寸标注命令之前，先要了解尺寸的一些基本术语以及它的基本组成。

尺寸标注中涉及的术语包括以下 4 个：

① 尺寸：表明被绘制目标的距离、角度、半径或其他信息。

② 标注尺寸：通过测量被绘制的目标，对被测量图形标注距离、角度、半径以及其他信息等。

③ 尺寸命令提示：指 AutoCAD 2015 的尺寸标注提示符，可以在此提示符下输入 VERTICAL、HORIZONTAL、RADIUS 等命令进行相应的尺寸标注。如果在命令提示符下直接输入这些命令，AutoCAD 2015 将显示错误信息。如果要在命令提示符下激活尺寸标注命令，应先输入 DIM，使 DIM 提示符出现，再输入尺寸标注命令。

④ 尺寸变量：控制 AutoCAD 尺寸的大部分特性的集合，包括尺寸文本高度、尺寸文本位置、点标记和箭头大小等。这些通过设置对话框和 DIM 命令来控制。

尺寸的基本组成包括以下 4 个要素：

a. 尺寸线：表明被描述对象的长度，通常用细实线表示。因尺寸线的作用不同，精确的位置也有所不同。但是在每一种标注方法中，尺寸线都应留有进行注释的地方，并且足够靠近被描述的特征，不能影响这些特征的清晰度。

b. 尺寸界线：又称旁注线，是从选择标注尺寸的点到尺寸线的延长线，通常尺寸界线离开实体一小段距离，并且超过最后尺寸线一小段距离，这些小的距离可以根据需要来设置。

c. 尺寸文本：用来指明被标注对象的距离、角度、半径等。它可以放在尺寸线的上方、下方或中间。在小区域进行尺寸标注时，常常遇到没有足够空间放置文本的情况，这时可以把尺寸文本放置在尺寸界线的外面。

d. 箭头：添加于尺寸线的两端，用于指明尺寸线的起点和终点。用户可以选择箭头或斜线等多种形式，也可以使用自定义的形式。绘制机械图纸多使用箭头形式，绘制建筑图纸多使用斜线形式。

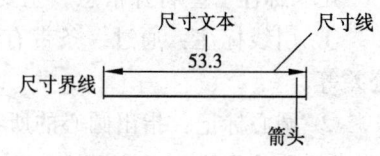

图 7-5 尺寸标注说明

其具体的说明如图 7-5 所示。

7.1.3 标注尺寸步骤

按照绘图规律来说，尺寸标注应遵循以下步骤：

① 为尺寸标注创建一个独立的图层，使之与图形的其他信息分隔开。对于简单图形，这体现不出独立设置标注层的必要性，但对于复杂图形就非常重要。由于种种原因，往往需要对已标注好的图形进行修改，如果标注的尺寸和图形在一个图层中，修改起来就比较困难，如果把图形与其标注尺寸放在不同的图层，就可以先冻结尺寸标注层，只显示图形对象，这样就比较容易修改。修改完毕后打开尺寸标注层即可。

② 为尺寸标注文本建立专门的文本类型。按照我国对机械制图中尺寸标注数字的要求，应将字体设置为斜体（italic）。如果在整个图形对象的标注中不改变尺寸文本的高度，就将高度设置为定值。如果在图形对象的标注中需要修改尺寸文本的高度，就需要将高度设置为 0。因为我国规定字体的宽度与高度比为 2/3，所以将"宽度比例"设置为 0.67。

③ 打开"标注样式"对话框，然后通过设置尺寸线、尺寸界线、比例因子、尺寸格式、尺寸文本、尺寸单位、尺寸精度以及公差等使所作的设置生效。

④ 选择标注方式。

⑤ 利用对象捕捉方式快速拾取定义点并标注。

7.2 设 置 样 式

7.2.1 文字样式设置

在进行标注以前，首先要设置文字样式。选择"注释"功能面板中的"文字样式"按钮 ，弹出"文字样式"对话框，如图 7-6 所示。

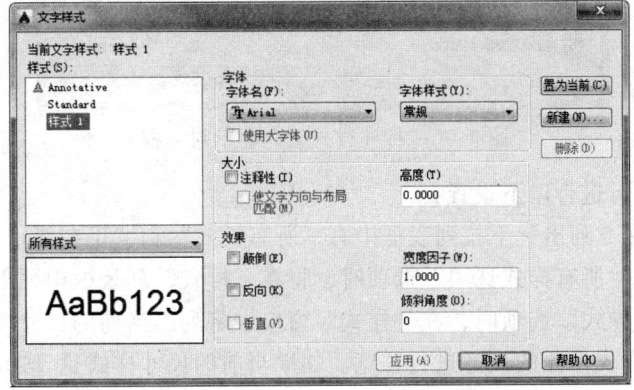

图 7-6 "文字样式"对话框

在该对话框中选择文字样式并设置字体字形。一般把用于尺寸标注的文本"高度"设为 0，以便可以自由设置尺寸标注的文本高度。在该对话框中，还可以新建文本样式，或更改样式的名称。设置完成后，单击"应用"按钮，使"取消"按钮变为"关闭"按钮，全部设置生效。

7.2.2 设置尺寸标注样式

在进行标注的过程中，由于实际情况的不同，需要的标注样式也不相同。例如，有时候用户希望标注文字在标注线的上方，有时候又希望它在标注线中间，这些都可以灵活地设置。AutoCAD 提供了标注样式管理器来设置尺寸标注样式，它比 DIM 等标注命令设置要简单、便捷。

标注样式是一套决定尺寸标注形式的尺寸变量设置集合。通过创建标注样式，用户可以通过"标注样式管理器"对话框设置所有相关的尺寸标注系统变量，并控制任何类型的尺寸标注的布局和表现形式。

说明：AutoCAD 提供的样式 ISO-25 基本适合国内情况。所以，读者可以跳过本节，直接学习后面的内容。最后再返回来学习本节内容，以进行自定义修改。

1. 标注样式管理器的启动与基本设置

可以通过以下方式打开"标注样式管理器"对话框：

· 功能面板：单击"注释"功能面板中的"标注样式"按钮 。

● 命令行：输入 DIMSTYLE。

输入 DDIM。

激活该命令后，弹出如图 7-7 所示的"标注样式管理器"对话框。

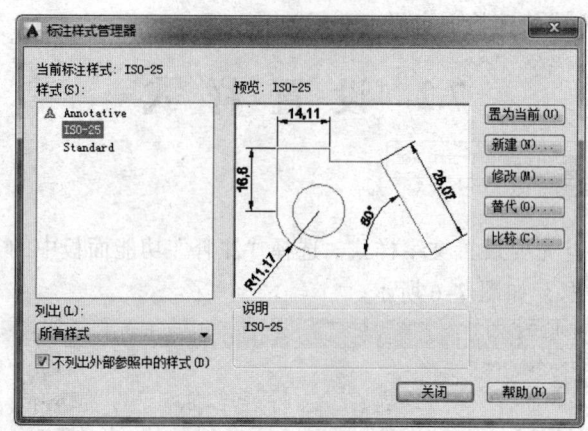

图 7-7 "标注样式管理器"对话框

在这个对话框中可进行以下设置：

a. 选择样式。在"列出"下拉列表框中有"所有样式"和"正在使用的样式"两个选项。当在下拉列表中选择"所有样式选项"选项时，将在"样式"列表框中列出所有的尺寸样式；当选择"正在使用的样式"选项时，在"样式"窗口中将列出当前的尺寸样式。

b. 对选中标注样式标注的尺寸进行预览。如果当前的尺寸样式是 ISO-25，则在"预览"窗口中显示 ISO-25 尺寸样式。通过此窗口，可以很快对尺寸样式是否合适作出判断。

c. 设置当前尺寸样式。在"样式"列表中选取预作为当前的尺寸样式，然后单击"置为当前"按钮，把所选设置作为当前的尺寸样式。

d. 创建新的尺寸样式。单击"新建"按钮，弹出"创建新标注样式"对话框，如图 7-8 所示。

在该对话框中可以进行以下操作：

● 输入创建的尺寸样式的名字。在"新样式名"文本框中输入名称作为新的尺寸样式的名字。

● 选择基础样式。它作为新尺寸样式的设置基础，在"基础样式"下拉列表框中选取即可。

● 确定样式的应用范围。在"用于"下拉列表框中包含"所有标注""线性标注""角度标注""半径标注""直径标注""坐标标注""引线和公差标注"7 个选项，从中选取即可。

● 单击"继续"按钮，弹出"新建标注样式"对话框，这和下面要讲到的"修改标注样式"对话框相似，将在后面讲解。

在"创建新标注样式"对话框设置完成后，所建立的尺寸样式将显示在"标注样式管理器"的"列出"下拉列表框中。

e. 替代现有样式。单击"替代"按钮，弹出"替代标注样式"对话框，这和下面要讲到的"修改标注样式"对话框相似，将在后面讲解。

f. 比较。用户可以将当前的标注样式和其他标注样式进行适当的比较，找到不同点。单击"比较"按钮，系统将弹出如图 7-9 所示的"比较标注样式"对话框。用户可以从"比较"下拉列表框中选择一种样式，从"与"下拉列表框中选择参照，二者的区别将显示在下面的列表中。如果单击图中的 按钮，这个结果将复制到剪贴板中。

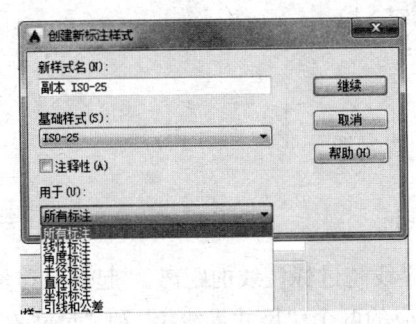

图 7-8 "创建新标注样式"对话框

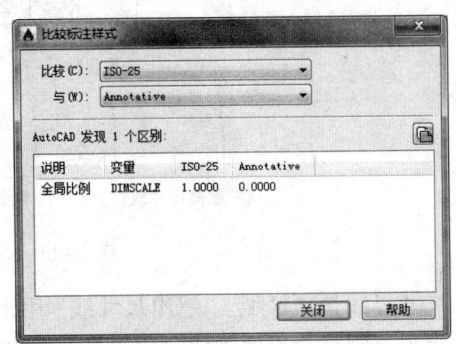

图 7-9 "比较标注样式"对话框

g. 修改正在使用的样式。单击"修改"按钮，弹出"修改标注样式"对话框，从中进行适当的设置。

2. 标注样式设置

在"标注样式管理器"对话框中，无论是进行替代还是修改操作，都将进入"修改标注样式"对话框，如图 7-10 所示。该对话框有 7 个选项卡，分别为"线""符号和箭头""文字""调整""主单位""换算单位"和"公差"。

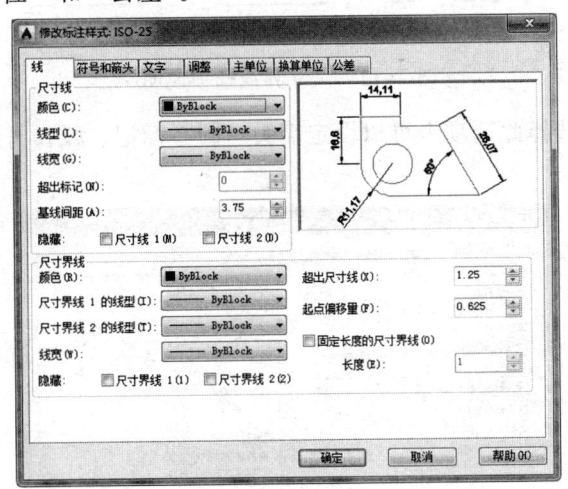

图 7-10 "修改标注样式"对话框

实际上，这些标注中很多操作都是常规操作，所以下面主要采用图示说明的方式，对其中的特殊内容进行讲解。

① 线。选择此选项卡可以设定尺寸线和尺寸界线内容。

在这个选项卡中，比较特殊的选项有以下几个：

- 尺寸线选项区域。"超出标记"微调按钮用来控制尺寸线延伸到尺寸界线外的长度。"基线间距"微调按钮用来控制基线尺寸标注时两尺寸线之间的距离。"隐藏"所对应的"尺寸线 1"和"尺寸线 2"复选框用来控制尺寸线的第一部分和第二部分的可见性。尺寸线被尺寸文本分为两部分，使尺寸文本放在尺寸线内。若"尺寸线 1"和"尺寸线 2"

复选框都被选中，则尺寸线不可见。其说明如图 7-11 所示。

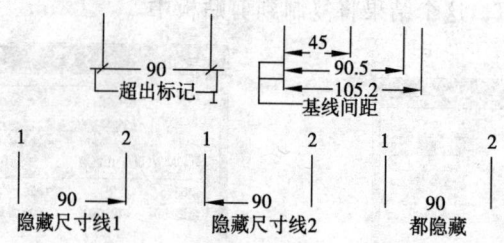

图 7-11　尺寸线选项说明

- 尺寸界线选项区域。"超出尺寸线"用来控制尺寸界线越过标注线的距离。"起点偏移量"用于控制尺寸界线到定义点的距离。"隐藏"所对应的两个"尺寸界线 1"和"尺寸界线 2"复选框用来设置第一条尺寸界线与第二条尺寸界线的可见性。若"尺寸界线 1"和"尺寸界线 2"复选框都被选中，则两条尺寸线均不显示。其效果如图 7-12 所示。

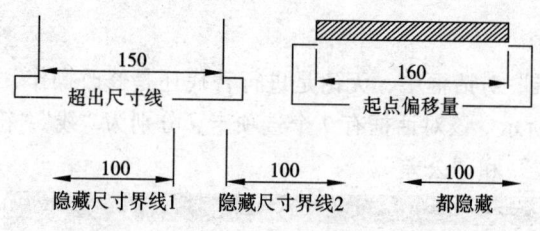

图 7-12　尺寸界线选项说明

② 符号和箭头。选择此选项卡可以设定箭头、圆心标记、弧长符号等内容，如图 7-13 所示。

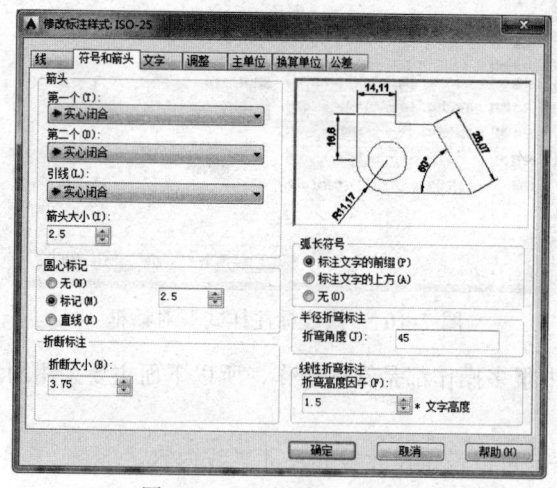

图 7-13　选择符号和箭头

在这个对话框中，比较特殊的选项有以下几个：

- "箭头"选项区域。"第一个"下拉列表框用来设置第一条标注线的箭头。"第二个"下拉列表框用来设置第二条标注线的箭头。"引线"下拉列表框用来设置引线标注的箭头。

箭头形状分别可以通过对应的下拉列表框选取。如果希望能够使用自己定义的样式，可以首先建立箭头块，从下拉列表框中选择"用户箭头"选项，然后从图形块中选择箭头块即可。

- "圆心标记"选项区域。用来定义圆心的标记。其效果如图 7-14 所示。

标记   直线   无

图 7-14　圆心标记

- "折断大小"微调按钮。用来定义折断标注符号的大小。
- "弧长符号"选项区域。用来定义弧长文字位置及内容。
- "半径折弯标注"与"线性折弯标注"选项区域分别用来决定折弯角度与高度。

③ 文字。打开如图 7-15 所示的"文字"选项卡，利用该对话框可以设定标注文字外观、文字位置和文字对齐。

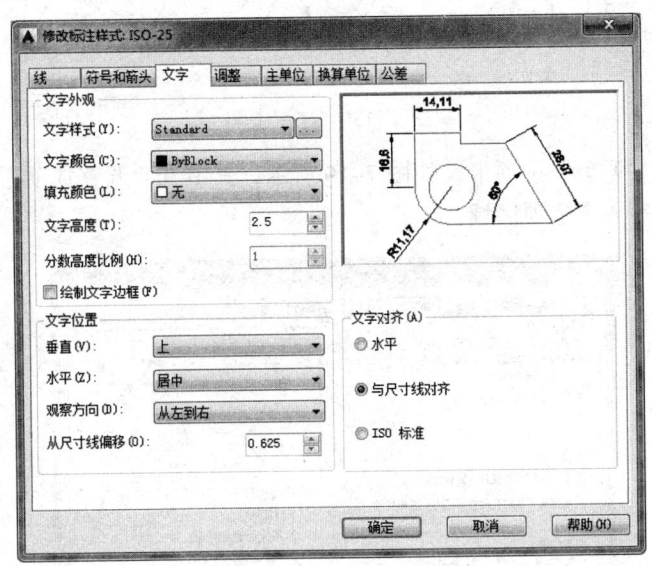

图 7-15　"文字"选项卡

在这个对话框中，比较特殊的选项有以下几个：

- "文字外观"选项区域。"分数高度比例"微调
  按钮用来确定尺寸文本的高度比例值，其比例值
  可从下拉列表框中选取或输入高度比例因子。选
  中"绘制文字边框"复选框，那么标注的尺寸会
  用方框框起来，其结果如图 7-16 所示。
- "文字位置"选项区域。"垂直"下拉列表框用
  来控制尺寸文本相对尺寸线的对齐。"水平"下

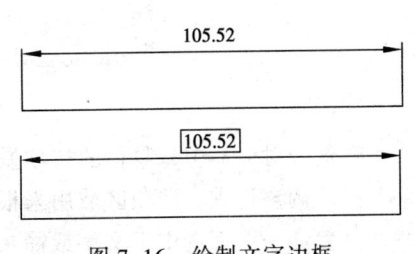

图 7-16　绘制文字边框

拉列表框用来控制尺寸文本沿水平方向放置时的位置。其效果如图 7-17 所示。

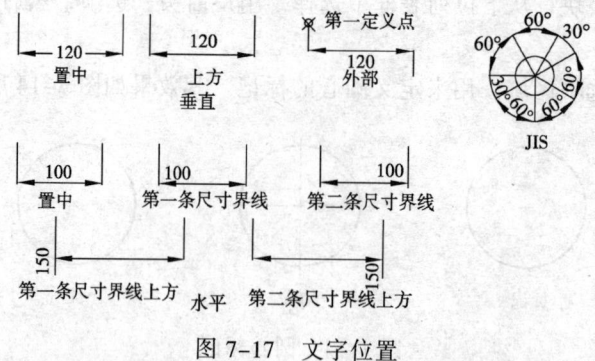

图 7-17   文字位置

- "文字对齐"选项区域：用来确定位于尺寸界线内外的文本是水平标注还是与标注线平行标注，包含有"水平""ISO""标准"三个选项。其具体效果如图 7-18 所示。

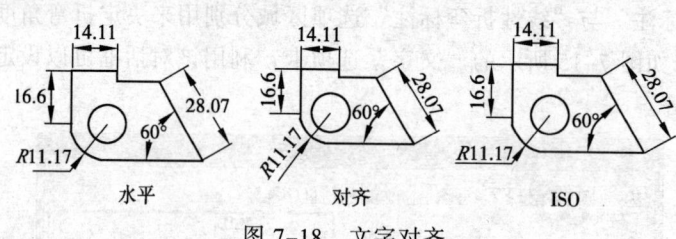

图 7-18   文字对齐

④ 调整。选中"调整"选项卡，如图 7-19 所示，其中有"调整选项""文字位置""标注特征比例""优化"等 4 个选项区域。

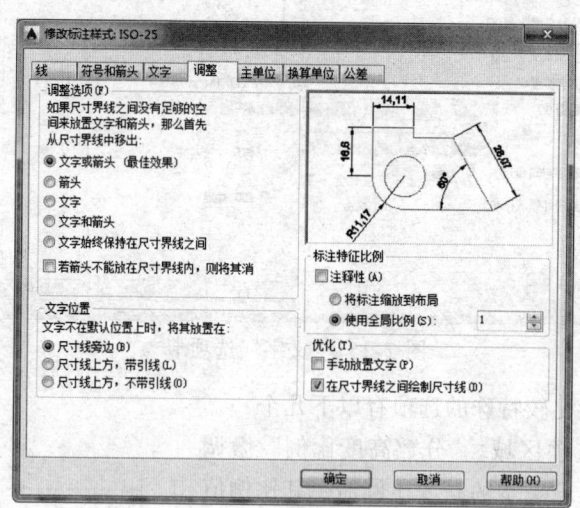

图 7-19   "调整"选项卡

在这个对话框中，具体的选项操作如下：

- "调整选项"选项区域用来根据尺寸界线之间的空间大小来调整放置尺寸文本箭头的位置。一般都选中"文字或箭头"单选按钮。
- "文字位置"选项区域用来对处于非默认状态的文字进行位置调整。

- "标注特征比例"选项区域。"使用全局比例"单选按钮用于设置尺寸元素的比例因子,使之与当前图形的比例因子相一致。选中"将标注缩放到布局"单选按钮可使系统自动根据当前模型空间视图和图纸空间之间的比例设置比例因子。当用户工作在图纸空间时,该比例因子为1。
- 优化。如果选中"手动放置文字"复选框,则可以利用拖动的方式来放置文字。

⑤ 主单位。选中"主单位"选项卡,如图 7-20 所示,其中有"线性标注""测量单位比例""消零""角度标注"和"消零"5 个选项区域。

- "线性标注"选项区域。"前缀"文本框用于控制放置在尺寸文本前的文本。"后缀"文本框用于控制放置在尺寸文本后的文本。
- "测量单位比例"选项区域。通过"比例因子"微调按钮确定尺寸测量值与实际值的比例因子,通过"仅应用到布局标注"复选框控制当前的模型空间视窗与图纸空间的比例因子。
- "消零"选项区域。通过对复选框的设置来控制是否省略尺寸标注时的零。
- "角度标注"选项区域。"单位格式"下拉列表框允许使用的单位制有十进制度数、度/分/秒、百分度、弧度 4 种。
- "消零"选项区域。通过对复选框的设置来控制是否省略标注角度型尺寸时的零。

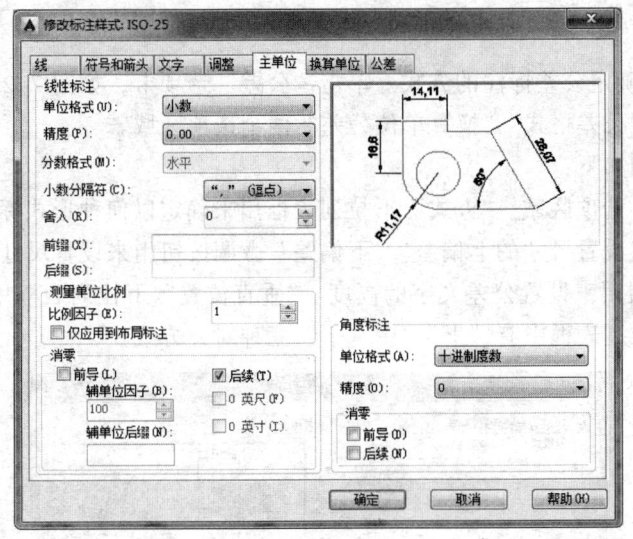

图 7-20 "主单位"选项卡

⑥ 换算单位。用来对替换对象进行设置。单击"换算单位"选项卡,如图 7-21 所示,选中"显示换算单位"复选框,可以对其中的"换算单位""消零""位置"选项区域进行设置。下面介绍其中特殊选项的含义:

- "换算单位"选项区域。"单位格式"下拉列表框用来设置辅助单位所选用的单位制。"精度"下拉列表框用来设置辅助单位的尺寸精度。"换算单位乘数"微调按钮用来设置辅助单位乘数值,例如将"换算单位倍数"设置为 0.1,"精度"设置为 0.000,则尺寸线下面的尺寸值是尺寸线上面尺寸值的 1.2 倍，精确到小数点后 3 位。"前缀"、"后缀"用来为所标注的尺寸加上固定的前缀或后缀。

- "消零"选项区域：通过复选框设置控制是否省略辅助单位尺寸标注时的零。
- "位置"选项区域："主值后"单选按钮表明辅助标注放在尺寸线的后面。"主值下"单选按钮表明辅助标注放在尺寸线的下面，如图 7-22 所示。

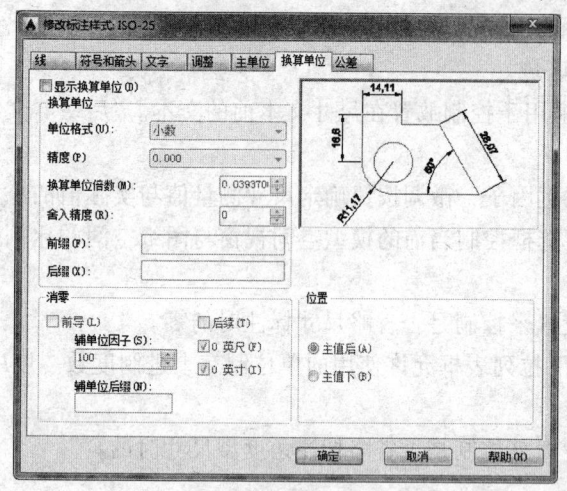

图 7-21 "换算单位"选项卡

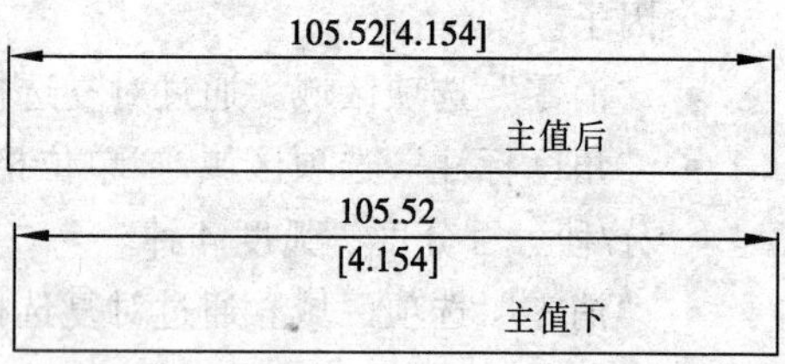

105.52[4.154]

主值后

105.52
[4.154]

主值下

图 7-22 位置效果

⑦ 公差。用来确定公差标注的方式。单击"公差"选项卡，如图 7-23 所示。

该对话框中有"公差格式""换算单位公差"两个选项区域。

它们的含义分别如下：

- "公差格式"选项区域。"方式"下拉列表框用来确定以何种形式标注公差。"上偏差"微调按钮用来设置尺寸的上偏差。"下偏差"微调按钮用来设置尺寸的下偏差。"高度比例"微调按钮用来设置公差文字的高度。"垂直位置"下拉列表框用来设置公差的对齐方式，其下拉列表框中有"上""中""下"三种对齐方式。

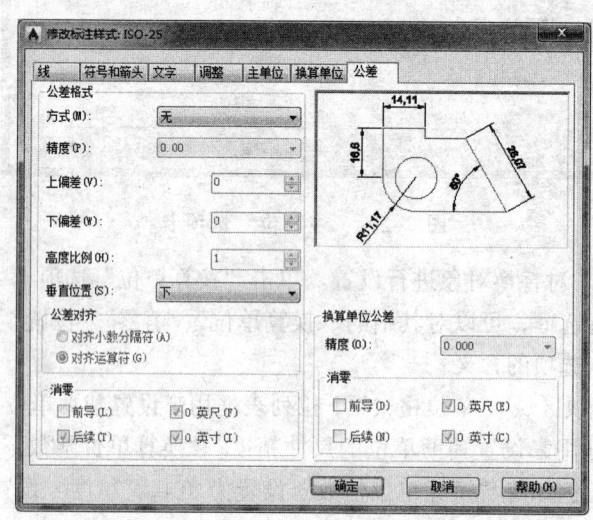

图 7-23 "公差"选项卡

- "换算单位公差"选项区域中的选项与"公差格式"区域中的对应选项含义基本相同，此部分功能仅是对辅助单位公差起作用。

7.3 线性尺寸标注

7.3.1 标注两点间直线距离

线性尺寸标注 DIMLINEAR 命令可用来标注两点间的距离，用户可以通过动态拖动来确定尺寸标注位置。

1. 启动方法

- 功能面板：单击"标注"功能面板中的"线性标注"按钮 。
- 命令行：输入 DIMLINEAR。

2. 操作步骤

激活该命令后，状态行提示如下：

```
命令：_DIMLINEAR
指定第一个尺寸界线原点或 <选择对象>：（选择起点）
指定第二条尺寸界线原点：（选择终点）
指定尺寸线位置或[多行文字（M）文字（T）角度（A）水平（H）垂直（V）旋转（R）]：
```

此时出现标注尺寸线并可以动态移动。用户需要输入不同的选项来决定标注类型。

下面分别介绍各选项的含义：

① 指定尺寸线位置。确定标注线的位置、默认值。当直接通过鼠标确定标注线位置时，系统将自动测量长度值并将其标出。

② 输入多行文字。输入"M"并按【Enter】键，弹出"文字格式"对话框，如图 7-24 所示，可输入文字并设置文字格式。具体内容见后面文字部分。

图 7-24 "文字格式"对话框

③ 输入文字。输入"T"并按【Enter】键，命令行提示如下：

```
输入标注文字 <18>：（输入尺寸文字）
```

④ 令标注文字相对尺寸线旋转一定角度。输入"A"并按【Enter】键，命令行提示如下：

```
指定标注文字的角度：（输入文字的旋转角度）
```

输入的尺寸标注线和文字按一定角度旋转。若输入值为正，则输入的文字按逆时针方向旋转；若输入值为负，则输入的文字按顺时针方向旋转。

⑤ 水平放置。输入"H"并按【Enter】键，命令行提示如下：

```
指定尺寸线位置或 [多行文字（M）文字（T）角度（A）]：
```

在此提示下若直接确定标注线的位置，系统会自动测量并标注。

⑥ 垂直放置。此选项功能与"水平"选项的功能相似。

⑦ 旋转一定角度。执行该选项，命令行提示如下：

```
指定尺寸线的角度 <0>：（输入标注线相对于 X 轴的角度）
```

这几种标注结果如图 7-25 所示。

命令：DIMLINEAR
指定第一个尺寸界线原点或<选
择对象>：（选择对象）
指定第二条尺寸界线原点：指定
尺寸线位置或[多行文字(M)文
字(T)角度(A)水平(H)垂直(V)
旋转(R)]：A
指定标注文字的角度：30

命令：DIMLINEAR
指定第一个尺寸界线原点或<选择对象>：
指定第二条尺寸界线原点：指定尺寸线位
置或[多行文字(M)文字(T)角度(A)水平
(H)垂直(V)旋转(R)]：R
指定尺寸线的角度<0>：30

命令：_DIMLINEAR
指定第一个尺寸界线原点或<选择对象>：
指定第二条尺寸界线原点：指定尺寸线位置
或[多行文字(M)文字(T)角度(A)水平(H)
垂直(V)旋转(R)]：T
输入标注文字<10>：标注文字

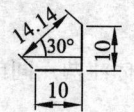

图 7-25　DIMLINEAR 标注结果

7.3.2　对齐标注

该命令可以标注一条尺寸线与两个尺寸界线点连线平行的尺寸。

1. 启动方法

- 功能面板：单击"标注"功能面板中的"左对正"按钮 ⊦⊶⊣，"中间对正"按钮 ⊦⊶⊣，"右对
  正"按钮 ⊦⊶⊣。
- 命令行：输入 DIMALIGNED。

2. 操作方法

激活此命令后，命令行提示如下：

命令：DIMALIGNED
　　指定第一个尺寸界线原点或 <选择对象>：（选择起点）
　　指定第二条尺寸界线原点：（选择终点）
　　　指定尺寸线位置或[多行文字（M）文字（T）角度（A）]：

这几种标注结果如图 7-26 所示。除了平行于标注对象外，其他内容和 DIMLINEAR 命令一
样，所以不再赘述。

命令：_DIMALIGNED
　指定第一个尺寸界线原点或<选择对象>：
　指定第二条尺寸界线原点：
　指定尺寸线位置或[多行文字(M)文字(T)
角度(A)]：
　标注文字=16.68

命令：_DIMALIGNED
　指定第一个尺寸界线原点或<选择对象>：
　指定第二条尺寸界线原点：
　指定尺寸线位置或[多行文字(M)文字(T)角度(A)]：a
　指定标注文字的角度：90
　指定尺寸线位置或[多行文字(M)文字(T)角度(A)]：标注
文字=16.68

图 7-26　DIMALIGNED 结果

7.3.3　坐标标注

坐标标注沿一条简单的引线显示指定点的 X 或 Y 坐标。AutoCAD 2015 使用当前 UCS 决定
测量的 X 或 Y 坐标，并且在与当前 UCS 轴正交的方向绘制引线。按照流行的坐标标注标准，采
用绝对坐标值。

1．启动方法

• 功能面板：单击"标注"功能面板中的"坐标标注"按钮 。

• 命令：输入 DIMORD 或 DIMORDINATE。

2．操作方法

激活该命令后，命令行提示如下：

　　命令：DIMORDINATE
　　指定点坐标：
　　指定引线端点或 [X 基准（X）Y 基准（Y）多行文字（M）文字（T）角度（A）]：

各选项含义如下：

① 引线端点。确定另外一点，根据已知两点的坐标差生成坐标尺寸。如果给出两点的 X 坐标之差大于两点的 Y 坐标之差，则生成 X 坐标，否则生成 Y 坐标。

② X/Y 坐标。生成 X/Y 坐标，命令行提示如下：

　　指定引线端点或 [X 基准（X）Y 基准（Y）多行文字（M）文字（T）角度（A）]：

确定另一点，此时无论两点的 X 坐标之差大于还是小于两点的 Y 坐标之差都生成 X 坐标。其效果如图 7-27 所示。

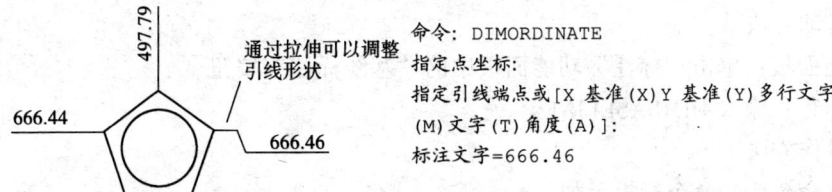

图 7-27　坐标标注

7.3.4　连续尺寸标注与基线尺寸标注

1．连续尺寸标注

该尺寸标注可以方便、迅速地标注同一列或行上的尺寸，生成连续的尺寸线。在生成连续尺寸线前，首先应对第一条线段建立尺寸标注。

（1）启动方法

• 功能面板：单击"标注"功能面板中的"连续"按钮 。

• 命令行：输入 DIMCONTINUE。

（2）操作方法

激活此命令后，命令行提示如下：

　　命令：DIMCOMTINUE
　　指定第二条尺寸界线原点或 [放弃（U）选择（S）] <选择>：
　　起点与端点不能重合。

在此提示下可以直接选取第二条尺寸界线起点，标注出尺寸。若执行放弃选项，则取消前面标注的尺寸。其结果和过程如图 7-28 所示。

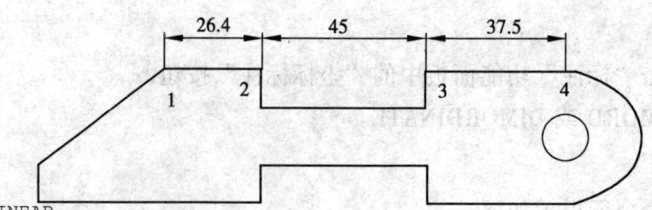

```
命令: _DIMLINEAR
指定第一个尺寸界线起点或<选择对象>: (拾取点1)
指定第二条尺寸界线起点: (拾取点2)
指定尺寸线位置或[多行文字(M)文字(T)角度(A)水平(H)垂直(V)旋转(R)]: (回车)标注文字=26.4
命令: _DIMCOMTINUE
指定第二条尺寸界线原点或[放弃(U)选择(S)]<选择>: (拾取点3)
标注文字=45
指定第二条尺寸界线原点或[放弃(U)选择(S)]<选择>: (拾取点4)
标注文字=37.5
指定第二条尺寸界线原点或[放弃(U)选择(S)]<选择>: ↙
```

图7-28 连续标注

2. 基线尺寸标注

基线标注就是从同一起点出发的多个标注。所谓基线是指任何尺寸标注的尺寸界线。在基线尺寸标注之前，应先标注出一个相应尺寸，这一点类似于"连续标注"。

（1）启动方法

- 功能面板：单击"标注"功能面板中的"基线标注"按钮 。
- 命令行：输入 DIMBASELINE。

（2）操作方法

激活此命令后，命令行提示如下：

```
命令: DIMBASELINE
指定第二条尺寸界线原点或 [放弃(U)选择(S)] <选择>:
```

在此提示下可以直接选取第二条尺寸界线起点，标注出尺寸。若执行放弃选项，则取消前面标注的尺寸。其结果和过程如图7-29所示。

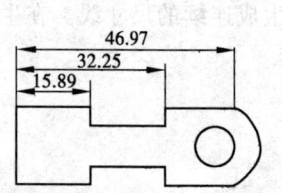

```
命令: _DIMLINEAR
指定第一个尺寸界线起点或<选择对象>:
指定第二条尺寸界线起点: 指定尺寸线位置或[多行文字(M)文字(T)角度
(A)水平(H)垂直(V)旋转(R)]: 标注文字=15.89
命令: _ DIMBASELINE
指定第二条尺寸界线原点或[放弃(U)选择(S)]<选择>: 标注文字=32.25
指定第二条尺寸界线原点或[放弃(U)选择(S)]<选择>: 标注文字=46.97
指定
```

图7-29 基线标注

7.3.5 间距标注

当进行多个标注时，它们之间的距离往往不能均匀，影响了绘图美观性。虽然对于基线标注有系统默认变量进行控制，可对于其他标注而言就无法满足要求了，所以，AutoCAD 2015 提供了间距标注工具，它可以对平行线性标注和角度标注之间的间距进行调整。

1. 启动方法

- 功能面板：选择"标注"功能面板中的"调整间距"按钮 。

- 命令：输入 DIMSPACE。

2. 操作方法

激活此命令后，命令行提示如下：

```
命令：DIMSPACE
选择基准标注：(选择平行线性标注或角度标注)
选择要产生间距的标注：(选择平行线性标注或角度标注以从基准标注均匀隔开，并回车)
选择要产生间距的标注：(继续选择)
选择要产生间距的标注：↙
输入值或 [自动(A)] <自动>：
```

① 输入间距值。指定从基准标注均匀隔开选定标注的间距值。例如，如果输入值 0.500 0，则所有选定标注将以 0.500 0 的距离隔开。

注意：可以使用间距值 0（零）将对齐选定的线性标注和角度标注的末端对齐。

② 自动。基于在选定基准标注的标注样式中指定的文字高度而自动计算间距。所得的间距值是标注文字高度的两倍。其结果和过程如图 7-30 所示。

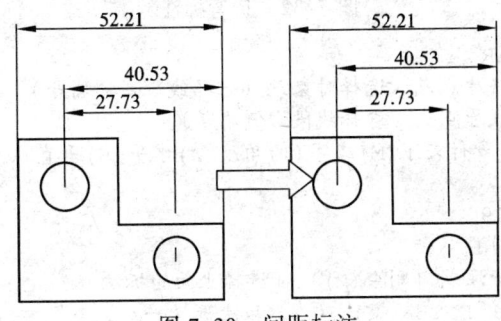

图 7-30   间距标注

```
命令：DIMSPACE
选择基准标注：(选择最下面的水平标注)
选择要产生间距的标注：(选择中间标注)
选择要产生间距的标注：(选择最上面标注)
选择要产生间距的标注：↙
输入值或 [自动(A)] <自动>：10
```

7.3.6 折弯特性标注

AutoCAD 2015 可以将折弯线添加到线性标注。折弯线用于表示不显示实际测量值的标注值。通常，标注的实际测量值小于显示的值。

折弯由两条平行线和一条与平行线成 40° 角的交叉线组成。折弯的高度由标注样式的线性折弯大小值决定，如图 7-31 所示。

将折弯添加到线性标注后，可以使用夹点定位折弯。要重新定位折弯，请选择标注然后选择夹点，沿着尺寸线将夹点移至另一点。用户也可以在"特性"选项板上"直线和箭头"下调整线性标注上折弯符号的高度。

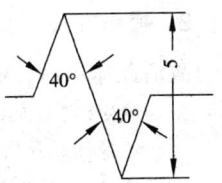

图 7-31   折弯特性标注

1. 启动方法

- 功能面板：选择"标注"功能面板中的"折弯"按钮 ⌄。

- 命令：输入 DIMJOGLINE。

2．操作方法

激活此命令后，命令行提示如下：

命令：DIMJOGLINE
选择要添加折弯的标注或 [删除(R)]：（选择线性标注或对齐标注）

① 添加折弯：指定要向其添加折弯的线性标注或对齐标注。系统将提示用户指定折弯的位置。

指定折弯位置（或按 ENTER 键）：（指定一点作为折弯位置，或按【ENTER】键以将折弯放在标注文字和第一条尺寸界线之间的中点处，或基于标注文字位置的尺寸线的中点处）

② 删除：指定要从中删除折弯的线性标注或对齐标注。

选择要删除的折弯：（选择线性标注或对齐标注）

其结果和过程如图 7-32 所示。

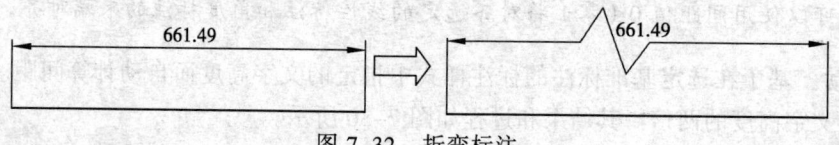

图 7-32　折弯标注

命令：_DIMLINEAR
指定第一个尺寸界线原点或 <选择对象>：（选择线段左侧端点）
指定第二条尺寸界线原点：（选择线段右侧端点）
指定尺寸线位置或[多行文字(M)文字(T)角度(A)水平(H)垂直(V)旋转(R)]：（在适当位置单击）
标注文字 = 661.49
命令：_DIMJOGLINE
选择要添加折弯的标注或 [删除(R)]：（选择上面的标注）
指定折弯位置（或按 ENTER 键）：（在线段上选择一点）

7.4　圆弧与圆尺寸标注

7.4.1　标注半径

1．启动方法

- 功能面板：单击"标注"功能面板中的"半径标注"按钮。
- 命令行：输入 DIMRAD。

2．操作方法

激活此命令后，命令行提示如下：

命令：DIMRAD
选择圆弧或圆：
标注文字 =25.6

在此提示下选择欲标注半径的圆或圆弧，命令行再次提示：

指定尺寸线位置或 [多行文字（M）文字（T）角度（A）]：

此提示的括号里有三种选项，分别用来控制标注的尺寸值和尺寸值的倾斜角度。半径标注效果如图 7-33 所示。可以看到，随着鼠标拖动位置的不同，尺寸文字的放置也不相同。这种标注方式比较灵活。

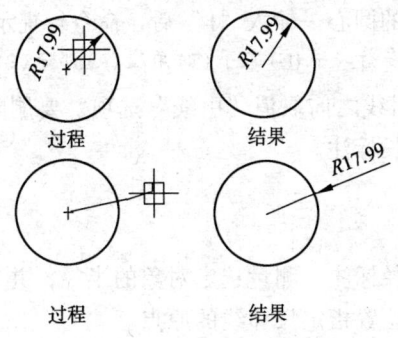

图 7-33　半径标注结果

7.4.2　标注直径

1. 启动方法

- 功能面板：单击"标注"功能面板中的"直径"按钮◎。
- 命令行：输入 DIMDIA。

2. 操作方法

激活该命令后，命令行提示如下：

　　命令：DIMDIA
　　选择圆弧或圆：（选取欲标注的圆或圆弧）
　　标注文字 =25.6
　　指定尺寸线位置或 [多行文字(M)文字(T)角度(A)]：

此提示的括号里有三种选项，分别用来控制标注的尺寸值和尺寸值的倾斜角度。直径标注效果如图 7-34 所示。

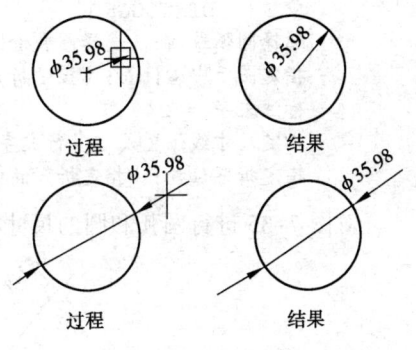

图 7-34　直径标注

7.4.3　弧长标注

1. 启动方法

- 功能面板：单击"标注"功能面板中的"弧长"按钮🦴。
- 命令行：输入 DIMARC。

2. 操作方法

激活该命令后，命令行提示如下：

　　命令：_DIMARC
　　选择弧线段或多段线弧线段：(选取欲标注的圆弧)
　　指定弧长标注位置或 [多行文字(M)文字(T)角度(A)部分(P)]：

此提示的括号里有五种选项，前三项不再叙述。下面讲解其他两种：

① 部分：只标注部分圆弧的长度。输入"P"后，命令行提示如下：
　　指定圆弧长度标注的第一个点：（指定圆弧上弧长标注的起点）
　　指定圆弧长度标注的第二个点：（指定圆弧上弧长标注的终点）
　　指定弧长标注位置或 [多行文字(M)文字(T)角度(A)部分(P)]：

② 引线。添加引线对象。仅当圆弧（或弧线段）大于 90° 时才会显示此选项。引线是按径向绘制的，指向所标注圆弧的圆心。输入"L"后，命令行提示如下：

　　指定弧长标注位置或 [多行文字(M)文字(T)角度(A)部分(P)]：（指定点或输入选项）

"无引线"选项可在创建引线之前取消"引线"选项。要删除引线，须删除弧长标注，然后重新创建不带引线选项的弧长标注。

7.4.4　折弯标注

折弯半径标注又称缩放半径标注。测量选定对象的半径，并显示前面带有一个半径符号的标注文字，可以在任意合适的位置指定尺寸线的原点。

1. 启动方法

- 命令行：输入 DIMJOGGED。
- 功能面板：单击"标注"功能面板中的"折弯"按钮 。

2. 操作方法

激活该命令后，命令行提示如下：

```
命令：_DIMJOGGED
选择圆弧或圆：（选择圆或者圆弧）
指定图示中心位置：（接受折弯半径标注的新中心点，以用于替代圆弧或圆的实际中心点）
标注文字 = 248.5
指定尺寸线位置或 [多行文字(M)文字(T)角度(A)]：（指定位置或者输入选项）
指定折弯位置：（指定折弯的中点）
```

对图 7-35 进行圆弧和圆的尺寸标注。

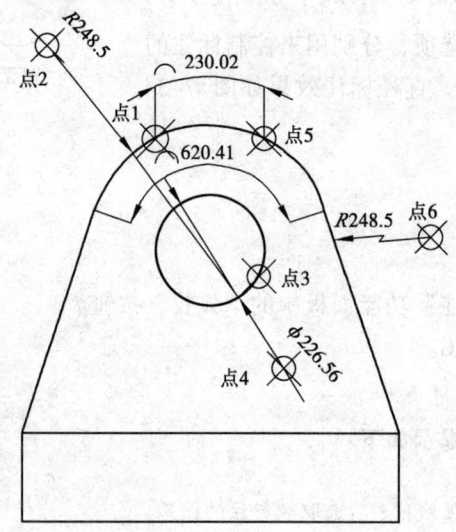

图 7-35　径向尺寸标注

```
命令：_DIMRADIUS
选择圆弧或圆：（拾取点 1 处的圆弧）
标注文字 = 248.5
指定尺寸线位置或 [多行文字(M)文字(T)角度(A)]：（拾取点 2）
命令：_DIMDIAMETER
```

选择圆弧或圆：（拾取点 3 处的圆）
标注文字 = 226.56
指定尺寸线位置或 [多行文字(M)文字(T)角度(A)]：（拾取点 4）
命令：_DIMARC
选择弧线段或多段线弧线段：（拾取点 1 处的圆弧）
指定弧长标注位置或 [多行文字(M)文字(T)角度(A)部分(P)]：（在下面适当位置单击）
标注文字 = 620.41
命令：_DIMARC
选择弧线段或多段线弧线段：（拾取点 1 处的圆弧）
指定弧长标注位置或 [多行文字(M)文字(T)角度(A)部分(P)]：P
指定圆弧长度标注的第一个点：（拾取点 1）
指定圆弧长度标注的第二个点：（拾取点 5）
指定弧长标注位置或 [多行文字(M)文字(T)角度(A)部分(P)]：（在上面适当位置单击）
标注文字 = 230.02
命令：_DIMJOGGED
选择圆弧或圆：（拾取点 1 处的圆弧）
指定图示中心位置：（拾取点 6）
标注文字 = 248.5
指定尺寸线位置或 [多行文字(M)文字(T)角度(A)]：（在适当位置单击）
指定折弯位置：（在适当位置单击）

7.5 标注角度

该命令用来标注圆弧的圆心角、圆上某段弧对应的圆心角、两条相交直线的夹角，或者根据三点标注夹角。

1. 启动方法

- 功能面板：单击"标注"功能面板中的"标注角度"按钮△。
- 命令行：输入 DIMANG。

2. 操作方法

激活该命令后，命令行提示如下：

选择圆弧、圆、直线或 <指定顶点>：

① 圆弧。当选择"圆弧"选项后，命令行提示如下：

指定标注弧线位置或 [多行文字(M)文字(T)角度(A)象限点(Q)]：

此提示有多个选项，都与前面讲解的大致相同。当直接确定标注线的位置后，系统将自动测量出其角度值并将其标注出来。其效果如图 7-36 所示。

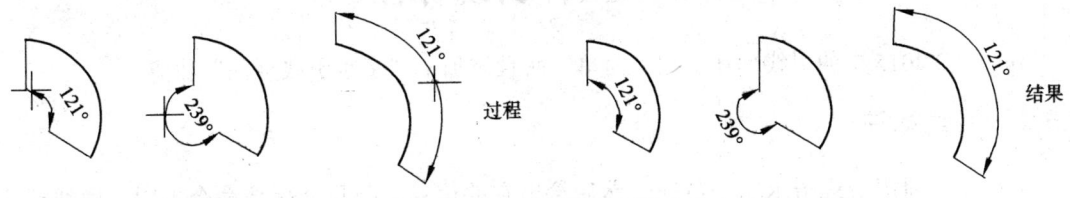

图 7-36 圆弧角度标注

② 圆。当选取圆上一点后，将标注圆上某段弧的圆心角，命令行提示如下：

指定角的第二个端点：（选取同一圆上另外一点）
指定标注弧线位置或 [多行文字(M)文字(T)角度(A)象限点(Q)]：

标出角度值，它的尺寸界线通过所选的两点延长线交于圆心。若要修改角度值或角度值的倾斜角度，可通过括号内的选项来完成。其效果如图 7-37 所示。

③ 直线。当选取一直线时，命令行提示如下：
选择第二条直线：（选取与第一条直线相交的直线）
指定标注弧线位置或 [多行文字(M)文字(T)角度(A)象限点(Q)]：

标出两相交直线的夹角，至于标注锐角还是钝角，可通过鼠标拖动来调整。若要修改角度值或角度值的倾斜角度，可通过括号内的选项来完成。其效果如图 7-38 所示。

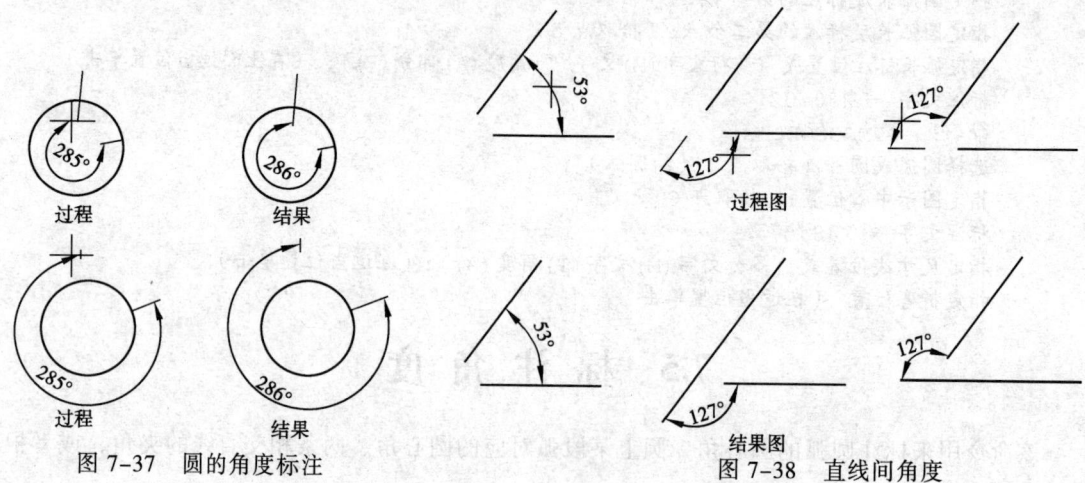

图 7-37　圆的角度标注 　　　　　　　　　　　　图 7-38　直线间角度

④ 指定顶点。当直接按【Enter】键后，执行默认选项，命令行提示如下：
指定角的顶点：（输入角的顶点）
指定角的第一个端点：（输入角的第一个端点）
指定角的第二个端点：（输入角的第二个端点）
指定标注弧线位置或 [多行文字(M)文字(T)角度(A)象限点(Q)]：

根据三点标注一个角度，这实际上和直线角度标注是一样的，只不过是利用三点来代替两条直线而已。

在这些参数中，比较特殊的是象限点选项，它指定了标注应锁定到的象限。打开象限点选项后，将标注文字放置在角度标注外时，尺寸线会延伸超过尺寸界线，如图 7-39 所示。

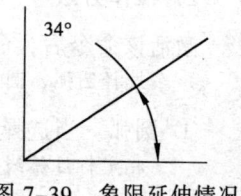

图 7-39　象限延伸情况

7.6　三种引线标注

AutoCAD 2015 中的引线标注实用、简单，而且添加了"多重引线标注"功能。

7.6.1　引线标注

引线标注利用引线指示一个特征，然后给出它的信息。与尺寸标注命令不同，引线标注不测量距离，引线由箭头(在起始位置)、直线段或样条曲线及水平线组成。具体操作如图 7-40 所示。

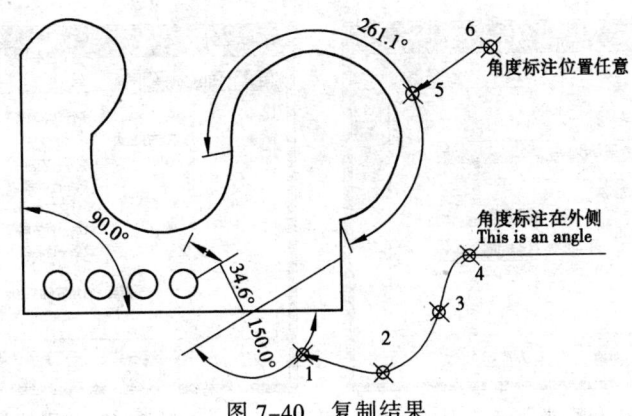

图 7-40 复制结果

命令：LEADER
指定引线起点：(拾取点 1)
指定下一点：(拾取点 2)
指定下一点或 [注释(A)格式(F)放弃(U)] <注释>：F(选择注释方式)
输入引线格式选项 [样条曲线(S)直线(ST)箭头(A)无(N)] <退出>：S(选择样条曲线方式)
指定下一点或 [注释(A)格式(F)放弃(U)] <注释>：(拾取点 3)
指定下一点或 [注释(A)格式(F)放弃(U)] <注释>：(拾取点 4)
指定下一点或 [注释(A)格式(F)放弃(U)] <注释>：A(选择注释)
输入注释文字的第一行或 <选项>：角度标注在外侧(输入第一行文字)
输入注释文字的下一行：This is an angle(输入第二行文字)
输入注释文字的下一行：↵

注释可以是单行或多行文字、包含形位公差的特征控制框或块等，也可以复制当前已有对象作为注释内容。

7.6.2 快速引线标注

使用 QLEADER 命令可以快速创建引线和引线注释。系统通过"引线设置"对话框进行自定义，以便提示用户适合绘图需要的引线点数和注释类型。

通过下列方式可以激活该命令：

● 命令：输入 QLEADER。

以标注图 7-41 所示图形为例，具体操作步骤如下：

① 启动命令。系统提示如下：

　　指定第一个引线点或 [设置(S)]<设置>：

② 直接按【Enter】键，选择"设置"选项，弹出"引线设置"对话框，如图 7-42 所示。如果不选择"多行文字"类型，则无"附着"选项卡。

③ 设置注释类型等，实际上与 LEADER 选项内容一致。

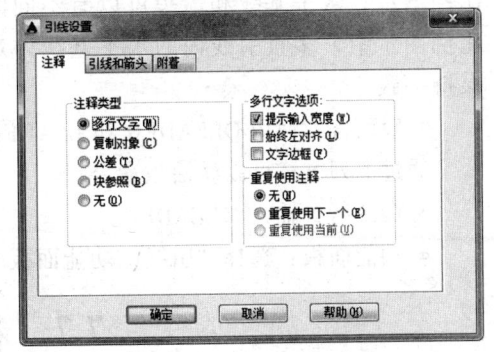

图 7-41 "引线设置"对话框

④ 设置引线和箭头。选择"引线和箭头"选项卡，如图 7-42 所示。设置引线及其箭头的有关信息，包括"引线""箭头""点数""角度约束"4 个选项区域。

⑤ 设置多行文字附着类型。选择"附着"选项卡，如图 7-43 所示，设置文字所在位置。

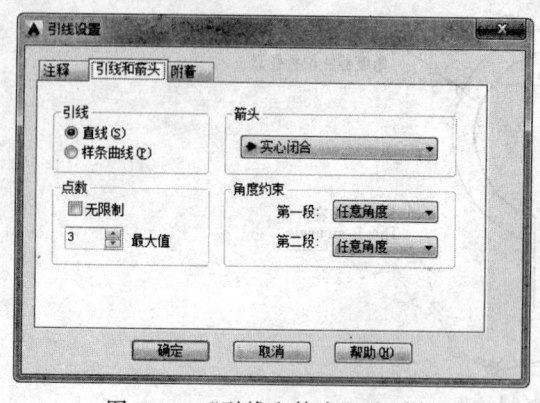

图 7-42 "引线和箭头"选项卡

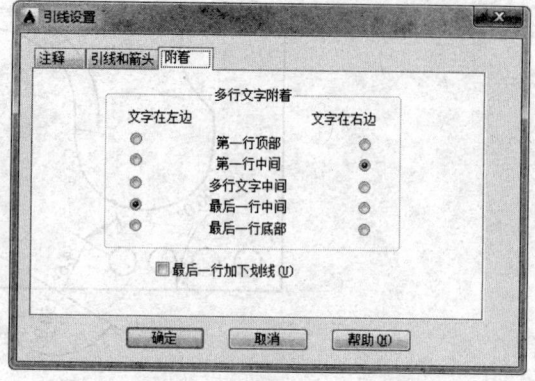

图 7-43 "引线设置"对话框

⑥ 单击"确定"按钮，系统显示如下提示：

指定第一个引线点或 [设置(S)] <设置>：(拾取点5)
指定下一点：(拾取点6)
指定下一点：↙
指定文字宽度 <0>：↙
输入注释文字的第一行 <多行文字(M)>：角度标注位置任意
输入注释文字的下一行：↙

7.6.3 多重引线标注

多重引线对象或多重引线可先创建箭头，也可先创建尾部或内容。如果已使用多重引线样式，则可以从该样式创建多重引线，如图7-44所示。

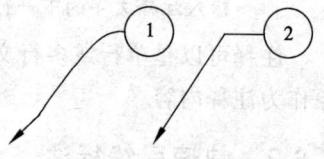

图 7-44 多重引线

多重引线对象可包含多条引线，因此一个注解可以指向图形中的多个对象。使用 MLEADEREDIT 命令，可以向已建立的多重引线对象添加引线，或从已建立的多重引线对象中删除引线。

包含多个引线线段的注释性多重引线在每个比例图示中可以有不同的引线头点。根据比例图示，水平基线和箭头可以有不同的尺寸，并且基线间隙可以有不同的距离。在所有比例图示中，多重引线内的水平基线外观、引线类型（直线或样条曲线）和引线线段数将保持一致。

一般而言，使用 QLEADER 和 LEADER 已经足够，所以在此不再赘述本标注。

通过下列方式可以激活该命令：

- 命令行：输入 MLEADER。
- 功能面板：选择"引线"功能面板中的"多重引线"按钮 ∕⚬。

7.7 特殊标注

7.7.1 圆心标记

将圆或圆弧的中心以一定的记号进行标记。

1．启动方法

● 功能面板：单击"标注"功能面板中的"圆心标记"按钮 ⊕。

● 命令行：输入 DIMCEN。

2．操作方法。

激活此命令后，命令行提示如下：

> 选择圆弧或圆：（选取欲标记圆心的圆或圆弧）

在执行"圆心标记"命令之前，可以设定合适的尺寸变量。设置方式如下：

> 命令：DIMCEN ↓
> 输入 DIMCEN 的新值 <2.5000>：（输入合适的尺寸变量值并回车，退出此命令）

圆心标记的结果如图 7-45 示。

7.7.2　折断标注

使用折断标注可以使标注、尺寸延伸线或引线不显示，如图 7-45 所示。它以自动或手动的方式将折断标注添加到标注或多重引线中，并根据与标注或多重引线相交的对象数量选择放置折断标注的方法。

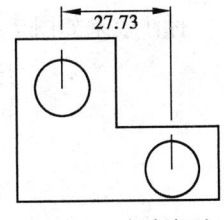

图 7-45　折断标注

可以将折断标注添加到以下标注和引线对象：线性标注（对齐和旋转）、角度标注（2 点和 3 点）、半径标注（半径、直径和折弯）、弧长标注、坐标标注、多重引线（仅直线）。

可以在标注或多重引线中移动或删除折断标注。删除时，所有折断标注都将被删除。如果不希望删除某些折断标注，则需要再次添加这些折断标注。

添加折断标注时，以下对象可以用作剪切边：标注、引线、直线、圆、圆弧、样条曲线、椭圆、多段线、文字、多行文字、内部没有打断的块和外部参照。

1．启动方法

● 功能面板：选择"标注"功能面板中的"打断"按钮 ⊥。

● 命令：输入 DIMBREAK。

2．操作方法。

激活此命令后，命令行提示如下：

> 命令：DIMBREAK
> 选择要添加/删除折断的标注或 [多个(M)]：

① 单个。直接选择要打断的标注，系统提示如下：

> 选择要折断标注的对象或 [自动(A)手动(M)删除（R）] <自动>：

a. 自动。自动将折断标注放置在与选定标注相交的对象的所有交点处。修改标注或相交对象时，会自动更新使用此选项创建的所有折断标注。

在具有任何折断标注的标注上方绘制新对象后，在交点处不会沿标注对象自动应用任何新的折断标注。要添加新的折断标注，必须再次运行此命令。

直接选择与标注相交或与选定标注的尺寸界线相交的对象，系统提示如下：

> 选择要折断标注的对象：（直接回车或者继续选择）

b. 手动。手动放置折断标注为打断位置指定标注或尺寸界线上的两点。如果修改标注或相交对象，则不会更新使用此选项创建的任何折断标注。使用此选项，一次仅可以放置一个手动折断标注。系统提示如下：

指定第一个打断点：（指定点）
指定第二个打断点：（指定点）

使用"手动"选项可以将折断标注添加到不与标注或尺寸界线相交的对象的标注中。

c．删除。从选定的标注中删除所有折断标注。

② 多个。指定要向其中添加打断或要从中删除打断的多个标注。输入"M"，系统提示如下：

选择标注：（选择标注）
选择标注：（继续选择或者直接回车结束）
选择要折断标注的对象或［自动(A)删除(R)］ <自动>：

a．自动：同上。

b．删除：同上。

标注效果如图 7-46 所示。

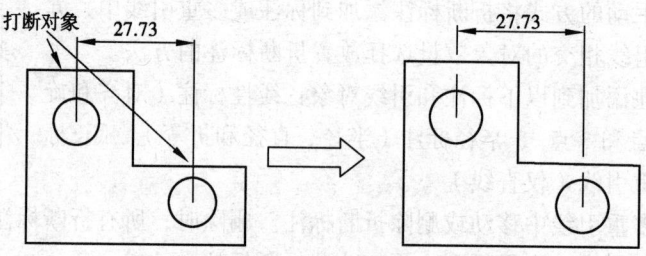

图 7-46　打断标注

命令：_DIMBREAK
选择要添加/删除折断的标注或 [多个(M)]：（选择水平标注）
选择要折断标注的对象或[自动(A)删除(R)] <自动>：（选择对象）
选择要折断标注的对象：（选择对象）
选择要折断标注的对象：（按【Enter】键）

7.8　公 差 标 注

在机械制图中，有些零件仅给出尺寸公差是不能满足要求的。如果零件在加工过程中产生过大的形状误差和位置误差的话，同样会影响设备的质量。因此需要对一些图纸进行形位公差的标注。AutoCAD 2015 提供了形位公差标注功能，其组成要素如图 7-47 所示。

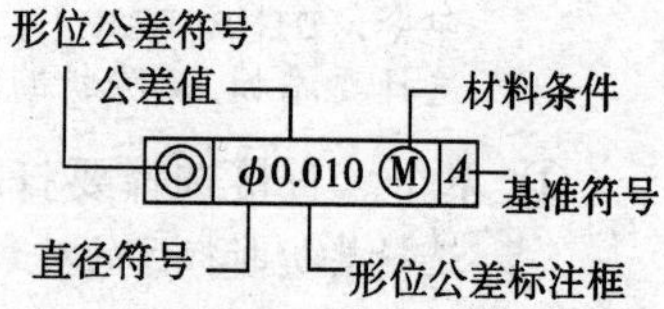

图 7-47　形位公差组成要素

1．启动方法

• 功能面板：单击"标注"功能面板中的"公差"按钮 ⊞。

• 命令行：输入 TOLERANCE。

2．操作方法

具体的操作步骤如下：

① 执行命令后，AutoCAD 2015 弹出"形位公差"对话框，如图 7-48 所示。

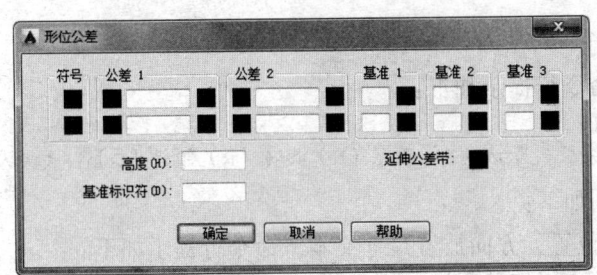

图 7-48 "形位公差"对话框

② 单击"符号"选项区域中的黑色图标，弹出"符号"对话框，如图 7-49 所示。

AutoCAD 2015 在该对话框中列出了 14 种形位公差符号。单击需要的图标后，"符号"对话框将关闭并将所选择的图标显示在"形位公差"对话框的"符号"选项区域中。如果在"符号"对话框中选择了右下角的空白图标，AutoCAD 2015 将清空"形位公差"对话框的"符号"选项区域。

③ 在"公差 1"选项区域中确定第一组形位公差值：单击编辑框左侧的图标可以添加或删除直径符号。在编辑框中输入形位公差的数值。单击编辑框右侧的图标，AutoCAD 2015 将显示"附加符号"对话框，如图 7-50 所示。

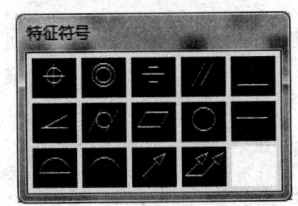

图 7-49 "特殊符号"对话框

图 7-50 "附加符号"对话框

根据需要选择图标，AutoCAD 关闭对话框并将所选符号插入到相应位置。

④ 重复②、③步骤，生成第 2 公差、第 1 基准、第 2 基准和第 3 基准。

⑤ 在"高度"文本框中输入投影公差带的数值。

⑥ 如果要在投影公差带数值后插入投影公差带的符号，单击"延伸公差带"的图标可显示或隐藏该符号。

⑦ 在"基准标识符"文本框中输入基准标识符。

根据需要设置完该对话框后，单击"确定"按钮，AutoCAD 2015 的系统提示如下：

输入公差位置：

在指定了公差标注的位置后，AutoCAD 2015 会将用户设置的公差放在指定位置。

注意：AutoCAD 2015 提供的"包容条件"选项、公差值的组成与形式与我国标注略有不符，使用时应注意。

7.9 编辑尺寸标注和放置文本

7.9.1 尺寸标注编辑

1. 启动方法

• 命令行：输入 DIMEDIT。

2．操作方法

激活该命令后，命令行提示如下：

输入：DIMEDIT

输入标注编辑类型［默认（H）新建（N）旋转（R）倾斜（O）］＜默认＞：

各选项的含义分别如下：

① 默认。按默认位置、方向放置尺寸文本，命令行提示如下：

选择对象：（选取尺寸对象）

AutoCAD 2015 继续提示"选择对象："以不断选取尺寸对象，直至按【Enter】键为止。

② 新建。执行该选项，弹出"文字格式"对话框，改变尺寸文本及其特性。设置完毕后，单击"确定"按钮，关闭此对话框。命令行提示如下：

选择对象：（选取尺寸对象）

原来的尺寸文本被修改为新的尺寸文本。

注意：若改变一次文本而选择多次尺寸对象，则修改后的尺寸为同一值。

例如，在图 7-51 中将原来的数值更改为文字。

③ 旋转。此选项的功能是对尺寸文本按给定的角度进行旋转，执行该选项，命令行提示如下：

指定标注文字的角度：（输入角度值）

选择对象：

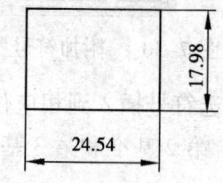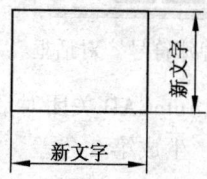

命令：DIMEDIT
输入标注编辑类型［默认(H) 新建(N) 旋转(R) 倾斜(O)］＜默认＞:n
(在"文字格式"对话框中输入"新文字")
选择对象:（选择标注文字）
选择对象:（选择标注文字）

图 7-51　改变文本内容

在此提示下选取尺寸对象。AutoCAD 2015 继续提示"选择对象："，不断选取尺寸对象，按【Enter】键即可结束命令。

注意：若输入的角度值为正时，则按逆时针方向旋转，反之按顺时针方向旋转。

④ 倾斜。此项用来对长度型标注的尺寸进行编辑，使尺寸界线以一定的角度倾斜。执行该命令，命令行提示如下：

选择对象：（选取尺寸对象）

选择对象：↙

输入倾斜角度 （按【Enter】键表示无）：

在此提示下若输入一定的角度值并按【Enter】键，则尺寸界线根据输入的角度值进行旋转，如果输入正值，则按逆时针方向旋转，反之按顺时针方向旋转；若直接按【Enter】键，则结束该命令。

7.9.2　放置尺寸文本位置

尺寸文本可以放置在尺寸线的中间、左对齐、右对齐，或旋转一定的角度。

1．启动方法

● 命令行：输入 DIMTEDIT。

2．操作方法

激活该命令后，命令行提示如下：

```
命令：DIMTEDIT
选择标注：
为标注文字指定新位置或 [左对齐（L）右对齐（R）居中（C）默认（H）角度（A）]：
```

各选项的含义分别如下：

① 标注文字的新位置。此项为默认选项，拖动十字光标可以把尺寸文本拖放到任意位置。

② 角度。此选项用来使尺寸文本旋转一定的角度，执行该选项，命令行提示如下：

```
指定标注文字的角度：
```

在此提示下输入尺寸文本的旋转角度值，输入正角度值，尺寸文本以逆时针方向旋转；反之按照顺时针方向旋转。

③ 默认。此选项的功能是把用角度选项修改的文本恢复到原来的状态。

④ 左/右/居中。此选项的功能是使尺寸文本靠近尺寸左界线/右界线/中心。执行该选项，尺寸文本自动放置到左界线/右界线/中心。

除了以上内容外，用户可以随时通过"特性"选项板进行修改。

本 章 小 结

本章讲解了 AutoCAD 中各种尺寸标注类型、尺寸标注的基本组成以及标注步骤、标注样式的设置等。另外，分别讲解了线性标注、径向标注、角度标注和特殊标注等。最后讲解了尺寸标注的编辑。

习　题

1．尺寸标注有哪几种类型？

2．尺寸标注一般由几部分组成？

3．如何设置标注样式？

4．如何改变标注的比例？

5．标注时如果系统测定的值不是需要的值，如何改变？

6．基线标注与连续标注的主要区别是什么？

7．如何改变引线标注的默认设置？

8．如何标注圆心和坐标？

9．如何进行公差标注？

10．绘制如图 7-52 所示的线性尺寸标注。

11. 绘制图 7-53 并进行径向尺寸和角度标注。

12. 绘制图 7-54 并进行综合标注。

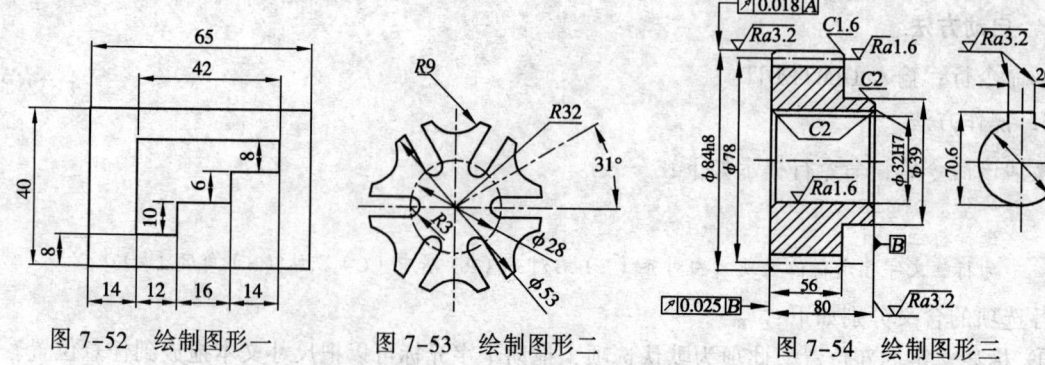

图 7-52　绘制图形一　　　　图 7-53　绘制图形二　　　　图 7-54　绘制图形三

第 8 章 // 三维绘图与编辑

AutoCAD 具有功能强大的平面图形绘制功能，使用它可以绘制复杂的二维平面图形，从而表现三维物体，这是表现产品设计的简单方法，但这种方法也存在一定的局限性和缺陷，因各个平面视图相互独立，无法实现尺寸关联，所以很容易产生错误，不能直观观察产品的设计效果。虽然可以通过轴测视图的方式加以解决，但是操作麻烦，效果不佳。而如果使用三维图形，就可以弥补二维图形在表现上的不足。

绘制三维图形与绘制平面图形有很大的不同，绘制三维图形需要在三维坐标系中进行，所以本章将首先介绍它的坐标系。另外，在绘制三维图形时，对象的表达有三种方式，分别是三维实体、三维线框和三维曲面。对于后两种绘图方式，由于操作复杂，不适合工程应用，所以在机械和建筑方面的应用很少。三维曲面只是在绘地形图等情况下使用，所以本书不作讲解。

对于绘制的三维图形，其编辑修改和绘制平面图形之间有所不同，必须采用专门命令才可以。需要注意的，本章操作均需要在"三维基础"和"三维建模"工作空间下进行。

8.1　三维坐标系

在三维空间中，对象上每一点的位置均是用三维坐标表示的。所谓三维坐标就是平时所说的 XYZ 空间，也就是在二维坐标的基础上增加一个 Z 坐标。其具体表现形式如图 8-1 所示。

在标准的三维表示方式中，主要包括直角坐标、圆柱坐标和球面坐标等方法。在同一个文件中，可以同时存在多个坐标系，这是因为部件操作是不可能完全遵循标准方向的。

平面坐标系　　　三维坐标系

图 8-1　坐标系的表示符号及方向

有些方向是不规律的，此时只能建立一些适合三维规范的坐标系以便操作。例如，要绘制一个斜面，此时最好的办法就是将坐标系的 XOY 面平行于这个斜面方向。

在存在多个坐标系的情况下，每一个工作期间只能使用一个有效的坐标系。应该说，在 AutoCAD 的三维绘图中，坐标系是使用最多的对象。

8.1.1　直角坐标

一般来说，工程人员使用的坐标系均为笛卡儿坐标系，采用右手定则来确定坐标系各方向。

1. 右手定则

使用右手定则可以决定坐标系各轴之间的关系和方向。一般来说，它的规定为，将右手靠近屏幕，使大拇指沿着 X 轴正方向伸展，使食指沿着 Y 轴方向伸展，向下弯曲其余三指，这三个手指的弯曲方向即为 Z 轴方向。

使用右手定则可以确定正旋转角的方向。使大拇指沿着坐标轴正方向伸展，然后将其余 4 指弯曲，则弯曲方向为坐标轴的正旋转方向。

2．表达方式

在进行三维绘图时，如果使用笛卡儿直角坐标系进行工作，则需要指定 X、Y、Z3 个方向上的值。

直角坐标格式如下：

```
X,Y,Z(绝对坐标)
@X,Y,Z(相对坐标)
```

8.1.2　圆柱坐标

在进行三维绘图时，如果使用柱面坐标，则需要指定沿 UCS 的 X 轴夹角方向、与 UCS 原点的距离以及垂直于 XY 平面的 Z 值。

柱面坐标格式为：

```
XY 平面内与 UCS 原点的距离<与 X 轴的角度, Z 坐标值(绝对坐标)
@XY 平面内与前一点的距离<与 X 轴的角度, Z 坐标值(相对坐标)
```

例如，100<45,60 的含义为从当前 UCS 原点到该点有 100 个单位，在 XY 平面上的投影与 X 轴的夹角为 45° 且沿 Z 轴方向有 60 个单位。

8.1.3　球面坐标

在进行三维绘图时，如果使用球面坐标，则需要给出指定点与当前 UCS 原点的距离、与坐标原点连线在 XY 平面上的投影和 X 轴的夹角以及与坐标原点的连线和 XY 平面的夹角，每项用"<"作分隔符。

球面坐标格式为：

```
与 UCS 原点的距离<XY 平面内的投影与 X 轴的角度<与 XY 平面的角度(绝对坐标)
@与前一点的距离<XY 平面内的投影与 X 轴的角度<与 XY 平面的角度(相对坐标)
```

例如，坐标 200<160<30 表示一个点，该点与当前 UCS 原点的距离为 200 个单位，该点与当前 UCS 原点的连线在 XY 平面的投影与 X 轴的夹角为 160°，与 XY 平面的夹角为 30°。

8.1.4　用户坐标系

AutoCAD 提供的 UCS 命令可以帮助用户定制需要的用户坐标系（User Coordinate System, UCS）。这样可以在绘图的时候，对不同的平面通过改变原点(0,0,0)的位置以及 XY 平面和 Z 轴的方向来方便地操作。

在三维空间，用户可在任何位置定位和定向 UCS，也可随时定义、保存和使用多个用户坐标系。如果需要，可以定义并保存任意多个 UCS。使用 UCS，则坐标的输入和显示都是对应于当前的 UCS 的。如果图形中定义了多个视口，那么所有活动视口共用同一个 UCS。

AutoCAD 将有关定义和管理用户坐标系的命令放到"默认"选项卡的"坐标"功能面板中，如图 8-2 所示。也同时提供了"可视化"选项卡的"坐标"功能面板用作 UCS，如图 8-3 所示。

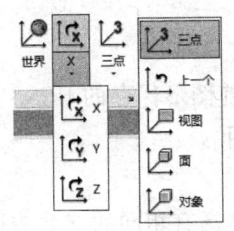 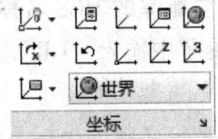

图 8-2 "坐标"功能面板 1   图 8-3 "坐标"功能面板 2

1. 定义用户坐标系

（1）启动 UCS 命令

● 功能面板：单击"坐标"功能面板 2 中的"UCS"按钮└。

● 命令行：输入 UCS。

（2）操作方法

执行 UCS 命令后，AutoCAD 提示如下：

> 当前 UCS 名称：*世界*
> 指定 UCS 的原点或 [面(F)命名(NA)对象(OB)上一个(P)视图(V)世界(W)XYZZ 轴(ZA)]
> <世界>：

① 指定新 UCS 的原点：在提示中输入"Z"，指定 UCS 的原点，来确定一个新的 UCS。若输入新的坐标值，则 AutoCAD 将当前用户坐标系的原点变为新坐标值所确定的点，但 X、Y 和 Z 的方向不变。也可使用默认值<0,0,0>。如果没有指定新原点的 Z 坐标值，AutoCAD 将使用默认的标高值。

② 面：在提示中输入"F"，AutoCAD 提示如下：

> 选择实体面、曲面或网格：

用三维实体的面创建 UCS。在此提示下，AutoCAD 将高亮显示所选择的面，并将新建的 UCS 附着于此面上。新 UCS 的 X 轴与所找到面的最近边对齐。AutoCAD 继续提示：

> 输入选项 [下一个(N) X 轴反向(X) Y 轴反向(Y)] <接受>：

在此提示下，可以使用"下一个"选项将 UCS 放到邻近的面或选择边所在面的反面上，或者将 UCS 绕 X 轴或 Y 轴旋转 180°。

③ 命名：在提示中输入"NA"，系统提示如下：

> 输入选项 [恢复(R)保存(S)删除(D)?]：

在提示中输入"R"，AutoCAD 提示如下：

> 输入要恢复的 UCS 名称或 [?]：

输入要恢复的 UCS 名称，AutoCAD 将根据保存时的设置将其置为当前 UCS。如果输入"?"，则可列出当前图形中定义的全部 UCS 的信息。

注意：AutoCAD 在恢复 UCS 时并不会重建其保存时的察看方向。

在提示中输入"S"，AutoCAD 提示如下：

> 输入保存当前 UCS 的名称或 [?]：

输入要保存的 UCS 名称，AutoCAD 将当前的 UCS 用指定名称保存。

在提示中输入"D"，AutoCAD 提示如下：

  输入要删除的 UCS 名 <无>：

在提示中输入要删除的 UCS 名称，AutoCAD 从当前图形保存的 UCS 列表中删除它。

④ 对象：在提示中输入"OB"，AutoCAD 提示如下：

  选择对齐 UCS 的对象：

指定一个实体来定义新的坐标系。新坐标系与实体具有相同的 Z 轴方向，它的原点以及 X 轴的正方向按表 8-1 的规则确定。

表 8-1 对象与 UCS 定位关系

对　　象	确定 UCS 的方法
圆弧	圆心为新原点，X 轴通过拾取点最近的一点
圆	圆心为新原点，X 轴通过拾取点
标注	标注文字中点为新的原点，新 X 轴方向平行于绘制标注时有效 UCS 的 X 轴
直线	离拾取点最近的端点为原点，X 轴方向与直线方向一致
点	选取点为新原点，X 轴方向可以任意确定
二维多段线	多段线的起点为新 UCS 的原点，X 轴为沿从起点到下一顶点的线段延伸
二维填充	二维填充的第一点确定新 UCS 的原点，新 X 轴为两起始点之间的直线
宽线	宽线的"起点"成为 UCS 的原点，X 轴沿中心线方向
三维面	第一点取为新 UCS 的原点，X 轴沿开始两点连线方向，Y 轴正方向取自第一点和第四点，Z 轴由右手定则确定
形、文字、块引用、属性定义	对象的插入点成为新 UCS 的原点，新 X 轴由对象绕其拉伸方向旋转定义，用于建立新 UCS 的对象在新 UCS 中的旋转角为零度

⑤ 上一个：在提示中输入"P"，AutoCAD 将恢复到最近一次使用的 UCS。AutoCAD 最多可以保存最近使用的 10 个 UCS。

⑥ 视图：使用视图创建 UCS。在提示中输入"V"，AutoCAD 将新的 UCS 的 XOY 平面设置在与当前视图平行的平面上，且原点不动。

⑦ 世界：在提示中输入"W"，AutoCAD 将当前坐标系设置成世界坐标系。

⑧ X/Y/Z：绕指定的坐标轴旋转当前的 UCS。在提示中输入"X""Y""Z"，AutoCAD 提示如下：

  指定绕 （X Y Z）轴的旋转角度 <90>：

用户可以输入正或负角度来旋转 UCS。

⑨ Z 轴：在提示中输入"ZA"，AutoCAD 提示如下：

  指定新原点或 [对象(O)] <0,0,0>：（指定原点）
  在正 Z 轴范围上指定点 <145'-3 3/8",17'-10 13/16",0'-1">：

将当前 UCS 沿 Z 轴的正方向移动一定的距离，指定的第一点是新坐标系原点，第二点决定 Z 轴的正向。XY 平面垂直于新的 Z 轴。

2. 使用 UCS 对话框

AutoCAD 还提供 UCSMAN 命令，可以对 UCS 进行有效的管理，包括重命名、删除等。

（1）启动方法

● 功能面板：选择"坐标"功能面板中的"命名 UCS"按钮 。

● 命令行：输入 UCSMAN。

（2）操作方法

该命令执行后，系统弹出"UCS"对话框。在这个对话框中，可以进行以下操作：

① 命名 UCS。切换到"命名 UCS"选项卡，其"当前 UCS"列表框中列出了当前图形中所有保存的命名 UCS，如图 8-4 所示。

设置当前 UCS：在 UCS 列表中选择 UCS，单击"置为当前"按钮，则该坐标系成为当前坐标系。

查看 UCS 的详细信息：在 UCS 列表中选择 UCS，单击"详细信息"按钮，弹出如图 8-5 所示的"UCS 详细信息"对话框，显示该坐标系的原点和它的 X 轴、Y 轴以及 Z 轴的方向。

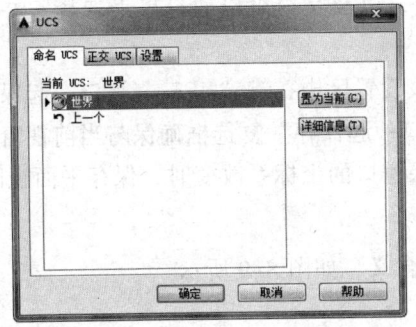

图 8-4　"命名 UCS"选项卡

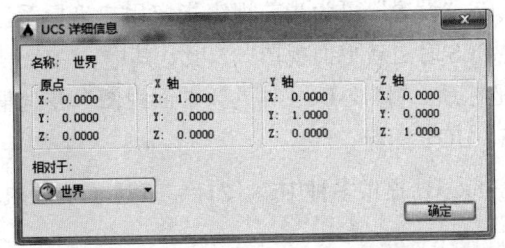

图 8-5　"UCS 详细信息"对话框

重命名 UCS 名称：在 UCS 列表中右击需要更改的 UCS，在快捷菜单中选择"重命名"命令，然后输入 UCS 名称并按【Enter】键。

删除 UCS：在 UCS 列表中选择 UCS，右击，在快捷菜单中选择"删除"命令。

② 使用预置的正交 UCS。在图 8-4 中切换到"正交 UCS"选项卡，如图 8-6 所示，其"名称"列表框中列出了 AutoCAD 所提供的 6 种预置 UCS。

在该对话框中，深度用来定义用户坐标系的 XY 平面上的正投影与通过用户坐标系原点的平行平面之间的距离。右击并选择"深度"命令，弹出"正交 UCS 深度"对话框，如图 8-7 所示。在该对话框中，用户可以改变预置 UCS 的深度和坐标原点。如果在快捷菜单中选择"重置"命令，可将预置 UCS 恢复到默认的设置。

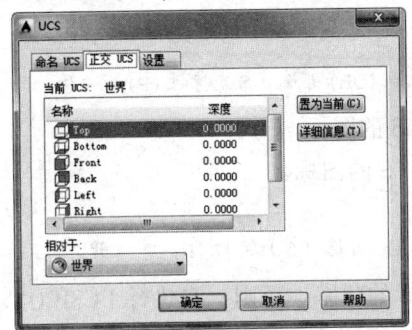

图 8-6　"正交 UCS"选项卡

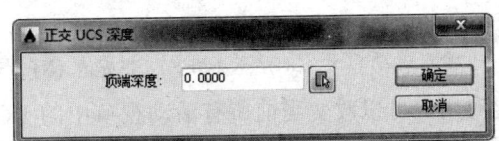

图 8-7　"正交 UCS 深度"对话框

"相对于"下拉列表框，指用户所选的坐标系相对于指定的基本坐标系的正投影的方向。默认情况下的基本坐标系是世界坐标系（WCS）。

③ 设置 UCS 与图标。在图 8-4 中单击"设置"标签，切换到"设置"选项卡，如图 8-8 所示。

UCS 图标设置。用户坐标系图标的设置。在该设置区中，有"开""显示于 UCS 原点""应用到所有活动视口"和"允许选择 UCS 坐标"4 项。其中，"开"复选框可以在当前视窗中显示用户坐标系的图标，"显示于 UCS 原点"复选框在用户坐标系的起点显示图标，

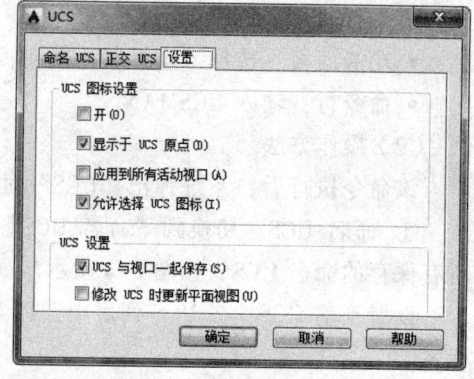

图 8-8 "设置"选项卡

"应用到所有活动视口"复选框在当前图形的所有的活动窗口应用图标，"允许选择 UCS 坐标"选项控制当光标移到 UCS 图标上时该图标是否亮显，以及是否可以通过单击选择它并访问 UCS 图标夹点。

UCS "设置"可为当前视窗指定用户坐标系。在该设置区中，有"UCS 与视口一起保存""修改 UCS 时更新平面视图"2 项。其中，"UCS 与视口一起保存"复选框确保与当前视窗一起保存坐标系。"修改 UCS 时更新平面视图"复选框确保窗口的坐标系改变时，保存平面视图。

3. UCS 图标

AutoCAD 提供多种 UCS 图标，表达了不同的信息含义，如图 8-9 所示。

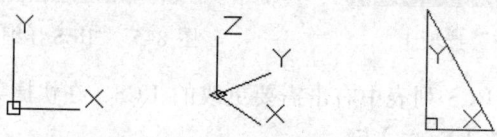

（a）二维坐标图标　　（b）三维坐标图标　（c）布局状态下的坐标图标

图 8-9 UCS 图标

UCS 图标的显示以及 UCS 图标的位置控制可以通过 UCSICON 命令进行。

（1）启动过程

- 功能面板：选择"坐标"功能面板中的"UCS 图标"按钮凹。
- 命令行：UCSICON。

（2）操作方法

UCSICON 命令执行后，AutoCAD 提示如下：

输入选项 ［开(ON) 关(OFF) 全部(A) 非原点(N) 原点(OR) 可选（S）特性(P)］ <开>：

① 开：在提示中输入"ON"，AutoCAD 将显示 UCS 的图标。

② 关：在提示中输入"OFF"，AutoCAD 将隐藏 UCS 的图标。

③ 全部：在提示中输入"A"，AutoCAD 提示用户：

输入选项 ［开(ON) 关(OFF) 非原点(N) 原点(OR) 可选（S）特性(P)］ <开>：

此时用户可以改变当前所有活动视口中的 UCS 图标的状态。否则，在执行 UCSICON 命令的其他选项时，只对当前视窗有效。"UCS 图标"对话框如图 8-10 所示。

④ 非原点：在提示中输入"N"，或在快捷菜单中选择"非原点"命令，AutoCAD 将 UCS 图标显示在视口的左下角，与 UCS 的原点不一定重合。

⑤ 原点：在提示中输入"OR"，AutoCAD 将强制 UCS 图标显示于当前坐标系的原点(0,0,0)处。若 UCS 的原点位于屏幕之外或者坐标系放在原点时会被视窗剪切，则执行该选项后，坐标系图标仍显示在视窗的左下角位置。

⑥ 可选：在提示中输入"S"，可以控制 UCS 图标是否可选并且可以通过夹点操作。

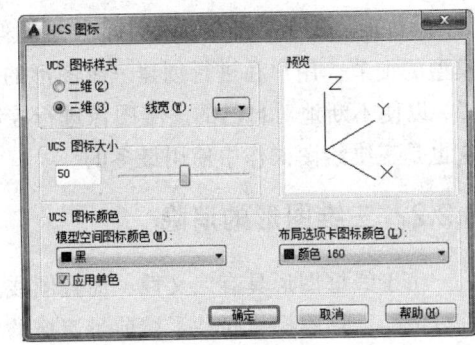

图 8-10　"UCS 图标"对话框

⑦ 特性：在提示中输入"P"，AutoCAD 将弹出如图 8-10 所示对话框，在其中设置即可。

8.2　三维图像的显示类型

8.2.1　三维图像的类型

AutoCAD 2015 共提供了 10 种类型的三维图像视觉样式，即"二维线框""概念""隐藏""真实""着色""带边框着色""灰度""勾画""线框"和"X 射线"，如图 8-11 所示，其效果依次如图 8-12 所示。

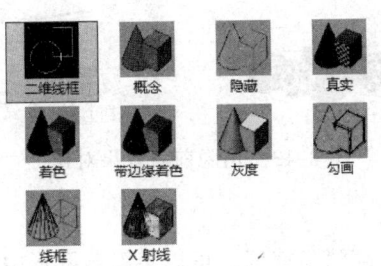

图 8-11　"视觉样式"图标

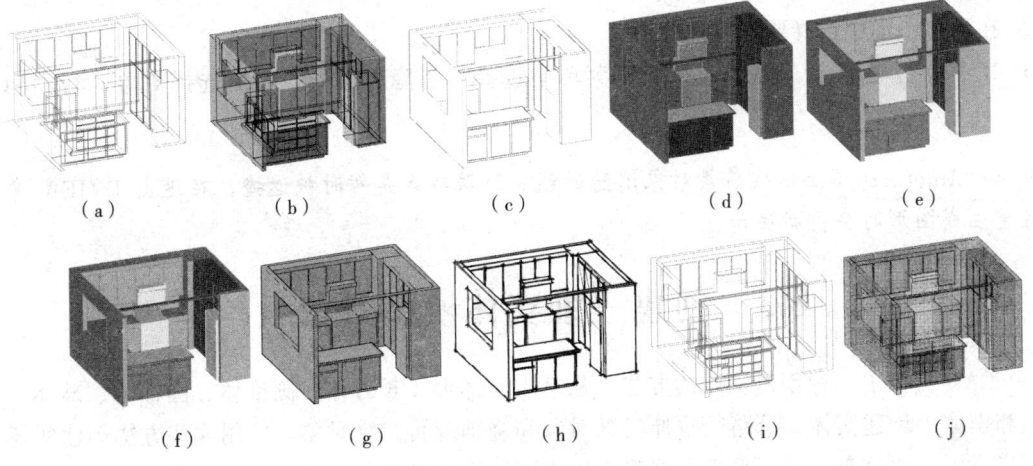

图 8-12　三维效果图

"真实"效果是最具真实性的三维图像。"概念"效果缺乏真实感，但是可以更方便地查看模型的细节。用户在进行创建三维图形的过程中，完全可以根据自己的需要进行不同阶段的选择，以便不断地对自己的三维图像进行控制。例如，如果追求速度，可以选择线框或消隐形式，这也是三维绘图操作中使用最多的。

8.2.2 三维图形的消隐

由于线框图形具有二义性，而且图线过多，图形显得混乱，所以往往使用消隐操作对图形进行消隐。消隐操作隐藏了被前景遮掩的背景，使图形显示非常简洁、清晰。有关着色和渲染操作不是本书重点，所以在此不再赘述。

1．对整个图形进行消隐操作

使用 HIDE 命令，可以对整个图形进行"消隐"操作。

（1）启动方法
- 功能面板：单击"可视化"选项卡下"视图样式"功能面板中的"隐藏"按钮█。
- 命令行：输入 HIDE。

（2）操作方法

执行 HIDE 命令后，AutoCAD 将对当前的整个图形进行消隐操作。图 8-13 为消隐前后的效果对比。

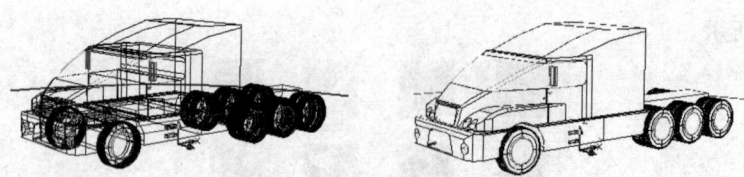

图 8-13 消隐前后效果对比

2．消隐选择对象的隐藏线

为了改善消隐时的性能，提高消隐速度，可以只隐藏图形中所选对象上的隐藏线。
操作过程如下：
① 在命令行中输入 DVIEW 命令。
② 在当前图形中选择要消隐的对象。
③ 在命令行中输入"H"，或在快捷菜单中选择"消隐"选项，对所选择对象进行消隐操作。

注意：AutoCAD 不显示被前景对象消隐的线。隐藏线只是暂时被遮掩，在退出 DVIEW 命令或者重生成图形时会重新显示。

8.3 创建三维实体模型对象

AutoCAD 提供了三种创建实体的方法：从基本实体形（长方体、圆锥体、圆柱体、球体、圆环体和楔体）创建实体、沿路径拉伸二维对象和绕轴旋转二维对象。使用这些方法创建实体后，用户还可以通过布尔运算来组合这些实体以创建更为复杂的实体。

AutoCAD 创建实体的命令位于"默认"选项卡中的"创建"功能面板中，如图 8-14 所示。

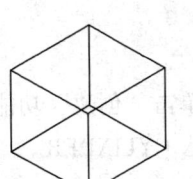

8.3.1 绘制长方体

使用 BOX 命令可以创建长方体实体。长方体的底面与当前 UCS 的 XY 平面平行。

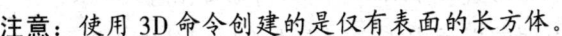

图 8-14 "创建"功能面板

1．启动方法

- 功能面板：单击"创建"功能面板中的"长方体"按钮 ▦。
- 命令行：输入 BOX。

2．操作方法

执行 BOX 命令后，AutoCAD 提示用户：

    指定第一个角点或 [中心(C)]：

在此提示下，可以指定长方体的一个角点，或者选择"中心点"选项来指定长方体的中心点。然后，AutoCAD 提示用户：

    指定其他角点或 [立方体(C) 长度(L)]：

① 指定底面矩形及高度绘制长方体：在上面的提示中指定一点，AutoCAD 使用指定的两个点作为对角点确定长方体的底面矩形，或者使用指定的中心点和一个角点确定长方体底面的矩形。然后提示用户：

    指定高度或 [两点(2P)]：

在此提示下输入高度值，或者通过两点距离来指定长方体的高度。如果输入的是正值，AutoCAD 沿当前 UCS 坐标系的 Z 轴正向绘制长方体的高。如果输入的是负值，则沿 Z 轴的负向绘制长方体的高。

② 指定长、宽和高绘制长方体：在上面的提示中输入"L"，AutoCAD 提示用户：

    指定长度：
    指定宽度：
    指定高度或 [两点(2P)]：

AutoCAD 按照用户指定的长度、宽度和高度创建长方体。其中长度与 X 坐标轴相对应、宽度与 Y 坐标轴相对应、高度与 Z 坐标轴相对应。

③ 绘制立方体：在上面的提示中输入"C"，AutoCAD 提示用户：

    指定长度：

AutoCAD 按照用户指定的长度创建一个长、宽、高相同的长方体，即立方体。

绘制的结果如图 8-15 所示。

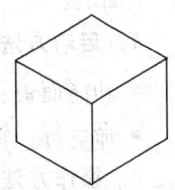

图 8-15 长方体和立方体

注意：使用 3D 命令创建的是仅有表面的长方体。

8.3.2 创建球体

使用 SPHERE 命令可以创建球体。

1．启动方法

· 功能面板：单击"创建"功能面板中的"球体"按钮◑。

· 命令行：输入 SPHERE。

2．操作方法

执行 SPHERE 命令后，AutoCAD 提示用户：

> 指定中心点或 [三点(3P)两点(2P)切点、切点、半径(T)]：
> 指定半径或 [直径(D)]：

① 中心点：依次指定球体的中心点和半径（或直径），AutoCAD 根据输入创建球体。系统提示为：

> 指定半径或 [直径(D)]：

② 三点（3P）：通过在三维空间的任意位置指定 3 个点来定义球体的圆周。3 个指定点也可以定义圆周平面。

③ 两点（2P）：通过在三维空间的任意位置指定两个点来定义球体的圆周。第一点的 Z 值定义圆周所在平面。

④ TTR（切点、切点、半径）：通过指定半径定义可与两个对象相切的球体。指定的切点将投影到当前 UCS。

球的纬线平行于当前 UCS 的 XY 平面，中心轴与当前 UCS 的 Z 轴平行。

图 8-16 为球体实例。

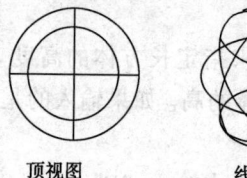 

顶视图　　　　　　　　　线框形式　　　　　　　消急形式

图 8-16　球体实例

8.3.3　创建圆柱体

使用 CYLINDER 命令可以以圆或椭圆作底面创建圆柱实体。圆柱的底面位于当前 UCS 的 XY 平面上。

1．启动方法

· 功能面板：单击"创建"功能面板中的"圆柱体"按钮▣。

· 命令行：输入 CYLINDER。

2．操作方法

执行 CYLINDER 命令后，AutoCAD 提示用户：

> 指定底面的中心点或 [三点(3P)两点(2P)切点、切点、半径(T)椭圆(E)]：

① 使用圆作为底圆创建圆锥体：在上面的提示中指定一点作为底圆的中心点，AutoCAD 提示用户：

> 指定底面半径或 [直径(D)] <348.1717>：
> 指定高度或 [两点(2P)轴端点(A)]：

依次指定底圆的半径或直径、圆柱体的高度或圆柱体另一端的圆心点，AutoCAD 根据输入创建圆柱体。

② 三点（3P）：通过指定三个点来定义圆柱体的底面周长和底面。

③ 两点（2P）：通过指定两个点来定义圆柱体的底面直径。

④ 切点、切点、半径(T)：定义具有指定半径，且与两个对象相切的圆柱体底面。有时会有多个底面符合指定条件。程序将绘制具有指定半径的底面，其切点与选定点的距离最近。

⑤ 使用椭圆作为底圆创建圆柱体：在上面的提示中输入"E"，AutoCAD 提示用户：

```
指定第一个轴的端点或 [中心(C)]：
指定第一个轴的其他端点：
指定第二个轴的端点：
指定高度或 [两点(2P)轴端点(A)] <440.1770>：
```

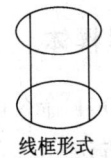

线框形式　　消隐形式

图 8-17　圆柱体

根据需要选择创建椭圆的方法并指定圆柱体高度或另一端面中心点，AutoCAD 根据输入创建圆柱体。

图 8-17 为圆柱体实例。

8.3.4　绘制圆锥体

使用 CONE 命令可以创建圆锥实体。该圆锥体由圆或椭圆底面以及垂足在其底面上的锥顶点所定义。

1. 启动方法

● 功能面板：单击"创建"功能面板中的"圆锥体"按钮 △。

● 命令行：输入 CONE。

2. 操作方法

执行 CONE 命令后，AutoCAD 提示用户：

```
指定底面的中心点或 [三点(3P)两点(2P)切点、切点、半径(T)椭圆(E)]：
```

① 使用圆作为底圆创建圆锥体：在上面的提示中指定一点作为圆锥体底面的中心点，AutoCAD 提示用户：

```
指定底面半径或 [直径(D)] <214.2543>：
指定高度或 [两点(2P)轴端点(A)顶面半径(T)] <547.1470>：
```

指定圆锥体底圆的半径（或直径）和圆锥体的高度（或顶点），AutoCAD 根据输入的参数创建圆锥体。

② 两点、三点与相切、相切、半径方法与 8.3.3 节的圆柱体讲解一致。

③ 使用椭圆作为底圆创建圆锥体：在上面的提示中输入"E"，AutoCAD 提示用户。

```
指定第一个轴的端点或 [中心(C)]：
指定第一个轴的其他端点：
指定第二个轴的端点：
指定高度或 [两点(2P)轴端点(A)顶面半径(T)] <784.0728>：
```

根据需要选择创建椭圆的方法并指定圆柱体的高度或顶点，AutoCAD 根据输入创建圆锥体。如果输入顶面半径，则将建立圆台体。

图 8-18 为锥体实例。

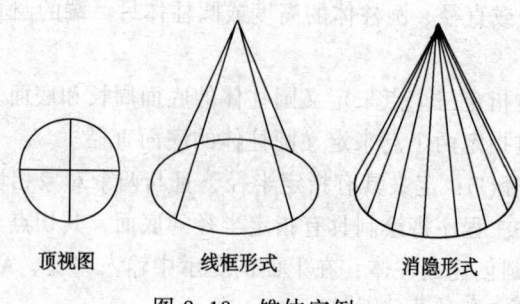

顶视图　　　　线框形式　　　　消隐形式

图 8-18　锥体实例

8.3.5　创建楔体

使用 WEDGE 命令可以创建楔体。所谓楔体就是长方体沿对角线切成两半后的结果。

1．启动方法

- 功能面板：单击"创建"功能面板中的"楔体"按钮◢。
- 命令行：输入 WEDGE。

2．操作方法

执行命令后，AutoCAD 提示与用于创建长方体的 BOX 命令基本相同，用户可参考使用。楔体的基面平行于当前 UCS 的 XY 平面，其斜面部分与第一角相对，高度平行于 Z 轴。

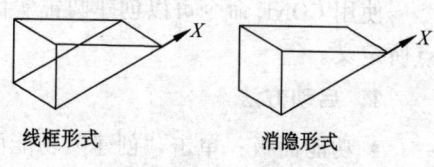

线框形式　　　　消隐形式

图 8-19　楔体实例

图 8-19 所示为楔体实例。

8.3.6　创建圆环体

使用 TORUS 命令可以创建与轮胎内胎相似的环形实体。圆环体与当前 UCS 的 XY 平面平行且被该平面平分。

1．启动方法

- 功能面板：单击"创建"功能面板中的"圆环"按钮◎。
- 命令行：输入 TORUS。

2．操作方法

执行 TORUS 命令后，AutoCAD 提示用户：

```
指定中心点或 [三点(3P)两点(2P)切点、切点、半径(T)]:
指定半径或 [直径(D)] <275.9799>:
指定圆管半径或 [两点(2P)直径(D)]:
```

依次指定圆环体的中心点、半径（或直径）和圆管的半径（或直径），AutoCAD 根据输入创建圆环体。如果两个半径都是正值，并且圆管半径大于圆环半径，显示结果像一个两端凹下去的球面。如果圆环半径是负值，并且圆管半径绝对值大于圆环半径绝对值，生成的圆环看上去像一个有尖点的球面，形似橄榄球。可以通过两点距离来确定半径，直径操作与此相同。

图 8-20 为圆环体实例，图 8-21 为半径值不同的圆环体的对比效果。

顶视图

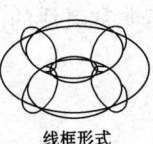
线框形式

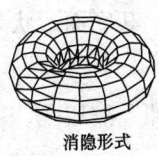
消隐形式

图 8-20　圆环体示例

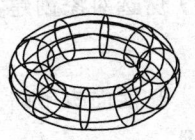
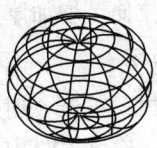

图 8-21　半径值不同的圆环体效果

8.3.7　创建棱锥体

棱锥体与圆锥体的创建基本类似。使用 CONE 命令，用户可以创建圆锥实体。该圆锥体可以是由圆或椭圆底面以及垂足在其底面上的锥顶点所定义的圆锥实体。

1．启动方法

- 功能面板：单击"创建"功能面板中的棱锥体△按钮。
- 命令行：输入 PYRAMID。

2．操作方法

执行 PYRAMID 命令后，AutoCAD 提示用户：

```
四个侧面　外切
指定底面的中心点或 [边(E)侧面(S)]：
```

① 指定底面的中心点：系统提示如下。

```
指定底面半径或 [内接(I)] <默认值>：（指定底面半径、输入 I 将棱锥面更改为外切或按
【Enter】键指定默认的底面半径值）
指定底面半径或 [外切(C)] <默认值>：（指定底面半径、输入 C 将棱锥面更改为外切或按
【Enter】键指定默认的底面半径值）
```

最初，默认底面半径未设置任何值。执行绘图任务时，底面半径的默认值始终是先前输入的任意实体图元的底面半径值。

指定底面半径以及棱锥面是内接还是外切之后，将显示以下提示：

指定高度或 [两点(2P)轴端点(A)顶面半径(T)] <默认值>：（指定高度、输入选项或按【Enter】键指定默认高度值）

使用"顶面半径"可创建棱锥平截面。

② 边：指定棱锥面底面一条边的长度。系统提示如下：

```
指定边的第一个端点：（指定点）
指定边的第二个端点：（指定点）
```

③ 侧面：指定棱锥面的侧面数，可以输入 3 ~ 32 之间的数。系统提示如下：

```
输入侧面数 <默认>：（指定直径或按【Enter】键指定默认值）
```

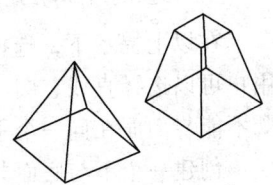
图 8-22　建立棱锥体

最初，棱锥面的侧面数设置为 4。执行绘图任务时，侧面数的默认值始终是先前输入的侧面数的值。

图 8-22 为圆环体实例。

8.3.8　拉伸三维实体

前面的实体操作中，例如圆锥体、圆柱体等，所选择的底面都是有规律的。使用 EXTRUDE

命令可以通过拉伸（增加厚度）所选对象创建实体，其底面形状是非常灵活的。

1. 启动方法

- 功能面板：单击"创建"功能面板中的"拉伸"按钮🔲。
- 命令行：输入 EXTRUDE。

2. 操作方法

执行命令后，系统提示如下：

> 当前线框密度：ISOLINES=4，闭合轮廓创建模式=实体
> 选择要拉伸的对象或 [模式(MO)]：（选择要进行拉伸的对象）
> 选择要拉伸的对象或 [模式(MO)]：（按【Enter】键）
> 指定拉伸的高度或 [方向(D)路径(P)倾斜角(T) 表达式(E)] <0>：

① 指定高度和倾斜角度拉伸对象：在提示中输入要拉伸的高度，如果输入正值，AutoCAD 在对象所在坐标系的 Z 轴正向拉伸对象。如果输入负值，则 AutoCAD 在 Z 轴负向拉伸对象。然后，AutoCAD 提示用户：

> 指定拉伸的倾斜角度或 [表达式(E)] <0>：

在以上提示下输入倾斜角度。如果输入正角度，AutoCAD 从基准对象逐渐变细地拉伸。而输入负角度，AutoCAD 从基准对象逐渐变粗地拉伸。默认拉伸斜角 0，表示在与二维对象平面垂直的方向上拉伸。所有选择集中的对象和环以相同的斜角拉伸，形成类似圆柱体。如果指定一个较大的斜角或较长的拉伸高度，将会导致拉伸对象或拉伸对象的一部分在到达拉伸高度之前就已经汇聚到一点，形成类似圆锥体。

其效果如图 8-23 所示。

② 指定拉伸方向：在上面的提示中输入"D"，通过指定两个点来指定拉伸的长度和方向。其效果如图 8-24 所示。

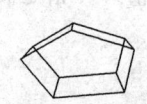

图 8-23　拉伸结果

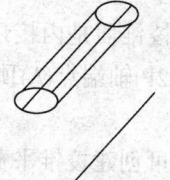

图 8-24　拉伸实体

③ 沿指定路径拉伸对象：在提示中输入"P"，AutoCAD 提示用户：

> 选择拉伸路径或 [倾斜角(T)]：

在以上提示下，选择拉伸路径，将所有指定对象的剖面都沿着选定路径拉伸以创建实体。用户可以选择直线、圆、圆弧、椭圆、椭圆弧、多段线和样条曲线作为拉伸路径。但是，路径既不能与剖面在同一个平面，也不能在具有高曲率的区域。

创建一个不与底面共面的曲线，其拉伸结果如图 8-25 所示。

用户可以拉伸封闭多段线、多边形、圆、椭圆、封闭样条曲线、圆环和面域，但不能拉伸包含在块中的对象，也不能拉伸具有相交或自相交段的多段线。要拉伸的多段线应包含至少三个顶点，但不能多于 500 个顶点。如果选定的多段线具有宽度，AutoCAD 将忽略其宽度并且从多段线路径的中心线处拉伸。如果选定对象具有厚度，AutoCAD 将忽略厚度。

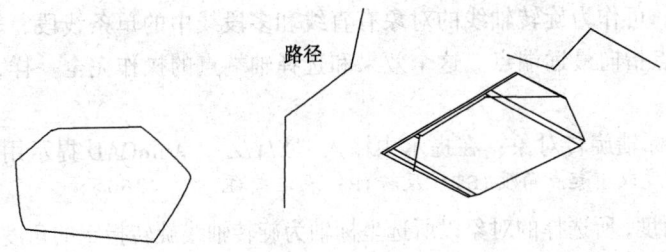

图 8-25　拉伸实体

8.3.9　旋转三维实体

使用 REVOLVE 命令可以将一个闭合对象绕当前 UCS 的 *X* 轴或 *Y* 轴按一定的角度旋转成实体，也可以绕直线、多段线或两个指定的点旋转对象。

1．启动方法

- 功能面板：单击"创建"功能面板中的"旋转"按钮⊟。
- 命令行：输入 REVOLVE。

2．操作方法

执行命令后，AutoCAD 提示用户：

　　当前线框密度: ISOLINES=4,闭合轮廓创建模式=实体
　　选择要旋转的对象或 [模式(MO)]: (选择对象)
　　选择要旋转的对象或 [模式(MO)]: ↓
　　指定轴起点或根据以下选项之一定义轴 [对象(O)XYZ] <对象>:( )

① 绕指定两点定义的旋转轴线旋转对象：在提示中指定一点作为旋转轴线的一个端点，AutoCAD 提示用户：

　　指定轴端点:
　　指定旋转角度或 [起点角度(ST) 反转(R) 表达式(EX)] <360>:

指定旋转轴的另外一个端点，并指定要旋转的角度，AutoCAD 将所选择的对象以指定两点的连线为轴线旋转指定的角度。如果指定起始角度，则可以通过终止角度来决定部分旋转体。

其结果如图 8-26 所示。

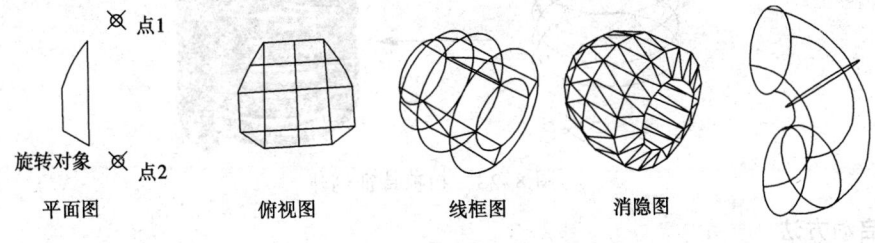

平面图　　　　俯视图　　　　线框图　　　　消隐图

图 8-26　旋转结果

② 绕指定对象定义的旋转轴线旋转对象：在提示中输入"O"，AutoCAD 提示用户：

　　指定轴起点或根据以下选项之一定义轴 [对象(O)XYZ] <对象>: O
　　选择对象:
　　指定旋转角度或 [起点角度(ST) 反转(R) 表达式(EX)] <360>:

选择要作为轴线的对象，并指定要旋转的角度，AutoCAD 将所选择的对象以指定对象为轴

线旋转指定的角度。可作为旋转轴线的对象有直线和多段线中的单条线段，轴的正方向是从这条直线上的最近端点指向最远端点。这个效果和选择轴端点的操作完全一样，只是需要选择线而已。

③ 绕 X/Y/Z 坐标轴旋转对象：在提示中输入"X/Y/Z"，AutoCAD 提示用户：

指定旋转角度或 [起点角度(ST) 反转(R) 表达式(EX)] <360>:

指定要旋转的角度，所选择的对象以所选坐标轴为旋转轴线旋转指定的角度。其结果如图 8-27 所示。

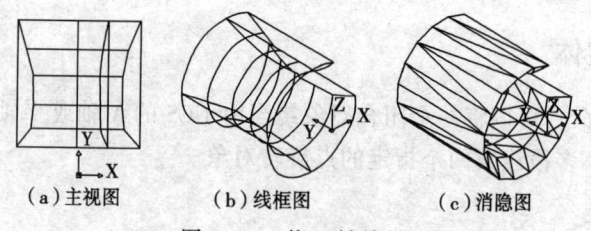

（a）主视图　　　　（b）线框图　　　　（c）消隐图

图 8-27　绕 Y 轴旋转

注意：

① 可以旋转闭合多段线、多边形、圆、椭圆、闭合样条曲线、圆环和面域，但不能旋转包含在块中的对象及具有相交或自交线段的多段线。

② 一次只能旋转一个对象。

8.3.10　扫掠

使用 SWEEP 命令，可以通过沿开放或闭合的二维或三维路径扫掠开放或闭合的平面曲线（轮廓）来创建新实体或曲面。

SWEEP 命令用于沿指定路径以指定轮廓的形状（扫掠对象）绘制实体或曲面，如图 8-28 所示。一次可以扫掠多个对象，但是这些对象必须位于同一平面中。如果沿一条路径扫掠闭合的曲线，则生成实体。如果沿一条路径扫掠开放的曲线，则生成曲面。

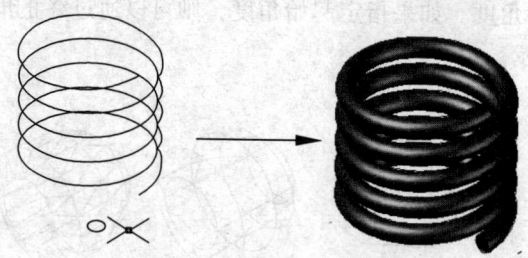

图 8-28　扫掠特征创建

1．启动方法

- 功能面板：单击"创建"功能面板中的"扫掠" ⊜ 按钮。
- 命令行：输入 SWEEP。

2．操作方法

执行 SWEEP 命令后，AutoCAD 提示：

当前线框密度: ISOLINES=4,闭合轮廓创建模式=实体

选择要扫掠的对象或 [模式(MO)]：（选择扫掠对象）

选择要扫掠的对象或 [模式(MO)]：↓

选择扫掠路径或 [对齐(A) 基点(B) 比例(S) 扭曲(T)]：（选择路径或者输入选项）

① 按照指定路径扫掠：直接选择扫掠路径，系统将自动进行扫掠创建。

② 对齐：指定是否对齐轮廓以使其作为扫掠路径切向的法向。默认情况下，轮廓是对齐的。输入"A"后，系统提示如下：

扫掠前对齐垂直于路径的扫掠对象 [是(Y) 否(N)] <是>：（输入 no 指定轮廓无需对齐或按【Enter】键指定轮廓将对齐）

注意：如果轮廓曲线不垂直于（法线指向）路径曲线起点的切向，则轮廓曲线将自动对齐。出现对齐提示时输入 No 以避免该情况的发生。

③ 基点：指定要扫掠对象的基点。如果指定的点不在选定对象所在的平面上，则该点将被投影到该平面上。输入"B"后，系统提示如下：

指定基点：（指定选择集的基点）

④ 比例：指定比例因子以进行扫掠操作。从扫掠路径的开始到结束，比例因子将统一应用到扫掠的对象。输入"S"后，系统提示如下：

输入比例因子或 [参照(R) 表达式(EX)] <1.0000>：（指定比例因子、输入 R 调用参照选项或按【Enter】键指定默认值）

其中，"参照"选项通过拾取点或输入值来根据参照的长度缩放选定的对象。输入"R"后，系统提示如下：

指定起点参照长度 <1.0000>：（指定要缩放选定对象的起始长度）

指定端点参照长度 <1.0000>：（指定要缩放选定对象的最终长度）

⑤ 扭曲：设置正被扫掠的对象的扭曲角度。扭曲角度指定沿扫掠路径全部长度的旋转量。输入"T"后，系统提示如下：

输入扭曲角度或允许非平面扫掠路径倾斜 [倾斜(B) 表达式(EX)] <n>：（指定小于 360 的角度值、输入 B 打开倾斜或按【Enter】键指定默认角度值）

选择扫掠路径 [对齐(A) 基点(B) 比例(S) 扭曲(T)]：（选择扫掠路径或输入选项）

倾斜指定被扫掠的曲线是否沿三维扫掠路径（三维多线段、三维样条曲线或螺旋）自然倾斜（旋转）。

8.3.11　放样

使用 LOFT 命令，可以通过指定一系列横截面来创建新的实体或曲面。横截面用于定义结果实体或曲面的截面轮廓（形状）。横截面（通常为曲线或直线）可以是开放的（例如圆弧），也可以是闭合的（例如圆）。LOFT 用于在横截面之间的空间内绘制实体或曲面。使用 LOFT 命令时必须指定至少两个横截面，而且路径曲线必须与横截面的所有平面相交。

如果对一组闭合的横截面曲线进行放样，则生成实体。如果对一组开放的横截面曲线进行放样，则生成曲面。

1. 启动方法

• 功能面板：单击"创建"功能面板中的放样按钮 。

• 命令行：输入 LOFT。

2. 操作方法

执行 LOFT 命令后，AutoCAD 提示用户：

当前线框密度：ISOLINES=4，闭合轮廓创建模式=实体
按放样次序选择横截面或 [点(PO) 合并多条边(J) 模式(MO)]：（选择要放样的截面）
按放样次序选择横截面或 [点(PO) 合并多条边(J) 模式(MO)]：（选择要放样的截面）
按放样次序选择横截面或 [点(PO) 合并多条边(J) 模式(MO)]：（继续选择截面或者（按
【Enter】键））
输入选项 [导向(G)路径(P)仅横截面(C) 设置(S)] <仅横截面>：P
选择路径轮廓：

① 导向：指定控制放样实体或曲面形状的导向曲线。导向曲线是直线或曲线，可通过将其他线框信息添加至对象来进一步定义实体或曲面的形状。可以使用导向曲线来控制点如何匹配相应的横截面以防止出现不希望看到的效果，例如结果实体或曲面中的皱褶。

输入"G"后，系统提示如下：

选择导向轮廓或 [合并多条边(J)]：（选择放样实体或曲面的导向曲线，然后按【Enter】键）

② 路径：指定放样实体或曲面的单一路径。路径曲线必须与横截面的所有平面相交。输入"P"后，系统提示如下：

选择路径轮廓：（指定放样实体或曲面的单一路径）

③ 设置：输入"S"后，系统弹出"放样设置"对话框，如图 8-29 所示。

其中各选项含义如下：

a. 直纹：指定实体或曲面在横截面之间是直纹（直的），并且在横截面处具有鲜明边界。

b. 平滑拟合：指定在横截面之间绘制平滑实体或曲面，并且在起点和终点横截面处具有鲜明边界。

c. 法线指向：控制实体或曲面在其通过横截面处的曲面法线。

d. 拔模斜度：控制放样实体或曲面的第一个和最后一个横截面的拔模斜度和幅值。拔模斜度为曲面的开始方向。0 定义为从曲线所在平面向外。

e. 闭合曲面或实体：闭合和开放曲面或实体。使用该选项时，横截面应该形成圆环形图案，以便放样曲面或实体可以形成闭合的圆管。

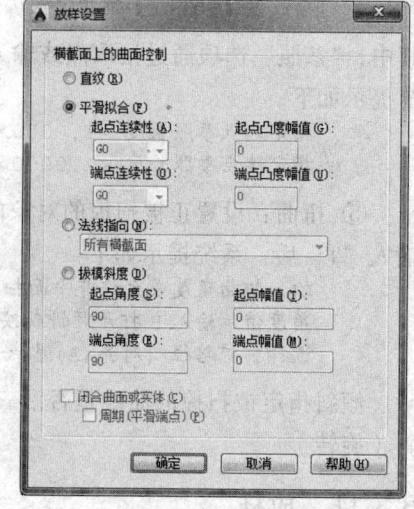

图 8-29 "放样设置"对话框

放样实体，如图 8-30 所示。

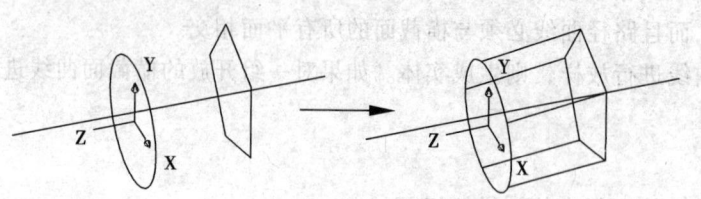

图 8-30 创建放样实体

8.4 三 维 操 作

AutoCAD 的三维操作命令放置在"修改"功能面板中，如图 8-31 所示。

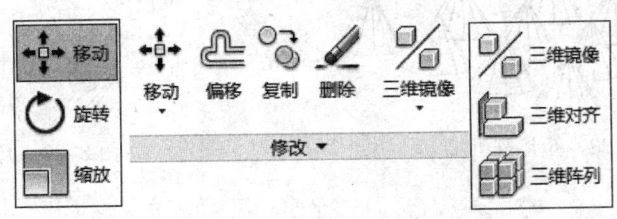

图 8-31 "修改"功能面板

8.4.1 三维阵列

同二维 ARRAY 命令类似，3DARRAY 命令可以在三维空间中创建三维对象的矩形阵列或环形阵列。只是在创建阵列时，除了指定列数和行数以外，还要指定层数。

1．启动方法

- 功能面板：选择"修改"功能面板中"三维阵列"按钮🔳。
- 命令行：输入 3DARRAY。

2．操作方法

执行 3DARRAY 命令后，AutoCAD 提示如下：

> 选择对象：（选择要进行阵列操作的对象）
> 输入阵列类型 [矩形(R)/环形(P)] <当前值>：

① 矩形。在提示中输入"R"，AutoCAD 继续提示：

> 输入行数 (---) <1>：（指定阵列的行数，行数表示沿 Y 轴方向的复制数量）
> 输入列数 (||||) <1>：（指定阵列的列数，列数表示沿 X 轴方向的复制数量）
> 输入层数 (...) <1>：（指定阵列的层数，层数表示沿 Z 轴方向的复制数量）
> 指定行间距 (---)：（指定阵列的行间距）
> 指定列间距 (||||)：（指定阵列的列间距）
> 指定层间距 (...)：（指定阵列的层间距）

依次指定阵列操作需要的参数后，创建矩形阵列。图 8-32 为一个 3 行、4 列、2 层的矩形阵列。

② 环形。在提示中输入"P"，AutoCAD 继续提示：

> 输入阵列中的项目数目：（指定复制的对象数，包括原对象）
> 指定要填充的角度 (+=逆时针，-=顺时针) <360>：（指定环形阵列的圆心角）
> 旋转阵列对象？ [是(Y)否(N)] <是>：（确定复制对象是否旋转）
> 指定阵列的中心点：（指定旋转轴的第一点）
> 指定旋转轴上的第二点：（指定旋转轴的第二点）

依次指定阵列操作需要的参数后，AutoCAD 创建环形阵列。图 8-33 为 6 个元素经旋转后的环形阵列。

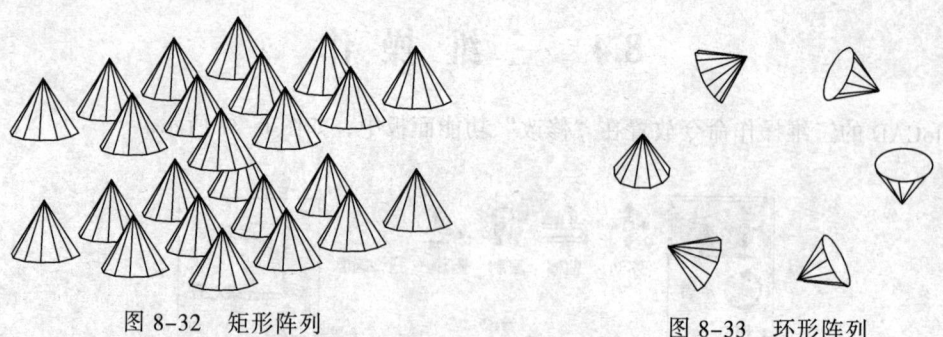

图 8-32 矩形阵列

图 8-33 环形阵列

8.4.2 三维旋转

ROTATE3D 命令可以在三维空间中绕指定轴旋转而形成三维对象。

1. 启动方法

• 命令行：输入 ROTATE3D。

2. 操作方法

为了便于说明，下面绘制一个楔体，如图 8-34 所示。

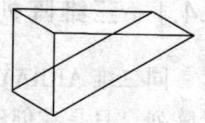

图 8-34 绘制楔体

执行命令后，AutoCAD 提示如下：

　　当前正向角度：ANGDIR=逆时针 ANGBASE=0
　　选择对象：（选择要旋转的对象）
　　指定轴上的第一个点或定义轴依据[对象(O) 最近的(L) 视图(V) X 轴(X) Y 轴(Y) Z 轴(Z) 两点(2)]：

① 轴上的第一个点，系统默认值。在提示中指定作为旋转轴线的一个端点，AutoCAD 继续提示如下：

　　指定轴上的第二点：
　　指定旋转角度或 [参照(R)]：

确定旋转轴线的另一个端点和对象要旋转的角度，AutoCAD 将所选择的对象绕定义的旋转轴旋转指定角度。

其结果如图 8-35 所示。

② 对象。在提示中输入"O"，AutoCAD 提示如下：

　　选择直线、圆、圆弧或二维多段线线段：
　　指定旋转角度或 [参照(R)]：

可以选择直线、圆、圆弧或二维多段线等对象定义旋转轴线，AutoCAD 将所选择对象绕旋转轴线旋转指定角度。如果选择直线或二维多段线中的直线段，旋转轴线与所选择直线对齐。如果选择圆或圆弧，旋转轴线与通过圆心且垂直于圆或圆弧所在平面的三维轴线对齐。

在图 8-34 中绘制一个圆，使其与楔体底面成 45° 角。围绕该对象旋转的结果如图 8-36 所示。

③ 最近的。在提示中输入"L"，AutoCAD 提示如下：

　　指定旋转角度或 [参照(R)]：

输入要旋转的角度，AutoCAD 将使用上一次旋转操作中使用的轴线作为本次旋转的轴线。

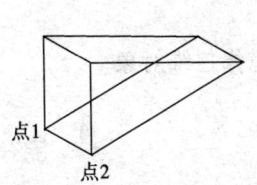
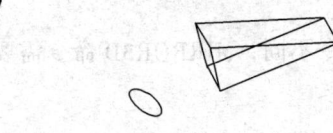
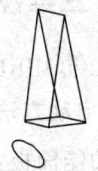

命令：ROTATE3D
当前正向角度：ANGDIR=逆时针 ANGBASE=0
选择对象：（选择楔体）
选择对象：↙
指定轴上的第一个点或定义轴依据
[对象（O）最近的（L）视图（V）X 轴（X）Y 轴（Y）Z 轴（Z）两点（2）]：（选择点1）
指定车上的第二点：（选择点2）
指定旋转角度或[参照（R）]：90

图 8-35　两点旋转

命令：ROTATE3D
当前正向角度：ANGDIR=逆时针 ANGBASE=0
选择对象：（选择楔体）
选择对象：↙
指定轴上的第一个点或定义轴依据
[对象（O）最近的（L）视图（V）X 轴（X）Y 轴（Y）Z 轴（Z）两点（2）]：
选择直线、圆、圆弧或二维多段线线段：（选择圆）
指定旋转角度或[参照（R）]：90

图 8-36　对象旋转

④ 视图。在提示中输入"V"，AutoCAD 提示如下：

　　指定视图方向轴上的点 <0,0,0>：
　　指定旋转角度或 [参照(R)]：

指定旋转轴线上的一点，AutoCAD 通过该点并沿当前视口的观察方向定义旋转轴。

旋转结果如图 8-37 所示。

⑤ X 轴/Y 轴/Z 轴。在提示中输入"X"、"Y"或"Z"，AutoCAD 提示如下：

　　指定 * 轴上的点 <0,0,0>：(*为 X、Y 或 Z)
　　指定旋转角度或 [参照(R)]：

指定坐标轴上的一点，AutoCAD 通过该点沿与坐标轴平行的方向定义旋转轴线。

围绕 Z 轴旋转后的实体如图 8-38 所示。

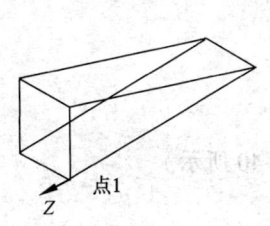
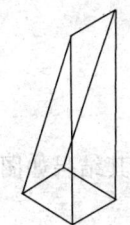

命令：ROTATE3D
正在初始化…
当前正向角度：ANGDIR=逆时针 ANGBASE=0
选择对象：（选择实体）
选择对象：↙
指定轴上的第一个点或定义轴依据
[对象(O)最近的(L)视图(V)X 轴(X)Y 轴(Y)Z 轴(Z)两点(2)]：V
指定视图方向轴上的点<0,0,0>：（选择点1）
指定旋转角度或[参照(R)]：60

图 8-37　视图旋转结果

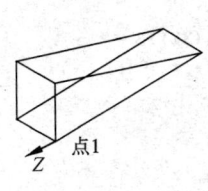
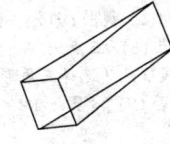

命令：ROTATE3D
当前正向角度：ANGDIR=逆时针 ANGBASE=0
选择对象：（选择实体）
选择对象：↙
指定轴上的第一个点或定义轴依据
[对象(O)最近的(L)视图(V)X 轴(X)Y 轴(Y)Z 轴(Z)两点(2)]：X
指定 X 轴上的点<0,0,0>：（点1）
指定旋转角度或[参照(R)]：60

图 8-38　X 轴旋转

8.4.3　三维镜像

与二维 MIRROR 命令不同，MIRROR3D 命令需要沿指定的平面镜像三维对象。

1. 启动方法

- 功能面板：选择"修改"功能面板中"三维镜像"按钮。
- 命令行：输入 MIRROR3D。

2. 操作方法

执行 MIRROR3D 命令后，AutoCAD 提示如下：

> 选择对象：选择要进行镜像操作的对象
> 指定镜像平面（三点）的第一个点或[对象(O) 最近的(L) Z 轴(Z) 视图(V) XY 平面(XY) YZ 平面(YZ) ZX 平面(ZX) 三点(3)] <三点>：

仍然采用上面的例子。

① 三点镜像。在提示中指定一点作为定义镜像平面的第一点，然后在镜像平面上指定第二点：

> 在镜像平面上指定第三点：
> 是否删除源对象？[是(Y) 否(N)] <否>：

依次指定镜像平面的另外两点，并决定是否删除源对象。AutoCAD 根据设置进行镜像操作。其结果如图 8-39 所示。

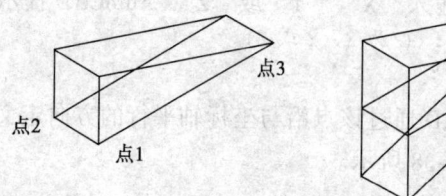

图 8-39　三点镜像

② 对象。在提示中输入"O"，AutoCAD 提示如下：

> 选择圆、圆弧或二维多段线线段：
> 是否删除源对象？[是(Y) 否(N)] <否>：

圆、圆弧或二维多段线等对象都可以作为镜像平面。其结果如图 8-40 所示。

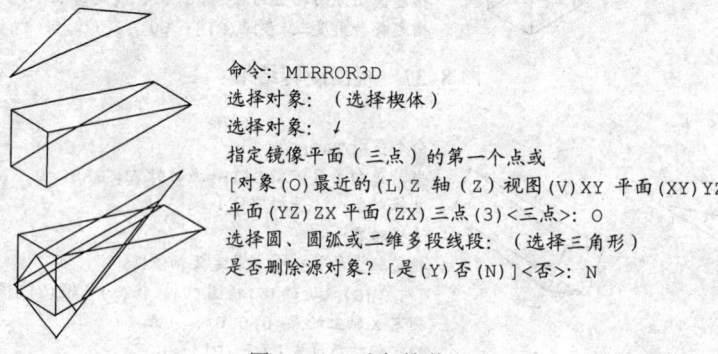

> 命令：MIRROR3D
> 选择对象：（选择楔体）
> 选择对象：✓
> 指定镜像平面（三点）的第一个点或
> [对象(O) 最近的(L) Z 轴（Z）视图(V) XY 平面(XY) YZ 平面(YZ) ZX 平面(ZX) 三点(3)] <三点>：O
> 选择圆、圆弧或二维多段线线段：（选择三角形）
> 是否删除源对象？[是(Y) 否(N)] <否>：N

图 8-40　对象镜像

③ 最近的。在提示中输入"L"，AutoCAD 提示如下：

是否删除源对象？[是(Y)否(N)] <否>：

AutoCAD 将使用上一次镜像操作中使用的镜像平面作为本次镜像操作的镜像平面。

④ Z 轴。在提示中输入"Z"，AutoCAD 提示如下：

　　在镜像平面上指定点：
　　在镜像平面的 Z 轴（法向）上 指定点：
　　是否删除源对象？[是(Y)否(N)] <否>：

依次指定镜像平面上的一点和平面法线上的一点，AutoCAD 根据这两点确定的平面进行镜像操作。其结果如图 8-41 所示。

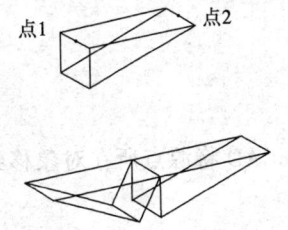

命令：MIRROR3D
选择对象：（选择楔体）
选择对象：↵
指定镜像平面（三点）的第一个点或
[对象(O) 最近的(L) Z 轴(Z) 视图(V) XY 平面(XY) YZ
平面(YZ) ZX 平面(ZX) 三点(3)] <三点>：Z
在镜像平面上指定点：（拾取点 1）
在镜像平面的 Z 轴（法向）上指定点：（拾取点 2）
是否删除源对象？[是(Y)否(N)] <否>：N

图 8-41　Z 轴镜像

⑤ 视图：在提示中输入"V"，AutoCAD 提示如下：

　　在视图平面上指定点 <0,0,0>：
　　是否删除源对象？[是(Y)否(N)] <否>：

AutoCAD 将通过该点且与当前视图平面平行的平面定义成镜像平面。它复制了一个完全一样的实体，从图上看将没有变化。

⑥ *XY/YZ/ZX* 平面：在提示中输入"XY"、"YZ"或"ZX"，AutoCAD 提示如下：

　　指定 MN 平面上的点 <0,0,0>：（MN 为 XY、YZ 或 ZX）
　　是否删除源对象？[是(Y)否(N)] <否>：

指定一点，AutoCAD 将通过指定点且与相应坐标平面平行的平面定义成镜像平面。结果如图 8-42 所示。

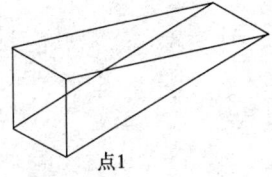

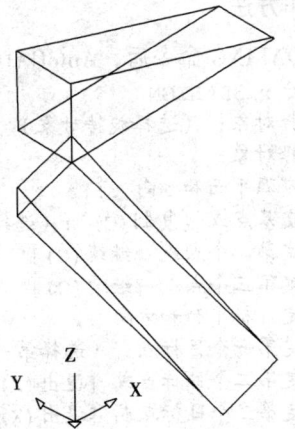

命令：MIRROR3D
选择对象：（选择楔体）
选择对象：↵
指定镜像平面（三点）的第一个点或
[对象(O) 最近的(L) Z 轴(Z) 视图(V) XY 平面(XY) YZ
平面(YZ) ZX 平面(ZX) 三点(3)] <三点>：XY
指定 XY 平面上的点 <0,0,0>：（拾取点 1）
是否删除源对象？[是(Y)否(N)] <否>：N

图 8-42　视图旋转

8.4.4　对象对齐

同二维 ALIGN 命令相似，在三维空间中也可以使用 ALIGN 命令对齐对象。

1. 启动方法

- 功能面板：选择"修改"功能面板中"对齐"按钮 。
- 命令行：输入 ALIGN。

2. 操作方法

执行 ALING 命令后，AutoCAD 提示如下：

> 选择对象：（选择要对齐的对象）
> 指定第一个源点：
> 指定第一个目标点：
> 指定第二个源点：
> 指定第二个目标点：
> 指定第三个源点或 <继续>：
> 指定第三个目标点：

依次指定三对点，每对点均由源点和目标点组成。AutoCAD 将源点所在对象移到目标点，并与目标点所在对象对齐。

① 如果只指定一对点，则按这对点定义的方向和距离移动所选源对象。

② 如果指定两对点，则将移动、旋转与缩放所选源对象。第一对点定义对齐基准，第二对点定义旋转方向。

③ 如果指定三对点，则将三个源点确定的平面转化到三个目标点确定的平面上。

8.4.5 三维对齐

使用"三维对齐"命令可以指定至多三个点以定义源平面，然后指定至多三个点以定义目标平面，从而使它们一一对齐。

1. 启动方法

- 功能面板：选择"修改"功能面板中"三维对齐"按钮 。
- 命令行：输入 3DALIGN。

2. 操作方法

执行 3DALING 命令后，AutoCAD 2015 提示如下：

> 命令：3DALIGN
> 选择对象：（选择旋转对象）
> 选择对象：↙
> 指定源平面和方向 ...
> 指定基点或 [复制(C)]：（选择第一个点）
> 指定第二个点或 [继续(C)] <C>：（选择第二个点）
> 指定第三个点或 [继续(C)] <C>：（选择第三个点。以上三点构成一个平面）
> 指定目标平面和方向 ...
> 指定第一个目标点：（选择第一个点）
> 指定第二个目标点或 [退出(X)] <X>：（选择第二个点）
> 指定第三个目标点或 [退出(X)] <X>：（选择第三个点。以上三点构成第二个平面）

对象上的第一个源点（称为基点）将始终被移动到第一个目标点。为源或目标指定第二点将导致旋转选定对象。源或目标的第三个点将导致选定对象进一步旋转。

提示： 使用三维实体模型时，建议打开动态 UCS 以加速对目标平面的选择。

8.4.6　倒角

对三维实体进行倒角操作，可以将三维实体上的拐角切去，使之变成斜角。该命令的输入方法与二维相同，不再介绍。

倒斜角命令是 CHAMFER。

命令：CHAMFER
（"修剪"模式）当前倒角距离 1 = 0.0000，距离 2 = 0.0000
选择第一条直线或 [放弃(U) 多段线(P) 距离(D) 角度(A) 修剪(T) 方式(E) 多个(M)]：
基面选择...
输入曲面选择选项 [下一个(N) 当前(OK)] <当前(OK)>：
指定基面倒角距离或 [表达式(E)]：
指定其他曲面倒角距离或 [表达式(E)] <2.0000>：
选择边或 [环(L)]：

执行结果如图 8-43 所示。

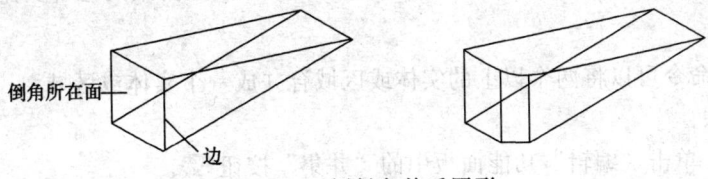

图 8-43　倒斜角前后图形

8.4.7　倒圆角

AutoCAD 提供的对三维实体进行倒圆角的命令与二维实体的相同，也是 FILLET。

命令：FILLET
当前设置：模式 = 修剪，半径 = 0.0000
选择第一个对象或 [放弃(U) 多段线(P) 半径(R) 修剪(T) 多个(M)]：
输入圆角半径：2
选择第二个对象，或按住 Shift 键选择对象以应用角点或 [半径(R)]：
选择边或 [链(C) 半径(R)]：
选择边或 [链(C) 半径(R)]：
选择边或 [链(C) 半径(R)]：

执行的结果如图 8-44 所示。

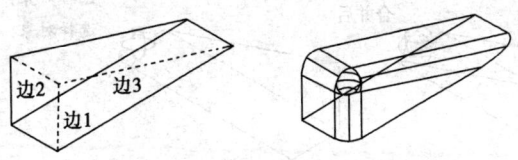

图 8-44　倒圆角前后图形

8.5　实　体　编　辑

对于三维实体模型，AutoCAD 通过了一些专用命令编辑创建的实体模型。这些命令位于"编辑"功能面板中，如图 8-45 所示。

图 8-45 "编辑"功能面板

8.5.1 布尔运算

前面讲解的三维实体建模方法只能创建一些较简单、规范的三维实体模型。实际工作中，很多模型都是具有多种特征的复杂形体，所以还需要对这些实体进行必要的组合。AutoCAD 提供了 UNION、SUBTRACT、INTERSECT 等布尔运算，可以创建复杂的组合实体。

1. 并集运算

使用 UNION 命令可以将两个以上的实体或区域合并成一个实体或区域。

（1）启动方法

- 功能面板：单击"编辑"功能面板中的"并集"按钮 ◉。
- 命令行：输入 UNION。

（2）操作方法

执行命令后，AutoCAD 提示选择要合并的对象，可以包含位于任意平面的面域和实体。AutoCAD 将所选择的实体合并，形成的组合实体包括所有选定实体所封闭的空间，形成的组合面域包含子集中所有面域的区域。可以将相互不相交或接触的面域或实体进行合并。合并后，AutoCAD 将其作为一个实体对待。图 8-46 所示为组合实体的示例。

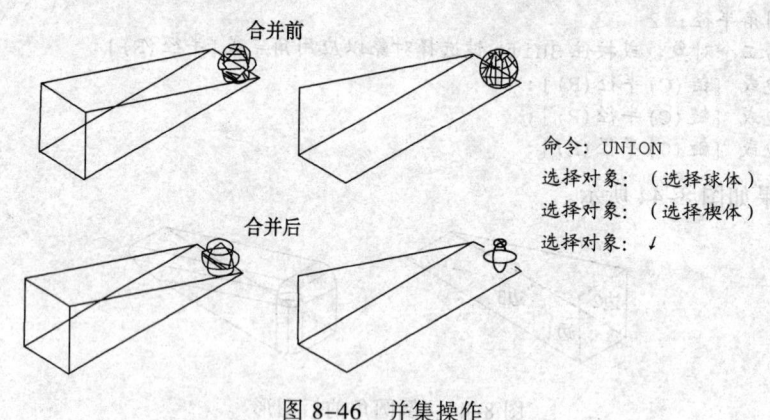

图 8-46 并集操作

2. 差集运算

使用 SUBTRACT 命令可以从一些实体中减去另一些实体。

（1）启动方法

- 功能面板：单击"编辑"功能面板中的"差集"按钮 ◉。
- 命令行：输入 SUBTRACT。

（2）操作方法

执行 SUBTRACT 命令后，AutoCAD 提示如下：

　　选择要从中减去的实体、曲面或面域 ..
　　选择对象：（选择主对象，按【Enter】键结束）
　　选择要减去的实体、曲面或面域 ..
　　选择对象：（选择要减去的对象，按【Enter】键结束）

　　选择完要进行操作的实体后，AutoCAD 对所选择的实体进行操作。仍然以图 8-46 合并前的部分示范，选择球体作为被删除对象，结果如图 8-47 所示。

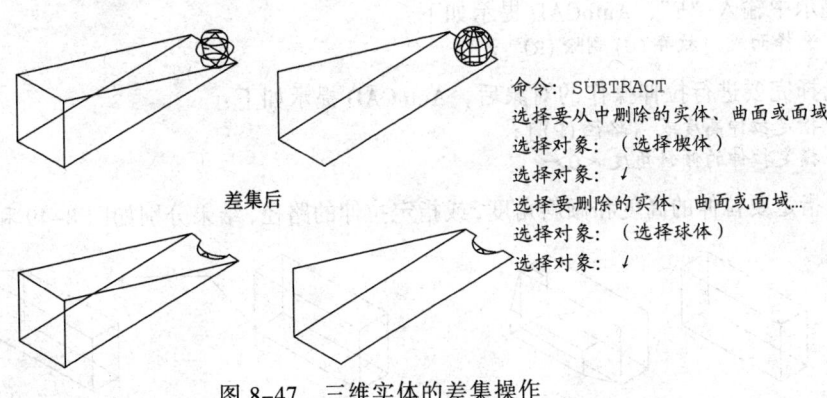

差集前

命令：SUBTRACT
选择要从中删除的实体、曲面或面域
选择对象：（选择楔体）
选择对象：↙
选择要删除的实体、曲面或面域...
选择对象：（选择球体）
选择对象：↙

差集后

图 8-47　三维实体的差集操作

3. 交集运算

使用 INTERSECT 命令可以使用两个或多个实体的共有部分创建实体。

（1）启动方法

- 功能面板：单击"编辑"功能面板中的"交集"按钮 ⑩。
- 命令行：INTERSECT。

（2）操作方法

执行命令后，AutoCAD 提示选择要进行交集操作的对象，对所选择的对象进行交集操作。结果如图 8-48 所示。

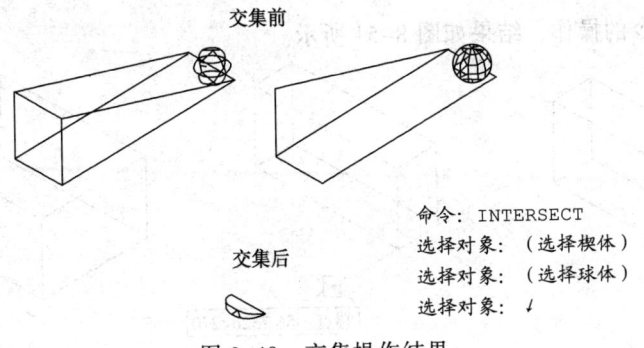

交集前

交集后

命令：INTERSECT
选择对象：（选择楔体）
选择对象：（选择球体）
选择对象：↙

图 8-48　交集操作结果

8.5.2　实体面编辑

使用 SOLIDEDIT 命令，可以对三维实体对象的边、面、体进行挤出、移动、旋转、偏移等操作。其启动方法和布尔运算的菜单操作方式一致，或者可以在命令行中输入 SOLIDEDIT。

执行命令后，AutoCAD 提示如下：

    实体编辑自动检查： SOLIDCHECK=当前值
    输入实体编辑选项 [面(F)边(E)体(B)放弃(U)退出(X)] <退出>:

在提示中输入"F"，AutoCAD 提示如下：

    输入面编辑选项
    [拉伸(E)移动(M)旋转(R)偏移(O)倾斜(T)删除(D)复制(C)颜色(L)材质(A)放弃(U)退出(X)] <退出>:

1. 拉伸

在提示中输入"E"，AutoCAD 提示如下：

    选择面或 [放弃(U)删除(R)]:

在选择完要进行拉伸操作的对象后，AutoCAD 提示如下：

    指定拉伸高度或 [路径(P)]:
    指定拉伸的倾斜角度 <0>:

可以指定要拉伸的高度和倾斜角度，或指定拉伸的路径，结果分别如图 8-49 和图 8-50 所示。

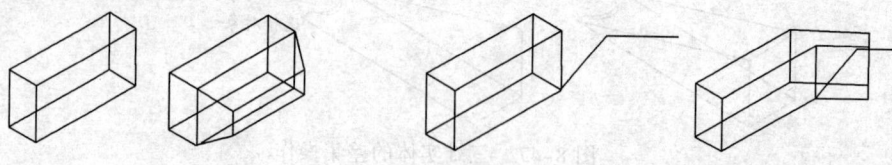

图 8-49　高度拉伸　　　　　　图 8-50　路径拉伸

注意：一次只能对一个三维实体的各个面进行操作。

2. 移动

在提示中输入"M"，AutoCAD 提示如下：

    选择面或 [放弃(U)删除(R)]:

在选择完要移动的对象后，AutoCAD 提示如下：

    指定基点或位移:
    指定位移的第二点:

按照 MOVE 命令的操作，结果如图 8-51 所示。

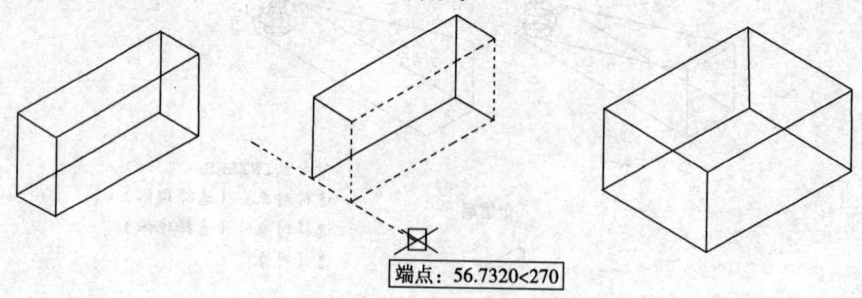

端点: 56.7320<270

图 8-51　移动面

注意：如果选择三维实体的全部面进行移动，则产生移动效果。如果只选择了三维实体的部分面进行移动操作，那些没有被选中的面将进行相应的缩放操作。

3. 偏移

在提示中输入"O"，AutoCAD 提示如下：

选择面或 [放弃(U)删除(R)]：
选择面或 [放弃(U)删除(R)全部(ALL)]：
指定偏移距离：

指定偏移距离后，AutoCAD 将所选择的面，向实体的外侧偏移指定的距离。对于没有被选中的面，AutoCAD 将其进行相应的缩放操作。

其结果如图 8-52 所示。

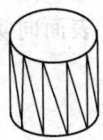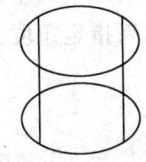

图 8-52　偏移结果

4. 删除

在提示中输入"D"，AutoCAD 提示如下：

选择要删除的表面

选择完成后，AutoCAD 将其删除。

5. 旋转

在提示中输入"R"，AutoCAD 提示如下：

选择面或 [放弃(U)删除(R)]：
选择面或 [放弃(U)删除(R)全部(ALL)]：

在选择对象后，AutoCAD 提示如下：

指定轴点或 [经过对象的轴(A)视图(V)X 轴(X)Y 轴(Y)Z 轴(Z)] <两点>：

可以定义旋转轴线与 *X* 轴、*Y* 轴、*Z* 轴或实体的观察方向相平行，或者选择对象来确定旋转轴线，表 8-2 给出了所允许选择的对象类型确定的旋转轴线。在确定了旋转轴线后，AutoCAD 提示如下：

指定旋转角度或 [参照(R)]：

对象按照旋转角度旋转。

表 8-2　允许选择的对象

对 象 类 型	所确定的旋转轴线
直线	直线本身
圆	过圆心且重置于圆所在的平面
圆弧	过圆弧圆心且重置于圆弧所在的平面
椭圆	过椭圆圆心且重置于椭圆所在的平面
二维多段线	通过多段线的起点和终点
三维多段线	通过多段线的起点和终点
优化多段线	通过多段线的起点和终点
样条曲线	通过样条曲线的起点和终点

其结果如图 8-53 所示。

6. 倾斜

在提示中输入"T"，AutoCAD 提示如下：

```
选择面或 [放弃(U)删除(R)]：
选择面或 [放弃(U)删除(R)全部(ALL)]：
指定基点：
指定沿倾斜轴的另一个点：
指定倾斜角度：
```

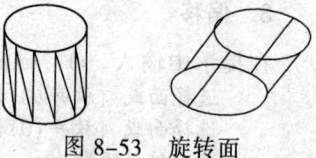

图 8-53　旋转面

指定倾斜轴和倾斜角度后，AutoCAD 将所选择的平面沿倾斜轴的方向倾斜指定的角度。如果指定角度为正，表面向实体内部倾斜。如果指定角度为负，表面向实体外部倾斜。

7. 复制

在提示中输入"C"，AutoCAD 提示如下：

```
选择面或 [放弃(U)删除(R)]：
选择面或 [放弃(U)删除(R)全部(ALL)]：
指定基点或位移：
```

AutoCAD 将选择的实体表面进行复制，并使用复制后的表面创建相应的面域或体。

其结果如图 8-54 所示。

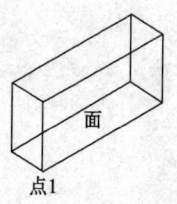
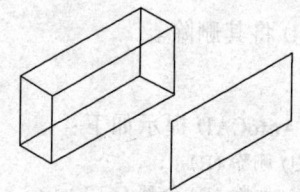

图 8-54　复制面

8.5.3　剖切实体

使用剖切命令 SLICE 可以绘制实体的剖切面。

1. 启动方法

- 功能面板：选择"编辑改"功能面板中的"剖切"按钮 。
- 命令行：输入 SLICE 或 SL。

2. 操作步骤

执行命令后，AutoCAD 会有如下提示：

```
命令：_SLICE
选择要剖切的对象：（选择要剖切的实体）
选择要剖切的对象：（可继续选取）
指定切面的起点或 [平面对象(O)曲面(S) Z 轴(Z)视图(V) XY(XY) YZ(YZ) ZX(ZX) 三点(3)]
<三点>：
```

下面介绍提示行中各项的含义：

① 三点：默认项。可直接输入一点，指定三点确定一个剖切平面。

```
指定平面上的第一个点：
指定平面上的第二个点：
```

指定平面上的第三个点：

在所需的侧面上指定点或 [保留两个侧面(B)] <保留两个侧面>：

可以利用该提示行确定剖切后的实体保留方式，结果如图 8-55 所示。

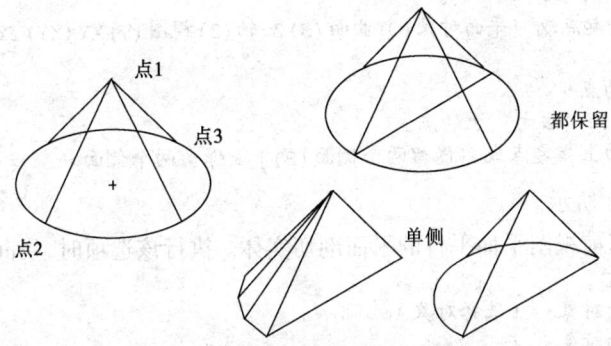

图 8-55　三点确定剖切面

② 对象：用指定实体所在平面切开实体。执行该选项时，AutoCAD 会有如下提示：

命令：SLICE

选择要剖切的对象：（选择对象）

选择要剖切的对象：↲

指定切面的起点或 [平面对象(O) 曲面(S) Z 轴(Z) 视图(V) XY(XY) YZ(YZ) ZX(ZX) 三点(3)] <三点>：。

选择用于定义剖切平面的圆、椭圆、圆弧、二维样条线或二维多段线：

在所需的侧面上指定点或 [保留两个侧面(B)] <保留两个侧面>：

确定所切实体的保留方式。与前面介绍的相同，如图 8-56 所示，在绘制了中间带有圆孔的实体后，再利用多段线绘制一个围绕 X 轴旋转-30° 的三角形。然后，利用该三角形进行切割。

③ 曲面：指定曲面作为剖切面，从而生成形状特异的剖切形体。系统将提示如下：

命令：SLICE

选择要剖切的对象：（选择对象）

选择要剖切的对象：↲

指定切面的起点或 [平面对象(O) 曲面(S) Z 轴(Z) 视图(V) XY(XY) YZ(YZ) ZX(ZX) 三点(3)] <三点>：S

选择曲面：

选择要保留的实体或 [保留两个侧面(B)] <保留两个侧面>：

其结果如图 8-57 所示。

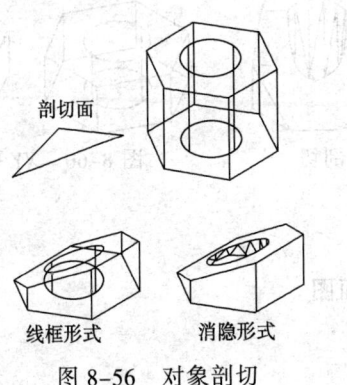

图 8-56　对象剖切

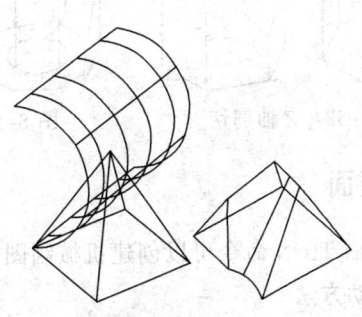

图 8-57　曲面剖切

④ Z 轴：指定包含 Z 轴的平面作为剖切平面剖切实体。系统将提示如下：

    命令：SLICE
    选择要剖切的对象：（选择对象）
    选择要剖切的对象：↵
    指定 切面 的起点或 [平面对象(O) 曲面(S) Z 轴(Z) 视图(V) XY(XY) YZ(YZ) ZX(ZX) 三点(3)]
    <三点>：Z
    指定剖面上的点：
    指定平面 Z 轴（法向）上的点：
    在所需的侧面上指定点或 [保留两个侧面(B)] <保留两个侧面>：

其结果如图 8-58 所示。

⑤ 视图：用与当前视图平面平行的平面剖切实体。执行该选项时，AutoCAD 会有如下提示：

    命令：SLICE
    选择要剖切的对象：（选择对象）
    选择要剖切的对象：↵
    指定 切面 的起点或 [平面对象(O) 曲面(S) Z 轴(Z) 视图(V) XY(XY) YZ(YZ) ZX(ZX) 三点(3)]
    <三点>：V
    指定当前视图平面上的点 <0,0,0>：
    在所需的侧面上指定点或 [保留两个侧面(B)] <保留两个侧面>：

其结果如图 8-59 所示。

⑥ XY/YZ/ZX 平面：分别用与当前 UCS 的 XOY、YOZ、ZOX 面平行的平面作为剖切面。执行该选项时，AutoCAD 会有如下提示：

    命令：SLICE
    选择要剖切的对象：（选择对象）
    选择要剖切的对象：↵
    指定 切面 的起点或 [平面对象(O) 曲面(S) Z 轴(Z) 视图(V) XY(XY) YZ(YZ) ZX(ZX) 三点(3)]
    <三点>：XY
    指定 XY 平面上的点 <0,0,0>：

XY 平面剖切的结果如图 8-60 所示。其他两个与此相同，不再赘述。

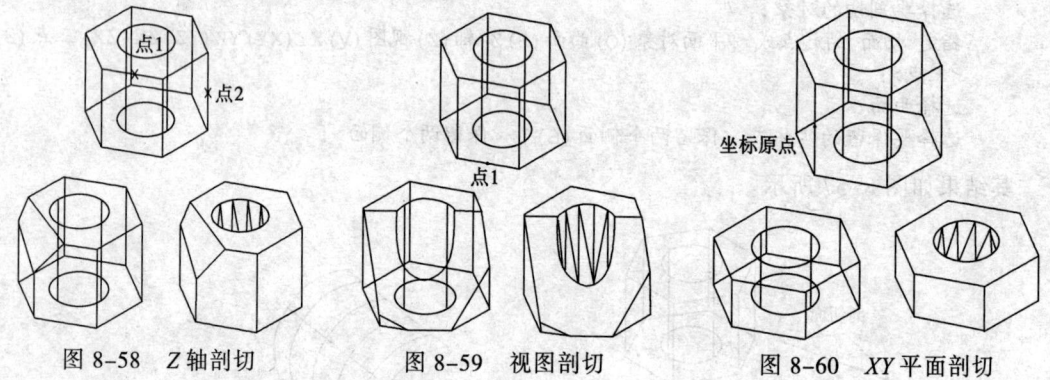

图 8-58　Z 轴剖切　　　　图 8-59　视图剖切　　　　图 8-60　XY 平面剖切

8.5.4　截面

使用 SECTION 命令可以创建机械制图中的剖面图。

1. 启动方法

• 命令行：输入 SECTION。

2. 操作方法

执行 SECTION 命令后，AutoCAD 提示如下：

选择对象：（选择要进行剖切操作的对象）

指定 截面 上的第一个点,依照 [对象(O) Z 轴(Z) 视图(V) XY(XY) YZ(YZ) ZX(ZX) 三点(3)]
<三点>：

在上面的提示中，用户可以使用与 SLICE 命令相同的方法定义剖面。与剖切不同的是，该操作只获得剖面，而不对其切割。

本 章 小 结

本章讲解了 AutoCAD 中三维图像的处理。内容涉及到三维绘图基础知识，包括三维坐标系、三维图像的类型和显示方式；三维实体对象的创建，包括长方体、球体、圆柱体等基本特征以及对象的剖切和干涉检查等；三维实体操作，包括阵列、旋转、镜像、对齐、倒角等；实体编辑操作，包括布尔运算，面、边和体编辑。

习 题

1. 在标准的三维表示方式中，有哪几种坐标表示方法？
2. 如何定义用户坐标系？
3. 三维图像有哪几种显示类型？
4. 打开示例文件 Welding Fixture Model，观察其不同的显示效果，如图 8-61 所示。

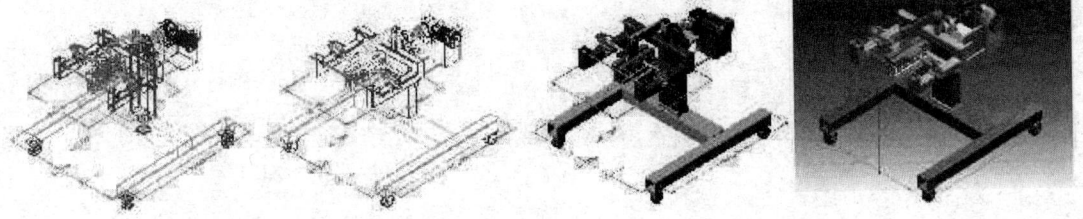

图 8-61 Welding Fixture Model 文件

5. 绘制下面的组合实体，尺寸自定，如图 8-62 所示。
6. 通过拉伸绘制如图 8-63 所示的图形（尺寸自定）。

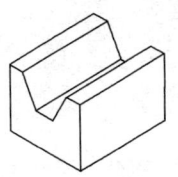

图 8-62 组合实体　　　　　图 8-63 拉伸实体

7. 绘制如图 8-64 所示的三维图形（尺寸自定）。

8. 绘制如图 8-65 所示的三维图形（尺寸自定）。

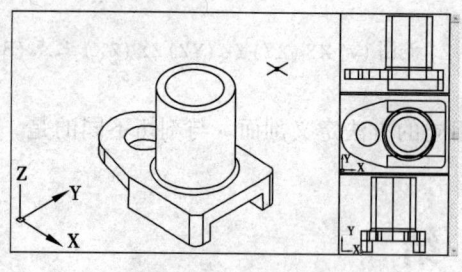

图 8-64　三维实体

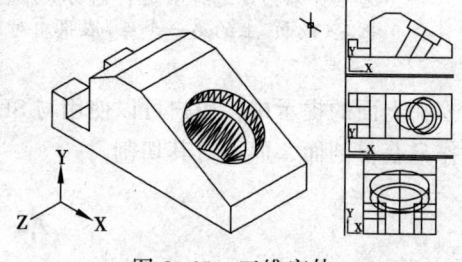

图 8-65　三维实体

第9章 // 图形的后期处理

在进行图形的平面绘图和三维绘图后，接下来的任务就是准备打印出图。在打印出图以前，还必须整理视图的布局等工作。本章将讲解模型空间和图纸布局。

9.1 模型空间与图纸空间

AutoCAD 提供了两种绘图环境：模型空间和图纸空间。这两种绘图环境用于创建和布置图形，通常在模型空间中绘制需要的图形，准备绘图输出时切换到图纸空间布局中设置图形的布局。

9.1.1 基本概念

模型空间是指用于建立模型的环境。模型就是用户所画的图形，可以是二维的或者是三维的。AutoCAD 使用图 9-1 所示的图标表明当前用户的工作空间为模型空间。

图纸空间是 AutoCAD 专为规划绘图布局而提供的一种绘图环境。作为一种工具，图纸空间用于在绘图输出之前设计模型的布局。当准备打印图形时，可以创建或使用某一个布局。AutoCAD 所提供的每一个布局均提供了一个图纸空间的绘图环境，在这里可以创建视口、设置打印输出的页面设置。AutoCAD 用图 9-2 所示的图标表明当前用户的工作空间为图纸空间。

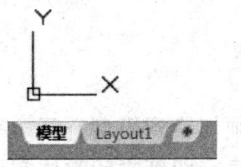

图 9-1　模型空间状态指示

图 9-2　图纸空间状态指示

同模型空间类似，在图纸空间的绘图窗口可以设置多个浮动视口。用户能根据需要来确定视口的大小和位置，并可以对其进行移动、旋转、比例缩放等编辑操作。每个浮动视口可以显示用户模型的不同视图，但在图纸空间中不能编辑在模型空间中创建的模型。在图纸空间中绘制的图形对象在模型空间中是不可见的。图 9-3 所示为在图纸空间的输出布局。

如果要修改浮动视口中的视图，必须从该视口进入模型空间。从图纸空间中的浮动视口进入模型空间时，这个模型空间称为浮动模型空间。AutoCAD 将模型空间的图标显示在每个视口中，表明用户工作的空间为通过浮动视口进入的模型空间。

在浮动模型空间中，既可以观察图纸的整体布局，又可以对模型进行编辑。浮动视口的操作与平铺视口基本一致。除此之外，可以对每一浮动视口设置层的可见性，即用户可以在某一视口冻结一个层，在其他视口解冻或打开该层。

图 9-4 为图纸空间进入的浮动模型空间。

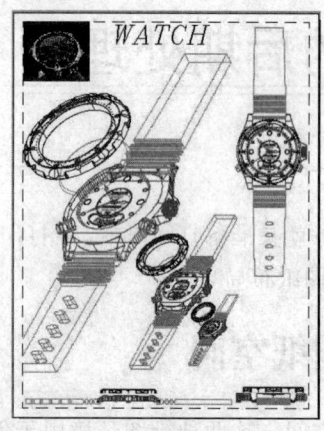
图 9-3　图纸空间

图 9-4　浮动模型空间

9.1.2　工作空间的切换

1. 模型空间与图纸空间的切换

AutoCAD 在开始绘制一个新图形时，将默认工作空间为模型空间，可通过如下方法切换工作空间。

① 由模型空间切换到图纸空间。单击绘图窗口底部的某一布局选项卡。

② 由图纸空间布局切换到模型空间。单击绘图窗口底部的"模型"选项卡。

当第一次从模型空间切换到某一布局中时，如果"选项"对话框的"显示"选项卡中"新建布局时显示页面设置管理器"选项被选中，AutoCAD 将弹出"页面设置"对话框。默认情况下，AutoCAD 在布局中用一个带阴影的白色区域表示图纸。在图纸上用一个虚线的矩形表明可打印的有效范围，并创建一个浮动视口。用户可以在"选项"对话框的"显示"选项卡的"布局元素"选项区域中设置这些特性。

2. 图纸空间与浮动模型空间的切换

在图纸空间布置图形时，如果需要编辑修改图形，则必须切换到模型空间（平铺的模型空间或浮动模型空间）。如果需要切换到浮动模型空间，可以在显示图纸空间整体布局的同时编辑修改图形。通过以下方法切换图纸空间与浮动模型空间。

（1）由布局图纸空间切换到浮动模型空间

① 在命令行中输入 MSPACE 命令，AutoCAD 将布局图纸空间切换到浮动模型空间。

② 单击状态栏中的"图纸"按钮，AutoCAD 将布局图纸空间切换到浮动模型空间，并将"图纸"按钮变成"模型"按钮。

（2）由浮动模型空间切换到图纸空间

① 在命令行中输入 PSPACE 命令，从浮动模型空间切换到布局图纸空间。

② 单击状态栏中的"模型"按钮，由浮动模型空间切换到图纸空间。

③ 在浮动模型空间的视图中，双击浮动视口外面的任意一点即可。

进入浮动模型空间后，可以像在平铺的模型空间中一样来编辑、修改、查看图形。浮动模型空间中的每一个视口与图纸空间中的浮动视口相对应。用户可以切换活动视口，也可以单独控制每一视口中层的特性。

9.2　布　　局

布局实质上就是图纸空间，用户可以根据需要对同一个图形输出不同布局的图纸。AutoCAD将与布局有关的命令放置在"布局"功能面板中，如图 9-5 所示。

图 9-5　"布局"功能面板

9.2.1　布局创建与管理

使用 LAYOUT 命令可以创建、重命名、复制、保存和删除布局。

在命令中输入–Layout，AutoCAD 提示用户：

输入布局选项 [复制（C）删除（D）新建（N）样板（T）重命名（R）另存为（SA）设置（S）?]

① 创建新的布局：在提示中输入"N"，AutoCAD 提示用户：

输入新布局名 <布局 n>：

在提示中输入新建布局的名称，AutoCAD 将以该名称创建一个新的空白布局。

提示：选择"布局"功能面板中"新建"按钮，直接执行该项操作。

② 使用样板文件创建布局：在提示中输入"T"，AutoCAD弹出"选择文件"对话框。选择一个样板文件或图形文件，单击"打开"按钮，AutoCAD 弹出"插入布局"对话框，如图 9-6 所示。该对话框中列出所选择文件中的所有布局。选择要插入的布局，单击"确定"按钮，AutoCAD 将所选择的布局及其上的所有几何对象（不包括模型空间中的对象）插入到当前的图形中。

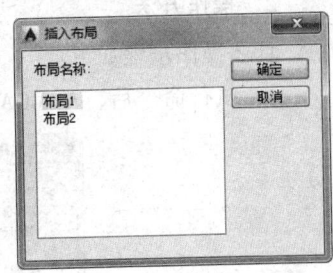

图 9-6　"插入布局"对话框

提示：选择"布局"功能面板中"从样板"按钮，直接执行该项操作。

③ 从当前图形中的已有布局创建新的布局：在提示中输入"C"，AutoCAD 提示：

输入要复制的布局名 <当前值>：

输入要复制的布局名 <默认值>：

依次输入要复制的布局名称和新建布局的名称，AutoCAD 将使用指定布局的设置创建新的布局。

④ 切换布局：在提示中输入 "S"，AutoCAD 提示用户：

　　输入要置为当前的布局 <当前值>：

在提示中输入布局名，AutoCAD 将切换到该布局。如果输入 "模型"，AutoCAD 将切换到模型空间。

⑤ 保存布局：在提示中输入 "SA"，AutoCAD 提示用户：

　　输入要保存到样板的布局 <当前值>：

输入一个要保存到文件的布局名称，AutoCAD 弹出 "创建图形文件" 对话框。指定文件名后，AutoCAD 将所选择的布局保存到指定的文件中。

⑥ 重命名布局：在提示中输入 "R"，AutoCAD 提示用户：

　　输入要重命名的布局 <当前值>：
　　输入新布局名：

依次输入要重命名的布局名称和新名称，AutoCAD 将完成重命名操作。

⑦ 删除布局：在提示中输入 "D"，AutoCAD 提示用户：

　　输入要删除的布局名 <当前值>：

输入要删除的布局的名称，AutoCAD 将其从当前图形中删除。注意，不能删除 "模型" 选项卡。

⑧ 列出当前图形中的所有布局信息：在提示中输入 "?"，AutoCAD 将列出当前图形中的所有布局信息。

9.2.2　使用布局向导创建布局

可以使用 LAYOUTWIZARD 命令启动布局向导来创建新的布局。

1. 启动方法

● 命令行：LAYOUTWIZARD。

2. 操作方法

具体操作步骤如下：

① 执行命令后，AutoCAD 弹出 "开始" 对话框，如图 9-7 所示。

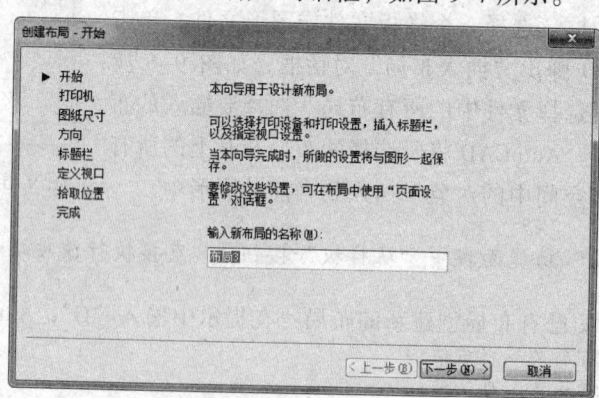

图 9-7　"开始" 对话框

② 在 "输入新布局的名称" 文本框中输入新建布局的名称。单击 "下一步" 按钮，AutoCAD 将弹出 "打印机" 对话框，如图 9-8 所示。

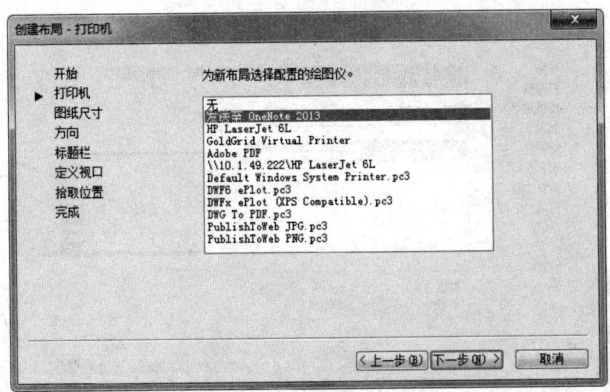

图 9-8　"打印机"对话框

③ 在列表框中选择新建布局要使用的打印机。单击"下一步"按钮，AutoCAD 将弹出"图纸尺寸"对话框，如图 9-9 所示。

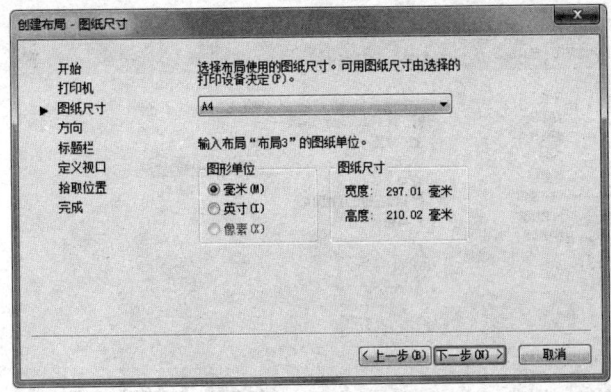

图 9-9　"图纸尺寸"对话框

④ 在下拉列表框中选择打印时使用的纸张大小，在"图形单位"选项区域中确定绘图单位。单击"下一步"按钮，AutoCAD 将弹出"方向"对话框，如图 9-10 所示。

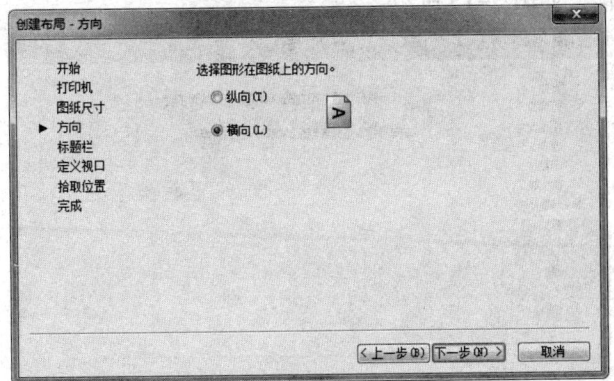

图 9-10　"方向"对话框

⑤ 确定图纸的打印方向是横向还是纵向。单击"下一步"按钮，AutoCAD 将弹出"标题栏"对话框，如图 9-11 所示。

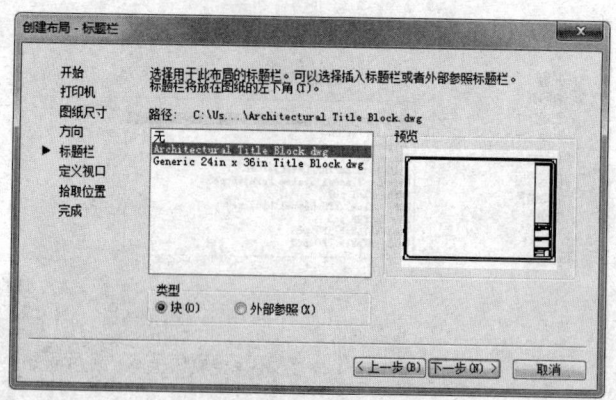

图 9-11 "标题栏"对话框

⑥ 选择要在图形中使用的标题栏，并确定所选择的标题栏是以块的形式还是以外部参照的形式插入到当前的布局中。单击"下一步"按钮，AutoCAD 将弹出"定义视口"对话框，如图 9-12 所示。

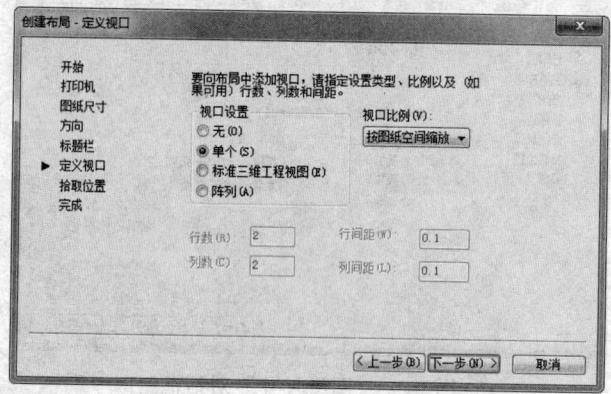

图 9-12 "定义视口"对话框

⑦ 设置新建布局中的浮动视口的个数和视口比例。单击"下一步"按钮，AutoCAD 将弹出"拾取位置"对话框，如图 9-13 所示。

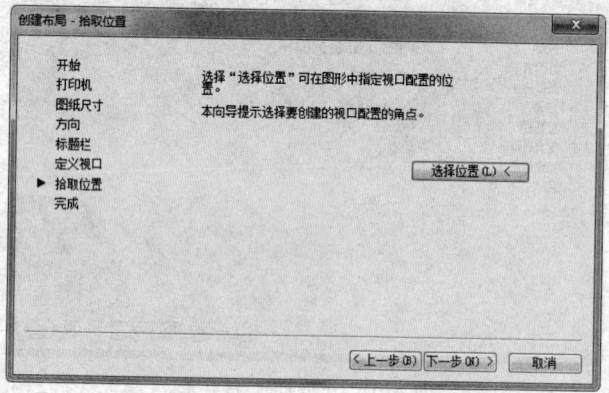

图 9-13 "拾取位置"对话框

⑧ 单击"选择位置"按钮，AutoCAD 将临时关闭对话框并提示选择视口的位置。在选择了视口位置后，AutoCAD 将弹出"完成"对话框，如图 9-14 所示。如果不指定视口位置，AutoCAD

将使用图纸全部可打印的区域放置视口。

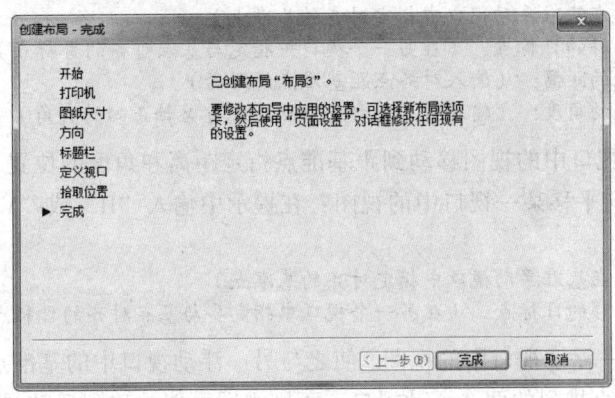

图 9-14 "完成"对话框

⑨ 单击"完成"按钮，AutoCAD 将按照用户的设置创建新的布局，并将该布局作为用户的当前工作空间。

9.2.3 规划图纸布局

AutoCAD 提供了 MVSETUP 命令设置模型空间与图纸空间中图形的布局。

在命令行中输入 MVSETUP，AutoCAD 将根据用户所处的工作空间给出不同的提示。

1. 在模型空间布局图形

执行该命令，系统提示用户：

是否启用图纸空间？[否（N）是（Y）]＜当前值＞：

可根据需要进入相应空间开始设置过程。如果工作在图纸空间，则不出现上面的提示。在模型空间时，MVSETUP 可以设置单位类型、图形比例因子和图形尺寸。根据用户的设置，AutoCAD 计算出图形界限并绘制出一个矩形边框。在提示中输入"N"或在快捷菜单中选择"否"命令，AutoCAD 提示用户：

输入单位类型 [科学（S）小数（D）工程（E）建筑（A）公制（M）]：（选择类型）
输入比例因子：（输入数值）
输入图纸宽度：（输入数值）
输入图纸高度：（输入数值）

依次输入比例因子和图纸的宽度与高度。

2. 在布局中布置图形

在布局中使用 MVSETUP 命令，可以将一个或多个预定义的标题块插入到图形中，并在其中生成浮动视口，指定一个全局比例因子作为图纸空间中的标题块与模型空间图形的比例。在提示中按【Enter】键，AutoCAD 提示用户：

输入选项 [对齐（A）创建（C）缩放视口（S）选项（O）标题栏（T）放弃（U）]：

（1）对齐浮动视口中的视图

在提示中输入"A"，AutoCAD 提示用户：

输入选项 [角度（A）水平（H）垂直对齐（V）旋转视图（R）放弃（U）]：

移动某一浮动视口中的视图，使其与另一浮动视口中的基点对齐。

① 按指定的方向平移某一视口中的视图：在提示中输入"A"，AutoCAD 提示如下：

指定基点：（在基准浮动视口中指定对齐的基准点）

指定视口中平移的目标点：（在另一个视口中指定与基点对齐的目标点）

指定相对基点的距离：（输入对齐点距基准点的距离）

指定相对基点的角度：（输入对齐点和基准点连线与 X 轴正向的夹角）

AutoCAD 将目标视口中的视图移动到距基准点指定距离和角度的位置。

② 水平/垂直方向平移某一视口中的视图：在提示中输入"H"或"V"，AutoCAD 将提示如下：

指定基点：（在基准浮动视口中指定对齐的基准点）

指定视口中平移的目标点：（在另一个视口中指定要与基点对齐的目标点）

AutoCAD 平移某一浮动视口中的视图，使之与另一浮动视口中的基准点水平/垂直对齐。该选项只适用于水平/垂直排列的两个浮动视口。否则视图可能被移到浮动视口界限外。

③ 旋转视图：在提示中输入"R"，AutoCAD 提示如下：

指定视口中要旋转视图的基点：（在浮动视口中指定旋转的基准点）

指定相对基点的角度：（指定视图的旋转角度）

AutoCAD 将指定视口中的视图绕基准点旋转指定的角度。

（2）创建浮动视口

在提示中输入"C"，AutoCAD 提示用户：

输入选项 [删除对象（D）创建视口（C）

放弃（U）] <创建视口>：

① 创建视口：在提示中输入"C"，AutoCAD 提示如下：

可用布局选项：…

0： 无

1： 单个

2： 标准工程图

3： 视口阵列

输入要加载的布局号或 [重显示（R）]：

使用"重显示"选项，AutoCAD 将重新显示上面的提示。输入"0"表示不创建浮动视口。输入"1"表示创建一个浮动视口，AutoCAD 会提示用户指定浮动视口的尺寸。输入"2"表示将指定的区域分成 4 个象限来创建 4 个浮动视口，AutoCAD 提示输入指定区域的大小和浮动视口间的距离。其中左上视口显示模型空间中图形的俯视图，左下视口显示主视图，右下视口显示右视图，右上视口显示等轴侧图。注意该设置不符合国标。输入"3"表示在指定区域内创建一个浮动视口阵列。AutoCAD 提示输入指定区域的大小、浮动视口阵列的行和列及视口间的距离。

② 输出视口：在提示中输入"D"，AutoCAD 将提示选择要删除的浮动视口。选择后，AutoCAD 将指定的浮动视口删除。

（3）缩放视口

在提示中输入"S"，AutoCAD 提示用户：

选择要缩放的视口…

选择对象：（选择对象）

设置图纸空间单位与模型空间单位的比例…

输入图纸空间单位的数目 <当前值>：（输入数值）

　　输入模型空间单位的数目 <当前值>:（输入数值）

调整显示在某一浮动视口中的对象相对于模型空间中图形的缩放比例因子。该选项允许对多个视口分别或统一设置比例因子。

（4）设置系统配置

在上面的提示中输入"O"，AutoCAD 提示如下：

　　输入选项 [图层（L）图形界限（LI）单位（U）外部参照（X）] <退出>:

① 设置标题栏要插入的图层。在提示中输入"L"，AutoCAD 提示如下：

　　输入标题栏的图层名或 [.（对当前图层）]:

可以指定标题块要插入的层，也可以指定一个新层。

② 设置图形界限。在提示中输入"LI"，AutoCAD 提示如下：

　　是否设置图形界限？[是（Y）否（N）] <否>:

可以决定在插入标题块后是否恢复图形界限。

③ 设置标题栏插入后的单位。在提示中输入"U"，AutoCAD 提示如下：

　　输入图纸空间单位的类型 [英尺（F）英寸（I）米（ME）毫米（M）] <英寸>:

指定是否将图形大小和点的位置转换成英寸或毫米等图纸单位。

④ 设置标题栏插入的形式。在提示中输入"X"，AutoCAD 提示用户确定标题块是作为块，还是作为外部引用插入到当前图中。

（5）插入标题栏

在提示中输入"T"，AutoCAD 提示如下：

　　输入标题栏选项 [删除对象（D）原点（O）放弃（U）插入（I）] <插入>:

① 插入标题栏。在提示中输入"I"，AutoCAD 提示如下：

```
可用标题栏:...
0:    无
1:    ISO A4 尺寸 （毫米）
2:    ISO A3 尺寸 （毫米）
3:    ISO A2 尺寸 （毫米）
4:    ISO A1 尺寸 （毫米）
5:    ISO A0 尺寸 （毫米）
6:    ANSI-V 尺寸 （英寸）
7:    ANSI-A 尺寸 （英寸）
8:    ANSI-B 尺寸 （英寸）
9:    ANSI-C 尺寸 （英寸）
10:   ANSI-D 尺寸 （英寸）
11:   ANSI-E 尺寸 （英寸）
12:   建筑/工程 （24 × 36 英寸）
13:   常用 D 尺寸图纸 （24 × 36 英寸）
输入要加载的标题栏号或 [添加（A）删除（D）重显示（R）]:
```

在提示中输入要插入布局的标题栏序号。使用"添加"选项可以自行创建符合国标的标题块。使用"删除"选项可以删除不必要的标题栏。

② 删除视口。在提示中输入"D"，AutoCAD 提示选择要删除的浮动视口。选择后，AutoCAD 将所选择的浮动视口删除。

③ 定义图纸的原点。在提示中输入"O"，AutoCAD 提示如下：

指定此表的新原点：

用户可以指定图纸的新原点。

9.2.4 规划图纸布局

如果用户对于系统默认的布局结构不满意，可以将原来的布局删除，并建立新的视口，该操作位于"布局视口"功能面板中。

具体操作包括：

① 创建矩形视口。单击"布局视口"功能面板中的"矩形"按钮，系统提示：

指定视口的角点或 [开（ON）/关（OFF）/布满（F）/着色打印（S）/锁定（L）/对象（O）/多边形
（P）/恢复（R）/图层（LA）/2/3/4] <布满>：（选择一个角点）

指定对角点：（指定矩形对角点）

系统将根据所确定的矩形大小放置视图，如图 9-15 所示，就是两个不同大小的视口，但是视图显示是一样的。双击视口，选择"动态观察"工具，然后在窗口中任意位置右击，系统弹出如图 9-16 所示快捷菜单，从中选择必要的视图方向即可更改视口显示方位。

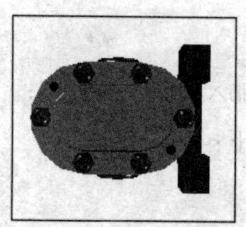

图 9-15 不同大小的视口

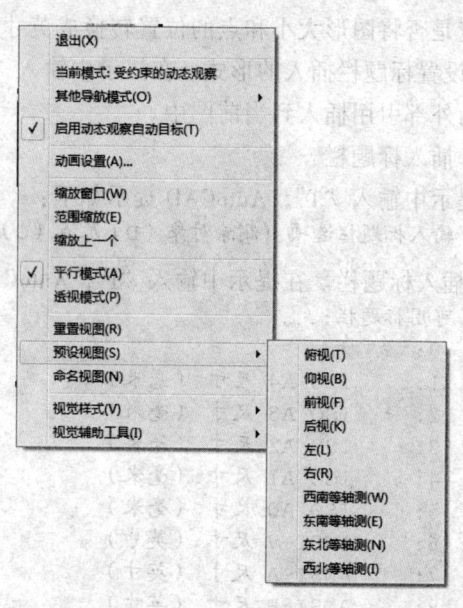

图 9-16 快捷菜单

② 创建多边形视口。单击"布局视口"功能面板中的"多边形"按钮，系统提示如下：

指定视口的角点或 [开（ON）/关（OFF）/布满（F）/着色打印
（S）/锁定（L）/对象（O）/多边形（P）/恢复（R）/图层
（LA）/2/3/4] <布满>：_P

指定起点：（指定多边形起点）

指定下一个点或 [圆弧（A）/长度（L）/放弃（U）]：（指定第二点）

指定下一个点或 [圆弧（A）/闭合（C）/长度（L）/放弃（U）]：（继续指定其他点，直至回车闭合）

该操作与多段线操作基本一致，在此不再赘述。其显示效果如图 9-17 所示。双击后可以调整对象位置。

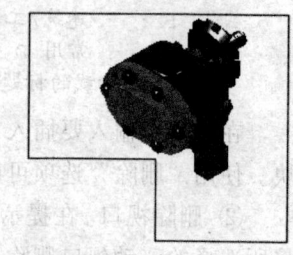

图 9-17 多边形视口

③ 对视口进行裁剪。单击"布局视口"功能面板中的"裁剪"按钮▣，系统提示如下：

　　选择要剪裁的视口：(在要剪裁的视口上单击)
　　选择剪裁对象或 [多边形(P)/删除(D)] <多边形>：
　　指定起点：
　　指定下一个点或 [圆弧(A)/长度(L)/放弃(U)]：
　　指定下一个点或 [圆弧(A)/闭合(C)/长度(L)/放弃(U)]：

　　裁剪区域确定和多段线、多边形等操作基本一致，故不再赘述。该操作的中间过程如图 9-18 所示，最终结果如图 9-19 所示。

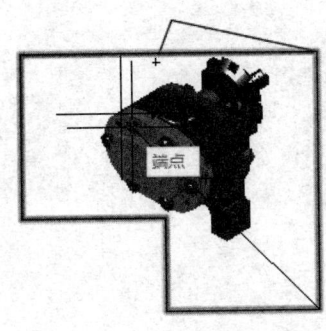

图 9-18　操作中间过程

图 9-19　裁剪结果

本 章 小 结

　　本章讲解了 AutoCAD 图形后期处理的几个重要概念和处理手段。其中，模型空间主要用于绘图，而图纸空间主要用于出图。布局则是对将要打印的对象排列方式和位置进行整理，达到比较好的输出效果。

习　　题

1. 模型空间与图纸空间的区别什么？
2. 如何在模型空间与图纸空间之间进行切换？
3. 打开示例文件 Welding Fixture-1，练习在模型空间与图纸空间之间进行切换，如图 9-20 所示。

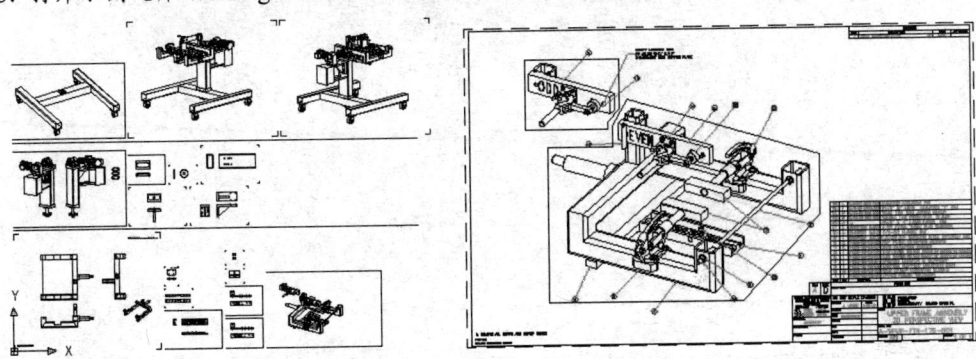

图 9-20　Welding Fixture-1 文件

4. 如何规划并创建布局？

参 考 文 献

[1] 孙江宏. AutoCAD 入门与实例应用教程[M]. 北京：中国铁道出版社，2003.

[2] 孙江宏. 实用 AutoCAD 2004 中文版学习教程[M]. 北京：高等教育出版社，2003.

[3] 孙江宏. AutoCAD 2000 典型建筑应用[M]. 北京：机械工业出版社，2000.

[4] Autodesk 公司. AutoCAD 2004 新功能与升级培训教程[M]. 孙江宏，等，编译. 北京：清华大学出版社，2004.

[5] Autodesk 公司. AutoCAD 2004 培训教程[M]. 孙江宏，等，译. 北京：清华大学出版社，2004.

[6] 赵文新，陈凤歧. AutoCAD 2002 完全使用手册[M]. 北京：科学出版社，2001.

[7] 赵国增. 计算机辅助绘图与设计：AutoCAD 2000 上机指导[M]. 北京：机械工业出版社，2001.

[8] 康博创作室. AutoCAD 2000 中文版使用速成[M]. 北京：清华大学出版社，1999.

[9] 康博创作室. 中文版 AutoCAD 2000 实用教程[M]. 北京：人民邮电出版社，1999.

[10] 赵腾任. AutoCAD 2000 中文版应用短期培训教程[M]. 北京：北京工业大学出版社，2000.

[11] 林龙震. AutoCAD 2000/2000i/2002 二维绘图基础教程[M]. 北京：科学出版社，2002.

[12] 门槛创作室. AutoCAD R14 创作效果百例[M]. 北京：机械工业出版社，1999.

[13] FULLERYJ. AutoCAD R13 for Windows 使用教程[M]. 康博创作室，译. 北京：中国水利水电出版社，1997.

[14] 孙江宏，等. 计算机辅助设计：AutoCAD 2012 实用教程[M]. 北京：中国水利水电出版社，2012.

[15] 孙江宏，等. AutoCAD2012 实训指导[M]. 北京：中国水利水电出版社，2012.